Marcus Elieser Bloch

D. Marcus Elieser Blochs, ausübenden Arztes zu Berlin

Ökonomische Naturgeschichte der Fische Deutschlands - 2. Teil

Marcus Elieser Bloch

D. Marcus Elieser Blochs, ausübenden Arztes zu Berlin
Ökonomische Naturgeschichte der Fische Deutschlands - 2. Teil

ISBN/EAN: 9783744637336

Hergestellt in Europa, USA, Kanada, Australien, Japan

Cover: Foto ©berggeist007 / pixelio.de

Weitere Bücher finden Sie auf **www.hansebooks.com**

Vorerinnerung.

Ich übergebe hiemit dem geehrten Publikum den zweeten Theil meiner ökonomischen Naturgeschichte der Fische, und zwar früher, als ich im Anfange verſprach, indem ich ſtatt zwey Heften, welche ich halbjährig zu geben mich anheiſchig machte, drey geliefert habe. Und hiezu veranlaſste mich einestheils die günſtige Aufnahme, mit der man mein Werk auf eine für mich ſo ſchmeichelhafte Weiſe beehrte, und anderntheils der Wunſch, welchen mehrere Intereſſenten gegen mich geäuſsert, daſſelbe früher vollendet zu ſehen.

Ich glaube auch in Anſehung dieſes Theils auf die Zufriedenheit des Publikums um ſo mehr rechnen zu können, da ich bey einem mehreren

Vorerinnerung.

Koftenaufwande, den die beffere Erleuchtung, der Stich und vorzüglich das Auftragen des ächten Silbers gemacht, den Preis nicht erhöhet habe.

Durch die gnädige Erlaubnifs des Prinzen von Oranien und des Herzogs von Braunfchweig, Hochfürftliche Durchlauchten, welche geruhet haben, mir zum Behuf meiner Arbeit die Fifche Ihrer grofsen und reichhaltigen Sammlungen zu verftatten; wie auch durch die Unterftützung mehrerer verehrungswürdigen Gönner und Freunde und den Ankauf feltener Fifche, aus dem Edlerifchen und dem van Mühlenfchen Kabinet zu Lübeck und Amfterdam, bin ich nebft den Originalzeichnungen, welche mir das Plümierfche Manufcript darbietet, in den Stand gefetzt, nicht nur einen dritten Theil von den Fifchen Deutfchlandes, fondern auch ein befonderes Werk von ausländifchen Fifchen zu liefern, wenn fich dazu anders eine zureichende Anzahl Subfcribenten finden follte; und würde ich folches nach Endigung des erftern in dem nemlichen Format wie diefs, ebenfalls heftweife, erfcheinen laffen, worinn eine grofse Anzahl fchöner, zum Theil ganz und gar nicht, zum Theil noch nicht genug bekannter Fifchgattungen abgebildet und befchrieben werden follen.

Gegenwärtig halte ich mich verpflichtet, den Beförderern, welche zur Ausbreitung und Bekanntmachung meines Werks thätig beygetragen und befonders meinen verehrungswürdigen Gönnern und Freunden, für den Beyftand, welchen fie mir durch Mittheilung von Originalien und Zeichnungen geleiftet, den wärmften Dank hiemit öffentlich abzuftatten, und erbitte ich mir für die Folge meines Werks ihre Unterftützung angelegentlichft.

Vorerinnerung.

Zu einer wichtigen Hülfe bey meinem Unternehmen würde es mir gereichen, wenn es diesen meinen günstigen Beförderern gefällig seyn möchte, mich mit Namenverzeichnissen der Fische ihrer Gegenden und ihrer Provinzialnamen zu versehen, oder wenn sie mir in Ansehung der bereits beschriebenen, dasjenige melden wollten, was noch an ihnen bemerkt oder berichtigt zu werden verdiente.

Nun sey es mir erlaubt, als thätige Unterstützer folgende durch Verdienste und Stand bekannte Gelehrten hier öffentlich zu nennen:

Herr Hofapotheker *Andrä*, in Hannover.

Frau *von Arnstein*, die jüngere, in Wien.

Herr Baron *von Asch*, russisch-kaiserlicher Staatsrath und erster Feldarzt, zu St. Petersburg.

- Doktor *von Auenbrugger*, zu Wien.

Se. Durchlaucht, der Fürst *von Berchtoldsgaden.*

Herr Doktor *Boddaert*, in Utrecht.

- *Bahlinger*, Hofrath und erster Leibarzt zu Cassel.
- *Brückmann*, herzoglicher Leibarzt, zu Braunschweig.
- *von Buggenhagen*, zu Buggenhagen in Schwedischpommern.
- *von Cobres*, Agent des Malteserordens, zu Augspurg.
- *Georgi*, in St. Petersburg, Adjunkt der russisch-kaiserl. Akademie der Wissenschaften.
- Oberamtmann *Göden*, zu Rügenwalde in Pommern.

Vorerinnerung.

Herr Doktor *Haken*, in Stralsund.
- Prof. *Herrmann*, in Strasburg.
- Oberschiffarzt *Isert*, in Kopenhagen.
- *Jüngken*, Apotheker in Berlin.
- *Kayser*, königl. schwed. Hofchirurgus, zu Stralsund.
- Hofrath und Doktor *Marx*, in Hannover.
- Hofapotheker *Meyer*, in Stettin.
- Doktor und Hofrath *Opitz*, in Minden.
- Geheimesekretair *Otto*, in Berlin.
- Collegienrath *Pallas*, in St. Petersburg.
- Professor und geistlicher Rath *von Paula Schrank*, in Burghausen.
- Hofmedikus *Taube*, in Celle.
- *Graf von Roeder*, königl. preuss. Landschaftsdirektor, zu Kroischwitz in Schlesien.
- *Renfner*, königl. preuss. Legationssekretair, im Haag.
- Landrath *von Schlegel*, zu Kähmen bey Crossen.
- Doktor *Walbaum*, in Lübeck.
- *Wartmann*, in St. Gallen.
- Direktor und Rath *Vosmar*, im Haag.

Fortsetzung
des Verzeichnisses der hohen und resp. Herren Subscribenten.

Se. Hochfürstliche Durchlaucht, der Erbstatthalter, Prinz von Oranien.
— — — der regierende Herzog zu Sachsen-Gotha und Altenburg.
— — — der Fürst Adam von Auersberg in Wien.

*   *   *

Die Bibliothek der Universität zu Abo.
— — — ökonomischen Societät zu Breslau.
— — — — — Burghausen.
— Fürstliche Bibliothek zu Cassel.
— — Stifts — St. Gallen.
— Stadt-Bibliothek daselbst.
— Akademische Bibliothek zu Königsberg.
— Bibliothek des grofsbrittanischen Musaeum in Lond.
— — der Universität zu Lund.
— — der russischkaiserlichen Akademie der Wissenschaften zu St. Petersburg.
— — des adelichen Kadettenkorps daselbst.
— Rathsbibliothek zu Strahlsund.
— Bibliothek der Universität zu Upsal.

Herr Baron Clas Alströmer, Kanzleyrath und Kommandeur des königlichen schwedischen Wasaordens zu Gothenburg.
— — von Asch, russischkayserlicher Staatsrath und erster Feldarzt zu St. Petersburg.
Der Herr Ritter Banks, Präsident der königl. Societät der Wissenschaften zu London. 2 Exempl.
Herr Berger, Kupferstecher und Mitglied der Mahlerakademie in Berlin.
— Bened. Bergius, königl. schwedischer Bankokommissarius zu Stockholm.
— Kaufmann Blandow, zu St. Petersburg.
— Baron Alexander von Demidow, zu St. Petersburg.
— Kollegienrath Euler, zu St. Petersburg.
— C. U. von Firks, Erbherr der Dubenalkschen Güter in Curland.
— Kollegienrath Greve, zu St. Petersburg.
— Senator von Hamm, zu Cölln.

Se. Excell. der Herr Graf von Hartig, königl. grofsbritt. bevollmächtigter Minister zu Regensburg.
Herr Apotheker Holthewer, in St. Petersburg.
— Hudron, in London.
— Kriegesrath Kirstein, in Berlin.
— Köppen, in Berlin.
— Baron von Linrode, zu Linrode, im Cöllnischen.
— Graf Matuschka, zu Breslau.
— Freyherr von Meermann, im Haag.
— Meier, auf Rothenburg zu Konow, in Sachsen.
— Doktor Meilmann, im Haag.
— Merrem, Beysitzer der königl. Societät der Wissenschaften zu Göttingen.
— C. P. Meyer, Kaufmann in Amsterdam.
— Münzmeister Nelker, in Berlin.
— Planta, beständiger Secretair der königl. Societät der Wissenschaften zu London.
— Reasner, königl. preufs. Legationssekretair im Haag.
— Kirchenrath Sander, zu Emmendingen im Badendurlachschen.
— Kaufmann Sauter, in Rheineck, bey St. Gallen.
Se. Excellenz, der Herr Reichsgraf von Scheffer, zu Stockholm.
Herr Schneider, Buchhändler in Amsterdam. 4 Exempl.
Se. Excellenz, der Herr Graf von Schuwalow, zu St. Petersburg.
Herr v. Sterdorf, königl. preufs. Kammerherr zu Breslau.
— Baron von Mochow, Landdrost in Berlin.
— Joachim Wilhelm Weickmann, Burggraf zu Danzig.
— Dr. Vlies, in Berlin.
— Vosmaer, Rath und Direktor des prinzlichen Naturalienkabinets, im Haag.
— Dr. Zollikofer, in St. Gallen.

Inhalt.

Inhalt.

Zwote Abtheilung. Brustflosser.   Seite 1
Von den Meergrundeln überhaupt. — 2
  Die Meergrundel S. 5 Tab. XXXVIII. Fig. 1. 2. 5.
  Die Lanzetgrundel S. 8. — — 3. 6.
Von den Groppen überhaupt. S. 10
  Der Kaulkopf S. 12 Tab. XXXIX. — 1. 2.
  Der Steinpicker — 15 — — 3. 4.
  Der Seescorpion — 18 — XL.
Von den Spiegelfischen überhaupt. S. 23
  Der Sonnenfisch S. 24 Tab. XLI.
Von den Schollen überhaupt. S. 27
  Erste Abtheilung, rechtsäugige Schollen. S. 31
    Die Scholle S. 31 Tab. XLII.
    Das Viereck oder der Glattbutt — 36 — XLIII.
    Der Flunder — 39 — XLIV.
    Die Zunge — 42 — XLV.
    Die Glarke oder Kliesche — 45 — XLVI.
    Der Heiligebutt — 47 — XLVII.
  Zwote Abtheilung, linksäugige Schollen. S. 57
    Der Argus S. 51 Tab. XLVIII.
    Der Steinbutt — 53 — XLIX.
    Der linke Stachelflunder — 57 — L.
Von den Baarschen überhaupt. S. 59
  Der Zander S. 62 Tab. LI.
  Der Baarsch — 66 — LII.
  Der Kaulbaarsch — 74 — LIII. Fig. 2.
Von den Stichlingen überhaupt. S. 78
  Der Stichling S. 79 Tab. LIII. — 3.
  Der kleine Seestichling — 82 — — 4.
  Der Dornfisch oder der grosse Seestichling — 84 — — 1.

Von den Mackrelen überhaupt. S. 87
  Die Mackrele S. 88 Tab. LIV.
  Der Thunfisch — 95 — LV.
  Der Stöcker — 104 — LVI.
Von den Meerbarben überhaupt. S. 109
  Der gestreifte oder grosse Rothbart. S. 111 Tab. LVII.
Von den Knorrhähnen überhaupt. S. 118
  Der graue Seehahn. S. 121 Tab. LVIII.
  Der rothe Seehahn — 124 — LIX.
  Die Seeschwalbe — 126 — LX.

Dritte Abtheilung. Kehlflosser. S. 129
Von den Petermänuchen überhaupt. — 130
  Das Petermännchen S. 131 Tab. LXI.
Von den Schellfischen überhaupt. S. 135
  Der Schellfisch S. 138 Tab. LXII.
  Der Dorsch — 142 — LXIII.
  Der Kabeljau — 145 — LXIV.
  Der Witling — 161 — LXV.
  Der Köhler — 164 — LXVI.
  Der Zwergdorsch — 167 — LXVII. Fig. 1.
  Der Krötenfisch — 170 — LXVII. — 2. 3.
  Der Pollack — 171 — LXVIII.
  Der Leng — 174 — LXIX.
  Die Quappe — 177 — LXX.
Von den Schleimfischen überhaupt. S. 182
  Die Meerlerche S. 184 Tab. LXXI. Fig. 2. 3.
  Der Butterfisch — 186 — LXXI. — 1.
  Die Aalmutter — 188 — LXXII.

ZWOTE ABTHEILUNG.

Bruſtfloſſer, *Thoracici.*

Diejenigen Fiſche, deren Bauchfloſſen unter den Bruſtfloſſen ſitzen, werden vom *Linné* und deſſen Nachfolgern Bruſtfloſſer genannt. Wir betrachten ſie in dieſer Abtheilung, welche ſiebenzehn Geſchlechter enthält, die insgeſammt 228 Gattungen (Species) in ſich begreifen.

Unter denen 409 Arten, welche die vier Ordnungen des Ritters enthalten, macht die gegenwärtige allein mehr als die Hälfte aus. Europa hat von ihnen nur den kleinſten Theil aufzuweiſen, und da nur ſehr wenige davon Bewohner der ſüſen Waſſer ſind; ſo werde ich, aus Mangel eigener Beobachtung, von ihnen nicht mit der Vollſtändigkeit handeln können, als bei den vorhergehenden.

A

VII. GESCHLECHT.

Die Meergrundeln. a)

ERSTER ABSCHNITT.

Von den Meergrundeln überhaupt.

Die Bauchflossen in Gestalt einer Tute zusammengezogen.

Gobius pinnis ventralibus coadunatis, cavam efformantibus.

Gobius. *Linn.* S. N. gen. 139. p. 449.
— *Artedi.* gen. p. 28. Syn. p. 46.
— *Grovov.* Muf. II. p. 23. Zooph. p. 81.
Eleotris. Muf. 2. p. 16. Zooph. p. 83.
— *Willughb.* Hift. Pifc. p. 206.
— *Raji.* Synop. Pifc. p. 75.

Gobio. *Klein.* Miff. Pifc. V. p. 26. §. 17.
Goujons de mer. *Gottau.* Hift. de Poiff. p. 103. 125.
Goby. *Penn.* Brit. Zool. gen. 21. p. 213.
Grundeln. *Müller.* L. S. 4. Th. S. 126.
Trichterfifche. *Pall.* N. G. merkwürdiger Thiere 8. Sammlung. S. 1.

Die Fifche diefes Gefchlechts unterfcheiden fich von den übrigen durch die in Geftalt einer Tute zufammengewachfene Bauchfloffen, welche nach der Behauptung der Schriftfteller, ihnen zum Werkzeuge dienen follen, fich an die Felfen anzuhängen; ein Nutzen, der mir jedoch aus dem Grunde unwahrfcheinlich ift, da diefe Floffe eben fo wenig, als alle übrigen, mit Theilen verfehen ift, vermöge welcher fie in den Stand gefetzet würde,

---

a) Da ich bisher auf das Verfetzen der Fifche hauptfächlich mein Augenmerk gerichtet habe; fo band ich mich im erften Theile nicht fo genau an die Folge der Ordnungen und Gefchlechter des Ritters: da aber bei den Fifchen, wovon wir gegenwärtig handeln wollen, wenn ich einige Baarfcharten ausnehme, noch kein Verfuch mit dem Verfetzen gemacht worden ift; fo werde ich fowol in diefer als auch in den folgenden Abtheilungen der Ordnung des Linnéifchen Syftems ftrenger folgen, jedoch in umgekehrter Ordnung, damit fie auch hier wie beim Ritter zunächft beifammen ftehen mögen.

in die Fläche der festen Steine einzudringen. Man hat indessen aus jenem Grunde ihnen in Engelland den Namen Felsenfisch (Rock-Fisch) beigelegt.

Aristoteles gedenkt an mehreren Stellen seiner Geschichte der Thiere a), der Grundeln; ob ihm aber mehrere Arten als die Nilgrundel b), und der Seeslint c) bekandt geworden, läfst sich, da er sie nicht beschrieben, mit keiner Gewifsheit bestimmen.

Auch *Plinius* gedenkt der Grundeln d) im allgemeinen.

Bellon beschreibt, aufser den beiden vom *Aristoteles* angeführten e), auch die Schwarzgrundel f); ob aber unter seiner Gobius albus g), wie *Artedi* glaubt, der Seeslint zu verstehen sey, dies kommt mir aus dem Grunde zweifelhaft vor, weil er in seiner Zeichnung nur eine Rückenflosse und zwo Bartfasern angiebt, welche Kennzeichen dem oben beschriebenen Gründling h) zukommen.

Rondelet i) ist, wie ich glaube, der erste, welcher vier Arten beschreibt, und ob er gleich seiner weifsen Grundel nur eine Rückenflosse giebt k); so beweisen jedoch der Stand und die Bildung der ersten Rückenflosse, auch der Umstand, dafs er sie unter den Seefischen beschreibt, hinlänglich, dafs sie eine Meergrundel sey. Die folgende Ichthyologen bis auf den *Linné* liefsen es hiebei bewenden.

Willughby nimmt zwar fünf Arten an, allein seine fünfte Species, der Seehaase l), gehört selbst nach seinen Eintheilungsgrund zu den knorpelartigen Fischen (cartilaginei), oder schwimmenden Amphibien des Ritters. *Raji* zählet neun Arten m), aber seine vierte Species ist unser Kaulkopf n), so wie die siebente unser Steinpicker o), da sie beide keine verwachsene Brustflossen haben, welches Kennzeichen er doch ausdrücklich angiebt;

---

a) Hist. anim. Lib. 6. c. 13. Lib. 8. c. 13. 19. Lib. 9. c. 2. 37.
b) Gob. Aphia. *Linn.*
c) Gob. Jozo. *Linn.*
d) Nat. Hist. Lib. 9. c. 57.
e) Aquat. Aphia. p. 214. Gobius marinus niger. p. 233. Gobius pagnellus. p. 235.
f) Gobius niger. *Linn.*
g) Loc. citat. p. 234.
h) Im ersten Theil. S. 57.
i) de Piscib. Pars 1. p. 195.
k) Gobio albus. l. c. p. 200.
l) Hist. Pisc. p. 206.
m) Synop. Pisc. p. 76.
n) Cottus gobio. *Linn.*
o) Cottus cataphractus. *Linn.*

so gehören sie nicht in diefes, fondern in das folgende Gefchlecht. Von feiner fechsten Art gilt eben das, was ich wider den *Willughby* erinnert habe, feine achte und neunte Art kann ich aus Mangel einer Zeichnung nicht beurtheilen; um fo viel weniger, da er in den Befchreibungen der verwachfenen Bauchfloffen mit keinem Worte gedenket.

Klein giebt fünf Arten an a), aber feine vierte und fünfte ift nur eine, nemlich die Aphia. *Gronov* befchreibt eine neue Gattung b), welche aber der Ritter in fein Syftem mit aufzunehmen, nicht für gut gefunden. Er theilt übrigens die Grundeln ohne Noth in zwei Gefchlechter, nemlich in Eleotris und Gobius.

Hierauf macht uns *Largefter* c) mit zwo, und *Linné* d) mit eben fo viel neuen Grundeln bekannt. Jene find Chinefifche, welche auch in der Folge vom *Osbeck* befchrieben worden e), und diefe die Baftart- und Aalgrundel. Der Ritter giebt alfo diefem Gefchlechte acht Gattungen; auch *Brünich* fcheint ein Paar neue bemerkt zu haben f). Hierauf hat *Koelreuter* g) einen neuen, und Herr Prof. *Pallas* h) vier dergleichen, nämlich die Schlofferfchen, die Boddartfchen, die Hafenköpfigten und die Baarfchühnlichen befchrieben. Endlich gedenkt auch *Forskael* zwoer neuen Gattungen i). Auch ich werde gelegentlich diefe Anzahl mit einer neuen vermehren, wovon fich eine Handzeichnung in der Plümierfchen Sammlung befindet.

Die Grundeln halten fich gewöhnlich im Grunde des Meeres zwifchen den Steinen auf; woher auch wahrfcheinlich die deutfche Benennung entftanden feyn mag.

Diefe Fifche haben einen geftreckten mit Schuppen bedeckten Körper, der zu keiner beträchtlichen Größe heranwüchft. Der Kopf ift klein, und bald von oben nach unten, bald aber auf den Seiten, der Rumpf aber bei allen auf den Seiten zufammengedruckt.

Die Augen ftehen am Scheitel nahe bei einander, und zwifchen ihnen befinden fich hinter einander zwo kleine runde Oefnungen, welche ohnftreitig die Nafenlöcher find.

---

a) Miff. P. V. p. 28.
b) Zooph. p. 82. n. 277.
c) *Linné*. p. 449. n. 3. 454. n. 6.
d) l. c. n. 7 et 8.
e) Reife nach Oftindien und China. S. 340. 370. 291.
f) Icht. Maff. p. 30. n. 41. 42.
g) Nov. comment. Petropol. V. VIII. p. 421.
h) Spicim. Zoolog. Fafcicul. 8. p. 1 — 18. Nat. Gefch. merkw. Th. 8. Sammlung. S. 1 — 18.
i) Defcit, Animal. p. 23. G. Angularis minimus Nr. 5. und G. Nebulofus. Nr. 6.

Die Mundöfnung ist klein, und die beiden Kinnladen sind mit kleinen spitzigen Zähnen bewafnet; die Zunge ist kurz, stumpf, und der Gaumen mit vier rauhen Knochen versehen. In jeder Kiemenhaut, welche mit einander stark verwachsen sind, befinden sich vier bis fünf Strahlen; die Kiemenöfnung ist klein und rundlicht. Den Rumpf bedecken kleine Schuppen, und von seinen sieben Flossen befinden sich zwo am Rücken, eben so viel auf den Seiten, eine an der Brust, eine am Bauche, eine hinter dem After, und eine am Schwanze. Die Seitenlinie läuft in einer geraden Richtung mitten über den Körper weg.

Merkwürdig ist an diesen Fischen, eine spitz zulaufende längliche Warze, welche sich gleich hinter dem After befindet. Bei drei Gattungen, die ich untersucht habe, war sie wenigstens allezeit vorhanden. Der Nutzen derselben ist mir noch unbekannt: anfänglich glaubte ich, sie wäre hohl und diente zum Ausgang der Eier, allein ich habe sogar durch Hülfe des Suchglases keine Oefnung darin bemerken können.

Diese Fische leben von Würmern, Wasserinsekten und vom Rogen und der Brut anderer Wasserbewohner. Gröstentheils halten sie sich in den Meeren, einige wenige Gattungen aber auch in den Flüssen auf.

ZWEETER ABSCHNITT.

Von den Meergrundeln insbesondere.

DIE MEERGRUNDEL.

XXXVIIIste Taf. Fig. 1. 2. 5.

Der Körper weiss und braun gefleckt, vierzehn Strahlen in der zwoten Rückenflosse. K. 4. Br. 18. B. 10. A. 12. S. 14. R. 6. 14.

1. Die Meergrundel.

Gobius ex albo et fusco varius, pinna dorsali secunda radiis XIV. B. IV. P. XVIII. V. X. A. XII. C. XIV. D. VI. XIV.

Gobius niger, pinna dorsali secunda radiis quatuordecim. *Linn.* S. N. p. 449. n. 1.
— — *Müller.* Prodr. p. 44. n. 364.
— ex nigricante varius pinna dorsi secunda

ossiculorum quatuordecim. *Artedi.* G. p. 28. n. 1. Syn. p. 46. n. 1.
Gobius Sebae. Mus. V. III. p. 88. Tab. 29. n. 15.
Eleotris capite plagioplateo, maxillis aequalibus,

pinnis ventralibus concretis. *Gronov.*
Muf. 2. p. 17. n. 170. Zooph. p. 82. n. 280.
Gobio branchiarum operculis et ventre flaviantibus, corpore fufco et albicante vel flavicaute, fulco a capite ad pinnam primam, pinnis dorfalibus, ani et caudae coeruleis, maculis nigris, crebris; fquamis parvis afperis, etc. *Klein.* Miff. Pifc. V. p. 27. n. 1.
Gobio niger. *Rond.* de Pifc. P. I. p. 200.

Gobio niger. *Gesn.* Aquat. p. 395. Thierb. S. 6. b.
Gobius niger. *Rondel. Aldrov.* de Pifc. p. 97.
— — *Willughb.* Ichth. p. 206.
Gobius marinus niger. *Bellon.* Aquat. p. 233.
— — *Raji.* Synopf. Pifc. p. 76.
The Black Goby. *Penn.* Britt. Zool. III. p. 313.
Sea Gudgeon or Rock-Fifch. *Art.* of angl. p. 255.
Der Kühling. *Schonev.* Icht. p. 36.
Die Meergrundel. *Müller.* L. N. S. 4. Th. S. 127.

Die fchwarze Grundel läfst fich durch die fchwarzbraunen und gelben Flecke auf einem weislichen Grunde, und die vierzehn Strahlen in der zwoten Rückenfloffe, leicht von den übrigen unterfcheiden. In der Kiemenhaut hat fie vier, in der Bruftfloffe achtzehn, in der Bauchfloffe zehn, in der Afterfloffe zwölf, in der Schwanzfloffe vierzehn, und in der erften Rückenfloffe fechs Strahlen.

Diefer Fifch hat eine keilförmige Geftalt, indem er am Kopfe dick ift, und fich gegen den Schwanz zu, allmählig verdünnet. Der Kopf ift von oben nach unten zufammengedruckt, und der auf den Seiten ebenfalls zufammengedruckte Rumpf, wird nach dem Schwanze zu rund. Die Kiefern find von gleicher Länge, und mit zwo Reihen fpitziger Zähne bewafnet. Die Mundöfnung ift von mittlerer Gröfse, und die Zunge frei. Die runden Nafenlöcher ftehen zwifchen den Augen hintereinander. Das Genick ift breit, und fo wie der Rumpf mit kleinen, grauen, harten Schuppen bedeckt. Die Augen find länglichtrund, und der fchwarze Stern derfelben ftelt in einem filberfarbenen Ringe. Die Kiemenhaut ift eben fo wie die Kiemenöfnung grofs. Der Rücken ift rundlicht gewölbt, mit fchwarzen Banden bezeichnet, und die Seitenlinie unmerkbar. Der Bauch ift breit, und von gelblicher Farbe; der After in der Mitte des Körpers, und diefer mit fchwarzbraunen gelben Punkten und Flecken ganz befprengt. Die Floffen find graublau, und mit kleinen fchwarzen Flecken gefchmückt. Die Strahlen in der Rücken- und Afterfloffe find einfach, in den übrigen aber getheilt, und fämtlich weich, bis auf die in der erften Rückenfloffe, welche etwas härter find; die Bruftfloffen find kurz, die übrigen lang, und die Schwanzfloffe ift abgerundet.

Zweeter Abschnitt. Von den Meergrundeln insbesondere.

Der Magen ist kurz, länglicht, und seine Haut dick; der Darmkanal hat zwo Beugungen; die Leber ist grofs, blafsgelb, und von einer herzförmigen Gestalt, die Milz ist dick, länglicht, von beiden Seiten zugespitzt. Die längs dem Rücken liegende Luftblase ist am Magen weit und am After eng. Der Milch ist so wie der Rogen doppelt, und liegt auf beiden Seiten der Schwimmblase; die länglichten Nieren liegen hinten am Rückgrade.

Diese Fische gehören zu den Raubfischen und leben von der Brut ihres gleichen und den Wasserinsekten; ihr Aufenthalt ist in der Nordsee und andern Meeren. Im Frühjahr besuchen sie die Küsten, und gehen in die Mündungen der Ströme, wo sie sich zur Fortpflanzung ihres Geschlechts in Menge einfinden. Ihre Laichzeit fällt im Mai und Jun. *Aristoteles* hat bereits bemerkt a), dafs die Grundeln ihre Eier auf den Steinen absetzen, welches auch durch die Beobachtungen des *Pontoppidan* bestätigt wird b). Sie erreichen die Gröfse von fünf bis sechs Zoll, und werden als ein kleiner Fisch öfters denen gröfseren, besonders dem Dorsch und Schellfisch zur Beute. Ihr Fleisch ist wohlschmeckend, und dem Fleische des Kaulbarsches ähnlich, mit welchem sie auf einerlei Art zur Speise zubereitet werden. Man fängt sie in dem Kielschen Meerbusen und ohnweit Heiligeland mit dem Dorsch zusammen.

In Hamburg und in Holsteinschen wird dieser Fisch der *Kühling*, *schwarzer Gob*, oder *Meergob*; in Dännemark *Kutting*, *Schmerbutting*; in Holland *Goveeken*; in Engelland *Sea-Gudgeon*, *Rockfisch* und *Pluck*, in Frankreich *Boulerot*; in Venedig *Go* und *Goget*; in Genua *Zolero* und in Rom *Missori* genannt.

Pennant führt unrichtig den *Gronov* zu dieser Grundel an c): denn jene ist, nach der genauen Beschreibung, welche dieser Schriftsteller von ihr macht, nicht unsere, sondern die chinesische (eleotris) des Ritters. Es ist auch bei der unsrigen der Kopf von oben nach unten (plagioplateum) bei der Gronovischen hingegen von beiden Seiten zusammengedruckt (catheoplateum). *Salvian* hat irriger Weise den Rücken mit drei Flossen vorgestellt d), welchen Fehler *Johnston* und *Ruysch* e) auch in ihre Zeichnungen übergetragen haben. *Klein* führt unrichtig die erste Figur auf der Tafel N. 12 des *Willughby* zu unserm

---

a) Natural. Hist. l. 6. c. 13.
b) Naturhist. von Dänn. S. 187. not. 14.
c) Brittisch. Zool. V. III. p. 313.
d) Salv. Aquat. p. 213.
e) Tab. XV. Fig. II.

Fisch an a); denn bei jenem stelt der Unterkiefer sehr weit vor dem obern hervor, welche beide doch bei dem unsrigen von einer Länge sind. Auch ist in der angeführten Zeichnung die Verwachsung der Bauchflossen nicht angedeutet.

DIE LANZETTGRUNDEL, *Gobius Lanceolatus*.

XXXVIIIste Taf. Fig. 1. 6. b)

2. Die Lanzettgrundel. S. 20.

Die Schwanzflosse wie eine Lanze gestaltet, in der K. 5. Br. 16. B. 12. A. 16. R. 6. 18.

Gobius pinna caudali lanceolata. B. V. P. XVI. V. XI. A. XVI. C. XX. D. VI. XVIII.

Gobius cauda longissima, acuminata. *Gronov.*   p. 4. Nat. Gesch. merkw. Thiere.
Zooph. p. 82. n. 277. Tab. 4. Fig. 4.   8. Samml. S. 4.
— oceanicus. *Pall.* Spic. Zool. Fasc. 8. p. 4.   Gobius cauda lanceolata. *Plumier.* Manuscript.

Die breite am Ende zugespitzte längliche Schwanzflosse unterscheidet diese Grundel von den übrigen Arten dieses Geschlechts. In der Kiemenhaut befinden sich fünf, in der Brustflosse sechzehn, in der Bauchflosse eilf, in der Afterflosse sechzehn, in der Schwanzflosse zwanzig, in der ersten Rückenflosse sechs und in der zwoten achtzehn Strahlen. Der Körper ist gestreckt, und das Kopfende um etwas weniges stärker, als das Schwanzende. Der Kopf ist länglich und vorn abgestumpft; beide Kiefern sind gleich lang, und mit kleinen spitzen Zähnen bewafnet. Die Mundöfnung ist von mittlerer Größe, und die Zunge frei und spitzig. Der Kiemendeckel besteht aus zwei Plättchen, und die Kiemenöfnung ist weit; die Augen stehen auf dem Scheitel dichte beisammen, und haben einen schwarzen Stern, in einem goldenen Ringe; das Genick ist, so wie der Rücken, rund, und von bräunlicher Farbe. Die Backen sind bläulicht und haben eine röthliche Einfassung, und die zusammengedruckte Seiten sind von hellgelber Farbe; der Stand der Seitenlinie ist auf der

---

a) Misc. P. V. p. 27.

b) Da ich den ledigen Raum dieser Tafel, mit keinem einländischen zu diesem Geschlechte gehörigen Fische anfüllen konnte; so habe ich dazu einen amerikanischen bestimmt. Ich hätte gern den neuen aus dem *Plumier* genommen, allein er ist nicht groß genug, um die Platte auszufüllen. Den Seestint (G. Gozo) erhielt ich zu spät, und ich werde ihn daher am Ende dieser Abtheilung nachliefern.

Mitte des Körpers. Da wo die beiden Rückenfloſſen zuſammenfloſſen, zeigt ſich auf jeder Seite ein brauner Fleck. Der Bauch iſt von grauer Farbe, und der After dem Kopfe weit näher als der Schwanzfloſſe; hinter demſelben iſt eine längliche Warze ſichtbar. Die Schuppen dieſes Fiſches ſind an ihrem äuſsern Rande rund, und liegen wie Dachziegel über einander; merkwürdig iſt es, daſs diejenigen, welche am Schwanzende ſitzen, die am Kopfende an Gröſse weit übertreffen.

Die Bruſtfloſſe iſt gelb und blau eingefaſst, und ihre Strahlen ſind eben ſo wie die an der Bauch- und Schwanzfloſſe am Ende getheilt: die in der Rücken- und Afterfloſſe aber nur einfach, und insgeſammt weich. Diejenigen, welche in der erſten Rückenfloſſe ſitzen, haben weit hervorragende, lange, weiche Enden. Die Strahlen der After- und Rückenfloſſe ſtehen weit auseinander, und ſind durch eine zarte, durchſichtige Haut verbunden: die beiden Bauchfloſſen aber weit mit einander verwachſen, und bilden daher eine ſtarke Höhle; die Schwanzfloſſe iſt am Grunde grünlichgelb und am Rande violet.

Dieſe Fiſchart findet ſich häufig in den mehreſten Flüſsen und Bächen der Inſel Martinique, wo ſie der Pater *Plümier* in Menge gefangen, und wo ſie nach ſeiner Verſicherung ein ſehr wohlſchmeckendes Fleiſch hat. Derjenige Fiſch, welchen ich im Weingeiſt aufbewahre, iſt von der auf der XXXVIIIſten Tafel vorgeſtellten Gröſse, und wird von der Plümierſchen Zeichnung um einen Zoll in der Länge übertroffen. Da dieſer Naturforſcher gewohnt war, bei ſeinen Vorſtellungen, jedesmal die gröſsten Exemplare zum Grunde zu legen; ſo möchte man dieſen Fiſch wol nicht leicht länger antreffen.

Gronov hat dieſen Fiſch zuerſt beſchrieben: aber nach der Abbildung zu urtheilen, die er davon gegeben hat, muſs ſein Exemplar klein und ſchadhaft geweſen ſeyn; auch iſt ihm die Farbe und der Geburtsort unbekannt geblieben a), aus welchem Grunde ihn *Linné* vielleicht, in ſeinem Syſtem nicht mit aufzunehmen, für gut gefunden hat.

---

a) a. a. O.

ERKLÄRUNG DER XXXVIII*sten* KUPFERTAFEL.

Fig. 1. Die Lanzettgrundel, von der Seite vorgestellt.
— 2. Die schwarze Grundel, eben so vorgestellt.
— 3. Letztere, auf dem Bauch liegend.
— 4. Das Kopfende von der untern Seite, damit die tutenartige Verwachsung der Brustflossen deutlich in's Auge fallen möge.
— 5. Der Durchschnitt dieses Fisches.
— 6. Der Durchschnitt der Lanzettgrundel.

VIII. GESCHLECHT.

Die Groppen.

ERSTER ABSCHNITT.

Von den Groppen überhaupt.

Der Kopf breiter als der Körper.   Cottus, *caput corpore latius.*

Cottus. *Linn.* S. N. XII. gen. 160. p. 451.   la Tête d'Ane ou le Chabot *Gouan.* Hist. de
— *Artedi.* gen. p. 48. Syn. p. 76.   Poiss. p. 104. 149.
— *Gronov.* Mus. I. p. 46. Zooph. p. 78.   Knorrbühne. *Müller.* L. S. 4. Theil. S. 133.
Uranoscopus. Mus. II. p. 14. n. 166.   The Bullhead. *Penn.* Britt. Z. III. gen. XXII. p. 216.

    Die Fische dieses Geschlechts erkennt man an ihren starken Köpfen, welche den Rumpf an Dicke übertreffen. Sie sind schuppenlos, die Köpfe derselben aber mit Stacheln oder Höckern besetzt, und vorn abgerundet. Die Mundöfnung ist weit, und eine jede Kinnlade in derselben bewafnet; die Augen stehen am Scheitel, und sind mit einer Nickhaut versehen. Die doppelten Nasenlöcher sitzen nahe an den Augen und sind kaum sichtbar; die Kiemendeckel sind groß und bei einigen gezähnet; die Kiemenhaut, die unterwärts sitzt, hat sechs Strahlen. Der Körper hat eine länglichtrunde Gestalt, verdünnet sich

Erster Abschnitt. Von den Groppen überhaupt.

gegen die Schwanzfloße zu, ist wie gesagt ohne Schuppen und glatt. Von denen acht Floßen, befinden sich zwo an der Brust, eben so viel am Bauche und Rücken; eine hinter dem After, und eine am Schwanze. Der Bauch ist dick und der After bei den mehresten dem Kopfe näher als der Schwanzfloße. Die Seitenlinie geht in einer graden Richtung fort, und nähert sich dem Rücken mehr als dem Bauche.

Diesen Fischen ist, bis auf einem, das Meer zum Aufenthalt angewiesen. Die Griechen und Römer scheinen sie nicht gekannt zu haben. *Bellon* hat zuerst den Kaulkopf a), unter dem Namen der zwoten Grundel beschrieben b), und *Rondelet* die erste Zeichnung davon geliefert c). Die folgenden Ichthyologen ließen es hiebei bewenden, bis uns *Aldrovand* d) den Seescorpion e) kennen gelehrt; diesem hat *Schonefeld* f) in der Folge den Steinpicker g) und den Seebul h) hinzugefügt: da er aber dem letzteren keinen besonderen Namen gegeben; so haben die folgenden Ichthyologen bis zum *Artedi* auf ihn keine weitere Rücksicht genommen. *Marggraf* beschrieb hiernächst den Brummer i) aus Brasilien, und *Artedi* brachte sie zuerst in ein Geschlecht beisammen, welchem er fünf Arten giebet k), jedoch dem Marggrafischen ausläßt, und statt seiner den Seedrachen der Schriftsteller, welcher nicht hieher gehöret, mit aufnimmt. *Linné* beschrieb darauf einen neuen, nemlich den Gabler l), dessen Vaterland er jedoch nicht anzugeben weiß, und führt sechs Gattungen in diesem Geschlecht auf. Herr Professor *Pallas* bereicherte uns mit dem gepanzerten aus Japan m), und endlich gedenkt *Forskael* zwoer neuen Arten n); es kommen demnach neun Arten zusammen, wovon bei uns viere zu Hause gehören.

---

a) Cottus gobio. *Linn.*
b) De Aquat. lib. 1. p. 321.
c) De Pisc. P. 2. p. 202.
d) De Pisc. p. 202. Scorpaena alia.
e) Cottus Scorpio. *Linn.*
f) Ichth. p. 67.
g) Cottus cataphractus. *Linn.*
h) Cottus quadricornis. *Linn.*
i) Iter brasil. p. 178. cottus grunniens. *Linn.*
k) Gen. p. 48. Syn. p. 76.
l) Cottus Scaber. *Linn.*
m) Spec. Zoolog. Fasc. 7. p. 31. Nat. Gesch. Merkw. Th. 7. Saml. S. 31. Tab. 5. Fig. 1–3.
n) Descr. Animal. p. 24. n. 7. 8.

ZWEETER ABSCHNITT.

Von den Groppen insbesondere.

DER KAULKOPF.

XXXVIIIste Taf. Fig. 1. 2.

1. Der Kaulkopf.

An jedem Kiemendeckel zwo krumme Stacheln. K. 4. Br. 14. B. 4. A. 12. S. 12. R. 7. 17.
Cottus, Spinis curvatis duabus ad utrumque operculum. B. IV. P. XIV. V. IV. A. XII.
D. VII, XVII.

Cottus gobio, laevis, capite spinis duabus. *Linn.*
    S. N. p. 452. n. 6.
— — *Müller.* prodr. p. 44. n. 368.
— — O. *Fabric.* Faun. groenland. p. 159. n. 115.
— — *Zückert.* Mat. alim. p. 267.
— alepidotus glaber, capite diacanto. *Art.* gen. p. 48. Syn. p. 76. n. 1. Spec. p. 82.
Uranoscopus ossiculis pinnae dorsalis primae brevissimis, capite utrinque monacantro. *Gronov.* Mus. 2. p. 14. n. 166.
Et Cottus alepidotus, capite plagioplateo, lato, obtuso, utrinque monacantho. Zooph. p. 79 n. 270
Percis, capita, laevis et brevis; capite quod nani habere solent, majori pro volumine corporis; mandibula inferiore longiore; subcinerea; pinna dorsi et caudae aequalibus variis punctalis fuscis; iride alba inter latum circulum nigrum; pinnis sex. *Klein.* Miss. Pisc. Fasc. p. 43. n. 17.
Gobius fluviatilis alter. *Bellon.* Aquat. p. 321.
Cttus. *Salv.* Hist. Aquatil. p. 216.

Cottus. *Rondel.* Pisc. P. 2. p. 202.
— *Gesn.* Aquat. p. 400. Icon. anim. p. 291.
Gobio capitatus. *Charl.* onomast. p. 157. n. 13.
Gobius capitatus. *Jonst.* p. 140. Tab. 29. f. 11.
— — *Ruysch.* Thes. p. 95. Tab. 29. Fig. 11.
Gobio fluviatilis capitatus. *Aldrov.* de Pisc. p. 613.
— — — *Willughb.* p. 137. Tab. H. 3. Fig. 3.
— — — *Raji.* Syn. Pisc. p. 76. n. 4.
— — — *Marsigl.* Dan. t. 4. p. 73. Tab. 24. Fig. 2.
Der Gropp. *Gesn.* Thierb. S. 162.
Die Rotzkolbe. *Meyer.* Thierb. 2. Th. S. 4. Tab. 12.
Der Kaulkopf. *Müller.* Linn. Syst. 4. Th. S. 437.
Der Koppe. *Kramer.* Elenchus. p. 384.
Der Müller. *Schwenckf.* Theritroph. p. 431.
Kaulkopf, Kaulbarsch, Dickkopf. *Döbels.* Jägerpraktik, 4ter Theil, S. 81
The River Bulhead. *Penn.* Britt. Zool. Vol. III. p. 216. n. 79. pl. 31.
The Bull-head, or millers Thumb Art of Angl. p. 29.

Die auf jedem Kiemendeckel nahe an den Backen befindliche zwo gekrümmte Stacheln unterscheiden diesen Fisch von den übrigen seines Geschlechts. Von diesen beiden Stacheln ist die eine groß und mit der Spitze nach dem Munde zu, die andere aber klein, mit der Spitze nach dem Rumpf zu gekehret. Die Schriftsteller erwähnen zwar der letztern nicht, man darf aber nur mit dem Finger gegen den Kopf fahren; so wird man ihn bald durch das Gefühl entdecken. In der Kiemenhaut find sechs, in der Brustflosse vierzehn, in der Bauchflosse vier, in der Afterflosse zwölf, in der Schwanzflosse zwölf, in der ersten Rückenflosse sieben und in der zwoten siebenzehn Strahlen befindlich. Der Kopf ist von oben nach unten zusammengedruckt, vorn schmäler als hinten, und bildet auf jeder Seite einen Winkel a); beide Kinnladen find gleich lang, und, so wie auch der Gaumen und Schlund, mit mehr als einer Reihe kleiner spitzer Zähne besetzt. Die Zunge ist frei und glatt, die Kiemenhaut breit und hervorstehend; die Nasenlöcher find ohnweit den Augen befindlich, und nur durch Hülfe eines Suchglases zu erkennen. Die Augen stehen mitten am Kopfe, sie find klein, und haben einen schwarzen Stern in einem gelben Ringe. Die Kiemendeckel bestehen nur aus einem einzigen Plättchen, welches sich in einen spitzigen Winkel endet. Der Rumpf wird, nach dem Schwanze zu, allmälig dünner, ist von den Seiten etwas zusammengedruckt, und mit einem zähen schlüpfrigen Schleim überzogen. Auf dem Körper bemerkt man allenthalben kleine runde Warzen; die Seitenlinie, welche wegen des Schleimes kaum sichtbar ist, läuft mitten über demselben hinweg. Dieser Fisch hat am Kopfe, Rücken, und an den Seiten oberhalb der Linie eine braune Farbe, und dabei schwarze Flecke, von unbestimmter Figur; unter der Linie ist er weiß, und mit eben dergleichen Flecken versehen. Der Bauch ist breit, bei dem Männchen grau, und mit kleinen braunen Flecken besprengt, bei dem Weibchen hingegen ganz weiß; auch unterscheiden sich diese dadurch, daß die Bauchflossen gelb und braun gefleckt find, und die zwote Rückenflosse, eine röthliche Einfassung hat. Der After steht mitten am Körper, und sämtliche Flossen hatten, bei meinem Exemplar, eine bläuliche Farbe und kleine schwarze Flecke. Von den Strahlen in den Brustflossen find nur wenige an den Spitzen getheilt, die in der Schwanzflosse vielzweigigt, und die in den übrigen einfach. Die Bauchflossen find lang, und die Schwanzflosse ist kurz und rund.

---

a) Diacanthus.

Dieser Fisch hält sich in Bächen auf, welche ein reines Quellwasser führen und einen steinigten Grund haben. Hier finden wir denselben unter andern bei Neustadt-Eberswalde, woher ich ihn durch die Güte der Frau Gräfin *von Podewils* erhalten habe; auch ist er in Schlesien zu Hause. In Thüringen und Franken ist er unter dem Namen *Rotzkolbe*, und in den Harzgegenden unter der Benennung *Kaulquappe* bekannt. Im Oesterreichischen trifft man ihn gleichfalls häufig an, und er heisst daselbst *Koppe* desgleichen findet man ihn auch in mehrern europäischen Ländern.

Dieser Fisch erreicht die Gröfse von vier bis fünf, auch manchmal bis sieben Zoll Länge a). Er bewegt sich sehr schnell, und schiefst wie ein Pfeil von einer Stelle zur andern. Seine Nahrung sind Wasserinsekten, und die Eier und Brut anderer Fische, wie ich denn noch unversehrte Wasserflöhe und Käfer in seinem Magen angetroffen habe. Seine Gefräfsigkeit soll so weit gehen, dafs er, nach der Versicherung des *Gesner* b), seiner eigenen Art nicht schont; dagegen hat er an dem Barsch, der Forelle und dem Hecht furchtbare Feinde.

Die Laichzeit dieses Fisches fällt in den März und April. Höchst unwahrscheinlich ist es, dafs er, nach der Behauptung des Ritters, seine Eier in besonders dazu gemachten Nestern bebrüten, und selbige auch bei der gröfsten Lebensgefahr nicht verlassen c), oder wie *Marsigli* vorgiebt, das Männchen vier Wochen lang über denselben sitzen soll d). Er hält sich gewöhnlich in den Höhlungen auf, welche das Wasser unter den grofsen Steinen bildet.

Man fängt diesen Fisch mit kleinen Netzen, Reusen und der Angel; auch beim Mondschein und Licht, wodurch er geblendet wird, mit den Händen. Sein Fleisch ist nicht allein wohlschmeckend, sondern auch eine gesunde Kost, und nimmt im Kochen eine röthliche Farbe an. Man kocht diesen Fisch gewöhnlich im Salzwasser, und verspeiset ihn hiernächst mit Essig und Oel oder einer Weinbrühe. Der Magen desselben ist grofs, besteht aus einer dünnen Haut, und ist am Ende mit vier Anhängseln versehen. Der Darmkanal hat nur eine Beugung, und ist daher kurz; sowol der Milch als Rogen sind doppelt. Merkwürdig ist es, dafs das Darmfell (peritoneum) eine schwarze Farbe hat. Auch wird

---

a) *Marsigli*. Tom. 4. p. 73.
b) *Gesners* Thierb. S. 162.
c) *Linn.* Syst. Nat. p. 452.
d) l. c. Tom. 4. p. 73.

er nach der Beobachtung des Herrn O. *Fabricius* von den Bandwürmern oft geplagt a). Die Leber ist grofs, ungetheilt, und von gelber Farbe. Auf jeder Seite find zehn Ribben, und im Rückgrad ein und dreifsig Wirbelbeine befindlich.

Die Menge der Provincialbenennungen beziehen sich hauptsächlich auf den grofsen Kopf, wodurch diefer Fisch sich vor allen Flufsfischen auszeichnet, und den feinen Körper bedeckenden Schleim. In hiesiger Gegend und in Schlesien heifset er *Müller*, *Kaulkopf*; im Oesterreichfchen *Koppen*; in Franken und Thüringen *Rotzkolbe*; in Schleswig und in Dännemark *Steinpicker*, *Turzbull*; in Schweden *Steen-simpa*, *Slagg-simpa*; in Grönland *Itekiodleek*, *Kamikitfoch*, *Ugarangmis*; in Holland *Govie*, oder *Göbichen*; in England *Bullhead*, *Cull*, or *Müllers Thumb*; in Frankreich *Chabot*, in Toulouse besonders *Caburlaut*; in Italien *Missori* und in Rom besonders *Capo grosso*; in Sklavonien *Glausche*; in Pohlen *Glowaez*, und am Harz *Kaulquappe*.

Salvian, der übrigens unfern Fisch genau beschreibet, eignet demselben unrichtig kleine Schuppen zu b). *Gronov* führt unrichtig unfern Fisch als zween besondere auf, einmal als Himmelsseher c), und einmal als Groppe d).

DER STEINPICKER

XXXVIIIste Taf. Fig. 3. 4.

Der Körper achteckigt. K. 6. Br. 15. B. 3. A. 6. S. 10. R. 5. 7.
Cottus corpore octagono. B. VI. P. XV. V. III. A. VI. C. X. D. V, VII.

2. Der Steinpicker.

Cottus cataphractus, loricatus, rostro verucis, 2 bifidis, capite subtus cirroso.
Linn. S. N. p. 451. n. 1. Mus. Ad. Fr. 1. p. 70.
— — Brunn. Icht. Mass. p. 31. n. 43.
— — Müller. Prodr. p. 44. n. 369.
— — O. Fridr. Faun. Grönl. p. 155. n. 112.

Cottus cirris plurimis corpore octagone. *Arted.* gen. p. 49. n. 4. Syn. p. 77. n. 5. Spec. p. 87.
— — Gron. Mus. 1. p. 46. n. 105. Act. Helv. Tom. IV. p. 262. n. 140. Zooph. p. 79. n. 271.
— cataphractus rostro resimo, quatuor asciculis munito, totus squamis osseis den-

---

a) Faun. Grönland. p. 160.
b) Aquatil. p. 216.
c) Mus. 2. p. 14. n. 166. uranoscopus.
d) Zooph. p. 79. n. 270. cottus.

ticulatis contectus; labiis edentulis, aspe-
ries tamen faucibusque hortes. *Klein.*
Miss. Pisc. IV. p. 42. n. 1.

Cottus cataphractus. *Schonev. Charlet.* Onom. p. 152. n. 2.

— — *Willughby.* Ichth. p. 212. Tab. N. 6. Fig. 2. 3.

— — *Raji.* Synops. Pisc. p. 77.

— — *Seb.* Mus. T. 3. p. 81. Tab. 28. Fig. 6.

— — *Jonst.* Pisc. p. 114. Tab. 46. Fig. 5. 6.

Cottus cataphractus *Ruysch.* Theatr. Anim. p. 77. Tab. 46. Fig. 5. 6.

A Pogge, Art of Angl. p. 247.

The Armed Bulhead. *Penn.* Britt. Zool. T. 3. p. 216. n. 98. Pl. 39.

Le Pogge, Cours d'hist. nat. T. 5. p. 214. Pl. 10. Fig. 1. 2.

Steinpicker, *Müller, Schonev.* Ichth. p. 31.

— *Müllers* L. S. 4. Theil. S. 133.

Der gepanzerte Groppe. *Lesk.* Anfgr. S. 365. n. 3.

Die achteckigte Gestalt dieses Fisches unterscheidet ihn von allen übrigen seines Geschlechts. In der Kiemenhaut trifft man sechs, in den Brustflossen funfzehn, in den Bauchflossen drei, in der Afterflosse sechs, in der Schwanzflosse zehn, in der ersten Rückenflosse fünf und in der zwoten sieben Strahlen an. Sowol die Gestalt, als auch besonders die Schilder machen diesen Fisch unter den übrigen merkwürdig. Der Kopf ist breit und von oben nach unten zusammengedrückt, mit vielen Bartfasern und Stacheln versehen. Der Rumpf verdünnet sich allmählig nach dem Schwanze zu, und ist statt der Schuppen mit Schildern besetzt. Von den Kinnladen ist die obere hervorstehend, und beide sind, so wie der Gaumen, mit mehreren Reihen kleiner und spitzer Zähne bewafnet. Die Mundöfnung befindet sich unterhalb, sie ist von mittlerer Größe und mondförmig, und die Zunge breit und dünne. Den Oberteil des Kopfes bedeckt ein knöchernes Gebäude, welches auf beiden Seiten und oben spitzige Erhöhungen und Vertiefungen hat: besonders geben die vier an der Schnauze hervorragende Spitzen, welche zween mondförmige Ausschnitte bilden, dem Fische ein sonderbares Ansehen: diesen Spitzen zur Seite nimmt man die röhrenförmigen Nasenlöcher wahr. Die Augen stehen an den Seiten des Kopfes, sind rund, und der schwarze Stern derselben ist mit einem gelben Ringe umgeben. Der Kiemendeckel besteht aus einem einzigen Plättchen und die Kiemenöfnung ist weit; am Ober- und Unterkiefer sitzen Bartfasern in Menge, welche in sechs gekrümmten Reihen geordnet sind. Die Schilder des Rumpfs sind knöchern, gehen oben in eine gekrümmte Spitze aus, sind unten gestrahlt und greifen in einander ein. Sie stehen in acht Reihen der Länge nach geordnet und sind die Ursache,

Zweeter Abschnitt. Von den Groppen insbesondere. 17

der angeführten Gestalt, dieses Fisches. Wenn man seine Schilder mit dem Suchglase betrachtet; so kommen dieselben mit den Schildern des Stöhrs, in Ansehung der Gestalt, überein. Der Rücken ist so wie die Seiten braun gefärbt, und mit drei bis vier schwarzen Flecken versehen. Der Bauch ist breit und weiss: der After den Bauchflossen sehr nahe, und folglich dem Kopfe weit näher als der Schwanzflosse. Die Seitenlinie läuft mitten über dem Körper in einer geraden Richtung fort. Die Brustflosse ist gross, rundlicht, von weissgrauer Farbe, und mit kleinen schwarzen Flecken besprengt; die Bauchflossen sind schmal und lang; die Afterflosse, welche von dem After weit entfernt ist, stehet der zwoten Rückenflosse gegen über, und ist am Grunde schwarz; die Schwanzflosse hat eine runde Form, und vielzweigigte Strahlen. Die Rückenflossen sind grau, und mit schwarzen vier. eckigten Flecken versehen; die Strahlen in der ersten derselben stehen wie Stacheln hervor.

Dieser Fisch wird nicht über sechs Zoll lang, und hält sich gewöhnlich zwischen den Steinen im Sande auf, welcher Umstand auch zu seiner Benennung Anlass gegeben. In der Nordsee findet man ihn allenthalben, und er wird an den Mündungen der Elbe und des Eyderflusses in Menge angetroffen. Wasserinsekten, besonders Garnelen a), sind seine Nahrung. Er wird mit den Schellfischen durch Netze gefangen, und wann ihn zuvor der Kopf abgeschnitten und die Haut mit den Schildern abgezogen worden, in Salzwasser gekocht, mit brauner Butter genossen, und für ein Leckerbissen gehalten; dahingegen ihn die Grönländer gänzlich verachten b).

Die Laichzeit dieses Fisches fällt im Mai, da er denn seine Eier ohnweit der Ufer zwischen den Steinen absetzt. Die innern Theile desselben sind wie bei dem vorhergehenden beschaffen.

In Hamburg und im Hollsteinschen heisst dieser Fisch *Steinpicker*, *Müller*, *Tusjibull*; in Schweden *Boutmus*; in Island *Sexräuding*; in Grönland *Kaniordluck*, *Kaniornack*; in Holland *Harnas-manetje* und in England *Pogge*.

Charleton hält unsern Fisch für eine Stöhrart c), wovon er jedoch, da dieser zu den knorpelartigen, und unser hingegen zu den mit Knochen versehenen Fischen gehöret, ver-

---

a) *Cancer crangnon. Linn.*   b) *Fabric.* Faun. Grönl. p. 156.   c) *Charlet.* onomast. p. 132.

C

schieden ist. *Klein* führt unter der dritten Species seiner gepanzerten Fische, einen aus der Ostsee an a), der nur eine Rücken- und gar keine Bauchflossen haben soll. Wenn man die Beschreibung desselben, und die davon gegebene Zeichnung mit unserem Steinpicker vergleicht; so wird man gewahr, dass er fast in allen Stücken, bis auf dem Mangel der erwähnten Flossen, mit seiner ersten Species, welche die unsrige ist, übereinkommt. Ich kann daher dem *Gronov* b), dem der Kleinsche Fisch verdächtig vorkommt, meinen Beifall nicht versagen; indessen haben wir doch, wenn auch beide nur eine Gattung seyn sollte, die Bemerkung, dass dieser Fisch auch ein Bewohner der Ostsee sey, diesem Schriftsteller zu verdanken.

DER SEESCORPION.

XXXIXste Taf.

3. Der See-scorpion. Der Oberkiefer hervorstehend; die Strahlen in der Brustflosse ungetheilt. R. 6. Br. 17. B. 3. A. 12. S. 18. R. 10. 16.

Cottus maxilla superiore longiore, radiis Pinnarum pectoralium indivisis. B. VI. P. XVII. V. III. A. XII. C. XVIII. D. X, XVI.

Cottus scorpius, capite spinis pluribus, maxilla superiore paula longiore. *Linn.* S. N. p. 452. n. 5.
— — *Müller.* Prodr. p. 44. n. 367.
— alepidotus; capite polyacanto, maxilla superiore paula longiore. *Arted.* gen. p. 49. n. 3. Syn. p. 77. n. 3. Spec. p. 86.
— Mus. Reg. Adolf. *Frid.* t. I. p. 70.
— *Gronov.* Mus. I. p. 46. n. 104. Zooph. p. 78. n. 268. Act. helv. T. IV. p. 262. n. 139.
— Seb. Mus. T. III. p. 81. Tab. 28. Fig. 5.
Corystion, capite maximo et aculeis valde horrido; corpore pro longitudine crasso, versus caudam subrotundam gracilescente, ore amplo; colore ex cinericio et fusco varius. *Klein.* Miss. Pisc. IV. p. 47. n. 11. Tab. 13. Fig. 2. 3.
Scorpio, *Charlet.* Onomast. p. 142. n. 21.
Scorpius marinus. *Jonst.* Pisc. Tab. 47. Fig. 4. 5.
— — *Ruysch.* Theatr. Anim. Tab. 47. Fig. 4. 5.
Scorpoena alia. *Aldr.* de Pisc. p. 202.
— bellonii similis. *Willughb.* Ichth. p. 138.
— — *Raji.*Synop.Pisc.p.145. n.12.
Scorpius virginius. *Willughb.* Appendix. p. 25. Tab. X. 15.
— — *Raji.* p. 142. n. 3.

---

a) Miss. IV. Tab. 13. Fig. 1.   b) Zooph. p. 79. n. 271.

Zweeter Abschnitt. Von den Groppen insbesondere.

Scorpion marin, Cours d'Hist. Nat. Tom. 5. p. 357.
Pl. I. Fig. 2. Pl. XI. Fig. 1. 2.
The Father-Lascher. *Penn.* Britt. Zool. III. p. 218.
n. 55. Pl. 40.
Ulk, Marulk. *Pontopp.* Norw. 2. Th. S. 301.
Sympen, Schriften der Dronth. Gesellsch. 2. Theil.
S. 312. Tab. 13. 14.

Kaniok, Kaniuinak. Ot. *Fabr.* Faun. Grönl. p. 156.
n. 13.
Wollkutze, Bulosse, Schorpfisch. *Schouev.* Ichth.
p. 67.
Der Wolikuse. *Lesk.* Anf. der Nat. G. S. 365. n. 2.
Die Donnerkröte. *Müll*x*r*. L. S. 4. S. 137. Tab. 5. Fig. 5.
— — Fisch. N. G. von Liefl. S. 116. n. 203.

Der hervorstehende Oberkiefer und die einfachen Strahlen in der Brustflosse unterscheiden diesen Fisch von den übrigen seines Geschlechts. In der Kiemenhaut befinden sich sechs, in der Brustflosse siebenzehn, in der Bauchflosse drei, in der Afterflosse zwölf, in der Schwanzflosse achtzehn, in der ersten Rückenflosse zehn und in der zwoten sechszehn Strahlen.

Die vielen hervorragenden, in eine Spitze auslaufende Höcker, und die Stacheln an den Backenknochen, geben dem Kopfe eine vieleckigte Gestalt, und dem Fisch ein fürchterliches Ansehen. Zwei von diesen Stacheln sitzen vor den Augen, und sind beweglich, auf jeder Seite aber drei bis vier, welche unbeweglich sind. Die Mundöfnung ist ungewöhnlich weit, und es wird daher dieser Fisch in Norwegen Wittkiäft, Weitmaul genannt. Die Kinnladen, welche der Fisch vor und rückwärts ziehen kann, sind eben so wie die Gaumen, mit einer Menge spitziger Zähne bewafnet. Auf jeder Seite befindet sich ein breiter Lippenknochen, welcher zur Unterstützung dieser Bewegung beiträgt. Die Zunge ist kurz, dick und hart; am Gaumen sitzen hinten zwei länglichte, rauhe, raspelähnliche Knochen; die Nasenlöcher sind einfach, klein, und stehen ohnweit den Augen. Diese befinden sich am Scheitel, sind groß, länglichtrund, und haben einen schwarzen Stern, in einem gelbweißen Ringe; die Knochen der Augenhöhlen ragen oben stark hervor, und bilden dadurch eine Furche, die bis an den Rücken geht; die Backen sind zusammengedruckt, und der Kiemendeckel bestehet aus zwey Plättchen; die Kiemenöfnung ist weit, und die Kiemenhaut mit breiten knöchernen Strahlen versehen. Die Grundfarbe des Kopfes und Rückens ist schwarzbraun, und wird durch mehrere weise Punkte und Flecke unterbrochen. Der Rumpf verdünnet sich nach dem Schwanzende zu, und ist, statt der Schuppen, mit vielen kleinen stachlichten Warzen besetzt, welche denselben rauh anfühlen lassen, aber bei dem

Weibchen viel kleiner als bei dem Männchen, und erstere daher glätter sind; an den Seiten ist er zusammengedruckt, über der Linie braun, unter derselben aber weiß marmorirt. Die gerade Seitenlinie steht dem Rücken am nächsten. Der Bauch ist dick, breit, bei dem Weibchen weiß, bei dem Männchen aber gelb und weiß gefleckt, und, nach der Beobachtung des Herrn *Tonnings*, soll im Frühjahr der Bauch so gelb seyn, daß er wie Gold glänzt a). Auch bei diesem sind die Brustflossen größer, als bei jenem, und man kann daher schon bei dem ersten Anblick beide Geschlechter von einander unterscheiden. In der Mitte des Bauches steht der After; die Strahlen in den Brustflossen sind an den Spitzen weich, und orange gefärbt, die Bauchflossen lang, und die Schwanzflosse rund. Sie sind insgesamt bei dem Weibchen weiß, und schwarz gestreift: bei dem Männchen hingegen sind die Bauchflossen karmoisinroth und weiß gefleckt. Sämtliche Strahlen sind ungetheilt, bis auf die in der Schwanzflosse.

Wir treffen diesen Fisch sowol in der Ostsee, als auch in dem nordlichen und amerikanischen Meere, besonders aber an den gröänlandischen Küsten und dem Gestade von Neufoundland b) sehr häufig an, wo er sich gewöhnlich in der Tiefe aufhält, und nur alsdenn in die Höhe kömmt, wenn er vom Hunger getrieben auf den Raub ausgehet. Denjenigen, von welchem ich hier eine Zeichnung liefere, habe ich der Gütigkeit des Herrn Oberamtmanns *Güden* in Rügenwalde zu danken, welcher mir ihn unter dem Namen, Seemurrer und Kurrhahn zugeschickt; Benennungen, die von dem Laute herrühren, welchen dieser Fisch, wenn man ihn angreift, hören läst. Dieser aufmerksame Naturfreund meldete mir zugleich, daß er alsdenn den Mund aufreiße, die Flossen aus einander sperre, und der Hand eine erschütternde Bewegung mittheile. Der Seescorpion schwimmet sehr schnell, wozu ihm seine grosse Brustflossen behülflich sind. In unsern Gegenden wird er nicht leicht über einen Fuß lang, in Norwegen aber in der Größe von zwo Ellen angetroffen c).

Dieser Fisch wird in hiesiger Gegend nicht gegessen, sondern bloß den Schweinen vorgeworfen; vermuthlich aus einem Vorurtheil, nach welchem man ihn für giftig hält,

---

a) Schriften der Dronth. Gesellschaft. 2ter Theil. S. 313.
b) *Penn*. Britt. Zool. III. p. 219.
c) *Pontopp*. Norw. 2. Th. p. 301.

Zweeter Abschnitt. Von den Groppen insbesondere.

und das daher entstanden zu seyn scheinet, weil die Verletzung durch seine Stacheln unter gewissen Umständen gefährliche Zufälle a) verursachet haben. In Dännemark ist er, weil man ihn für unverdaulich hält, nur der Armen Speise, ob man ihn sonst gleich daselbst als ein Heilmittel gegen die Blasenkrankheit betrachtet b). In Norwegen wird nur seine Leber zum Tranbrennen genutzet c). Die Grönländer hingegen finden daran einen grossen Wohlgeschmack und reichen ihn ihren Kranken, als eine gesunde Speise dar. Er wird bei ihnen sowol gekocht als getrocknet, und von einigen sogar roh verzehret: auch verspeisen sie seine Eier d). Man siehet daraus, wie sehr verschieden die Vorurtheile und der Geschmack unter den Nationen sind.

Im Sommer besucht der Seescorpion die Küsten, zur Winterszeit aber geht er tiefer in die See hinein. Er ist sehr kühn und lebhaft, und wegen seiner Gefräsigkeit unvorsichtig, daher man ihn leicht durch Lockspeisen an der Angel fängt; er ist ein grosser Räuber, und weiss auch Fische, die grösser sind als er, zu bezwingen; besonders stehet er den Rotzfischen (Blennius), den kleinen Lachsen, und den Heringen sehr nach. Ueberhaupt schonet er keines Thieres, auch sogar des rauhen Krebses nicht. Er wird mit dem Dorsch und andern Seefischen um so leichter gefangen, da er selbige bis ins Netz verfolgt. Seine Laichzeit fällt in den December und Januar, wo er seine Eier, die von röthlicher Farbe sind, in Menge zwischen den Seetang (fucus) absetzt.

Der Schlund ist weit, und mit vielen Falten versehen; der Magen ist lang und der Darmkanal entspringt nicht unterwärts, sondern in der Mitte desselben; er ist kurz und macht nur eine Beugung. Am Anfange dieses Kanals sitzen vier Blinddarme, und ich fand Krazer in demselben e). Die Leber ist gross, und besteht aus einem grossen und einem kleinen Lappen; sowol der Milcher als der Rogner sind doppelt. Die Nieren liegen an beiden Seiten des Rückgrads, und endigen sich in der weiten Harnblase, die sich hinter

---

a) *Schonev.* Ichth. p. 67.
b) *Pont.* Dän. S. 187.
c) *Pont.* Norweg. S. 310.

d) *Fabric.* Faun. Grünl. p. 157.
e) Man sehe in meiner Preisschrift von den Eingeweidewürmern. S. 27.

22   Zweeter Abschnitt. Von den Groppen insbesondere.

dem Nabelloche öfnet. Auf jeder Seite des Bauches sind zehn Ribben, und im Rückgrade fünf und dreifsig Wirbelknochen vorhanden.

In Hamburg nennet man diesen Fisch *Wallkutze*, *Knurrpage*; im Hollsteinschen *Walk*; im Dittmarschen *Buloße*; in Heiligeland *Sturre*; in Pommern *Seemurrer*, *Knurrhahn*; in Norwegen *Kiöbenhavns*, *Torsk*, *Fiske-Sympe*, *Vid-Kieft*, *Soë-Scorpion*; in Grönland *Kaniock*, *Kanininak*, das Münnchen besonders *Kivake*, *Milektursok*; das Weibchen, *Narikfock*; in Liefland *Donnerkröte*; in Holland *Donder-Pad*; in England *Father-Lascher*; in Neufoundland *Scolping* und in Frankreich *Scorpion marin*.

Beym *Aldrovand* a) finde ich die erste Zeichnung unsers Seescorpions, die er 1613 gegeben hat: er gedenkt aber seiner nur mit wenig Worten, als einer Abart von der Scorpaena des *Bellons*. Nicht lange darauf beschrieb ihn *Schoneveld* b), unter dem Namen Seescorpion, und nachhero *Willughby* genauer, als einen der Scorpaena des *Bellons* ähnlichen c) und im Anhang S. 25 als einen virginischen Fisch. Sein getreuer Abschreiber *Ray* d), imgleichen der Verfasser des Cours d'Histoire Naturelle, führen ihn als zwey verschiedene Fische auf e). *Artedi* f), *Linné* g) und *Pennant* h), halten, durch den *Willughby* verleitet, die Bellonische Scorpaena mit unserm Scorpion für einerlei Fisch: allein sie sind sehr merklich unterschieden, denn erstlich hat die Bellonische Vorstellung nur eine einzige Rückenflosse, zweytens ist ihr Körper mit Schuppen bedeckt, die doch dem unsrigen gänzlich fehlen, drittens giebt *Bellon* seinem Fische stehendes Wasser zu seinem Aufenthalt, da der unsrige ein Bewohner des Meeres ist.

Klein sahe die Bauchflosse dieses Fisches für Bartfasern an i), und da sie an einem fehlten, wahrscheinlich aus eben der Ursache als die bei den vorhergehenden; so betrachtet er diesen als eine Abänderung, und giebt daher von ihm eine zwofache Zeichnung k).

---

a) De Pisc. p. 202.
b) Ichth. p. 67.
c) Ichth. p. 138.
d) Synop. Pisc. p. 142. 145.
e) T. V. p. 360.
f) Synop. p. 77.
g) Faun. Suec. p. 115. n. 323.
h) Britt. Zool. t. 3. p. 218.
i) Miss. Pisc. IV. p. 47.
k) l. c. Tab. 13. Fig. 2. 3.

Auch follen, nach feinem Bericht, diefe Fifche bei bevorftehendem Sturme krähen: allein aller Wahrfcheinlichkeit nach, find fie alsdann eben fo ftumm, als zu einer jeden andern Zeit. Diefer Laut entfpringt aus dem fchnellen Herausftoffen des eingefogenen Waffers, und der Luft aus der Schwimmblafe, welches die Wirkung einer plötzlichen Zufammenziehung des Körpers ift. Wir nehmen diefen Ton bei mehreren Fifchen, als z. B. beim Schlampitzger a), Seehahn b), Sonnenfifch c) und a. m. wahr. Dafs die angegebene Urfache die wahre fey, erhellet unter andern daraus, weil der Fifch diefen Laut nur ein einzigesmal hervorzubringen vermag, wenn er anders nicht wieder ins Waffer gelegt wird; wenigftens verhielt fichs fo beim Schlampitzger, mit welchem ich öfters Verfuche angeftellet habe. Ohnftreitig hat die Erfchütterung der Hand, deren ich oben gedacht, auch diefe zur Urfache. Auch lafst fich die Kleinfche Frage, ob unfer Fifch mit dem Scorpio virginianus des *Willughby* einerlei fey? mit ja beantworten.

IX. GESCHLECHT.
Die Spiegelfifche.

ERSTER ABSCHNITT.
Von den Spiegelfifchen überhaupt.

Der Körper auf beiden Seiten zufammengedruckt; haarartige Strahlen in der erften Rückenfloffe.

Zeus corpore cateoplateo, radiis filamentofis in prima pinna dorfali.

Zeus, *Linn.* S. N. p. 454.
— *Arted.* gen. p. 78. Syn. p. 49.
— *Gronov.* Muf. I. p. 47. Zoophil. p. 96.
Tetragonoctus, *Klein.* Mifc. Pifc. 10. p. 39.

Legal, *Gouan.* Hift. de Poiff. p. 104. 151.
The Dorée, *Penn.* Britt. Zool. Tom. III. p. 221.
Spiegelfifche. *Müller.* L. S. 4ter Theil. S. 162.

---

a) Cobitis foffilis. *Linn.* b) Trigla cuculus, gurnardus, et lyra. *Linn.* c) Zeus Faber. *Linn.*

Der dünne, breite, auf den Seiten zusammengedrückte Körper, und die langen fadenartigen Strahlen in der erften Rückenfloffe fcheinen mir hinreichende Merkmale zu feyn, diefe Fifche von den übrigen zu unterfcheiden. Sie haben ein fonderbares Anfehen. Der Kopf ift fo abfchüfsig, wie bei den vierfüfsigen Thieren, der Körper fo flach wie ein Brett, und dabei glänzend wie Metall, daher auch der Name entftanden zu feyn fcheint. Die Strahlen der erften Rückenfloffe und auch bei einigen in der Bauchfloffe haben haarähnliche Fortfätze. Einige find, wegen ihrer Waffen, von einem furchtbaren Anfehen. Alle diefe Eigenfchaften find zu auffallend, als dafs fie nicht fchon die Aufmerkfamkeit der alten Naturkündiger hätten erregen follen, welche indeffen nicht mehr als zween kannten, nämlich die Sonne a), und den Saurüffelfifch b). Die folgenden Ichthyologen liefsen es hiebei bewenden, bis uns *Marggraf* gegen die Mitte des vorigen Jahrhunderts den Meerhahn c) kennen lehrte. Hiebei blieb es, bis der Ritter den Pflugfchaar d) hinzufügte. Von diefen vier Arten befitzt Europa nur die drei erften, der letztere aber ift in Amerika einheimifch.

ZWEETER ABSCHNITT.

Von den Spiegelfifchen insbefondere.

DER SONNENFISCH.

XLIfte Taf.

1. Der Sonnenfifch.

Die Afterfloffe doppelt; in der K. 7. Br. 12. B. 9. A. 5, 21. S. 13. R. 10, 21.

Zeus pinna ani gemina. Br. VII. Pec. XII. V. IX. A. V, XXI. C. XIII. D. X, XXI.

Zeus Faber, cauda rotundata, lateribus mediis ocello fufco, pinnis analibus duabus, *Linn.* S. N. p. 454. n. 3.
— — *Brün.* Pifc. Maff. p. 33. n. 46.
— — ventre aculeato, cauda in extremo circinata. *Art.* gen. p. 50. Syn. p. 78. n. 1.

Zeus ventre aculeato, cauda rotunda. Muf. Ad. *Fridr.* I. p. 67. Tab. 31. Fig. 2.
— — acutiffimo, cauda circinata, pinnis annalibus binis. *Gron.* Zooph. p. 96. n. 311. M. I. p. 47. n. 107.

---

a) Zeus Faber. *Linn.*
b) — Aper. *Linn.*
c) Zeus Gallus. *Linn.*
d) — Forner. *Linn.*

Zweeter Abschnitt. Von den Spiegelfischen insbesondere.

Tetragonoptrus capite amplo; ad latera valde compresso, oris hiatu immani, latera olivacea colore ex coeruleo, albicante variegata, in medio utriusque lateris macula nigra, squamis parvis, dentatis. *Klein.* Miss. Pisc. 4. p. 39. n. 11.

Zeus sive Faber, *Plin.* N. H. l. 9. c. 18. l. 32. c. 11.
Faber, *Salv.* Hist. Aqu. p. 203.
— *Gesn.* Icon. Anim. p. 63. Aquat. p. 369.
— *Charlet.* onom. p. 136. n. 21.
— *Aldrov.* de Pisc. p. 112.
— *Jonston.* de Pisc. p. 58. der Meerschmid. Tab. 17. Fig. 1. 2.

Faber, *Ruysch.* Theatr. anim. p. 37. Tab. 17. Fig. 1.
— sive Gallus marinus. *Rond.* de Pisc. P. I. p. 328.
— — — *Willughb.* p. 294. Tab. S. 16.
— — — *Raji.* Syn. Pisc. p. 99.
Dorada, aut aurata gallica. *Bellon.* Aquat. p. 150.
La Dorée, Cours d'Hist. Nat. Tom. V. p. 212.
The Dorée, *Penn.* Britt. Zool. Vol. III. p. 221. n. 100. Fl. XLI.
Der Meerschmidt, *Gesn.* Thierb. S. 32. b.
Der St. Peterfisch. *Müller.* L. S. 4. Th. S. 144. Tab. 5. Fig. 7.
Der glänzende Spiegelfisch. *Lesk.* Anf. der Nat. Gesch. S. 372.

Den Sonnenfisch erkennt man an den zwoen Afterflossen. In der Kiemenhaut hat er sieben, in der Brustflosse zwölf, in der Bauchflosse neun, in der ersten Afterflosse fünf, in der zwoten ein und zwanzig, in der Schwanzflosse dreizehn, in der ersten Rückenflosse zehn, und in der zwoten ein und zwanzig Strahlen. Der Kopf ist gross und die Mundöfnung weit. Von den Kinnladen steht die untere vor der obern weit hervor; am Kinn wird man zwo Spitzen gewahr und an jeder Ecke der Kinnlade eine. Dieser Fisch kann die obere Kinnlade hervorstossen und wieder einziehen; und diese sowol als die untere, sind mit spitzen, einwärts gebogenen Zähnen reihenweise besetzt, und an den Seiten mit einem breiten Lippenknochen versehen. Die Augen, welche gross sind, und einen schwarzen Stern in einem gelben Ringe haben, stehen am Scheitel nahe beisammen: gleich vor denselben sind die Nasenlöcher sichtbar. Der Kiemendeckel ist gross, und besteht aus zwo Plättchen; die Strahlen in der Kiemenhaut sind breit und lang, und die Kiemenöfnung ist sehr weit. Die Farbe der Backen ist, so wie der Seiten, eine Mischung von grün und gelb und geben dem Fische das Ansehen, als wäre er vergoldet. Diese an sich lebhafte Farben, werden durch den schwarzbraunen Rücken, und einen Fleck von gleicher Farbe, welcher an jeder Seite sichtbar ist, noch mehr erhöhet. An dem Schulterknochen, welcher der Brustflosse zur Unterstützung dienet, stehen zwo Spitzen hervor, nemlich eine kürzere, welche nach dem Rücken zu, und eine längere, die nach dem Bauche zu gekehret ist. Die Seitenlinie entspringt hinter dem Auge, läuft in einer Krümmung mit dem Rücken, und macht hiernächst eine Beugung, da sie sich dann in der Mitte der Schwanzflosse verliert. Der Rücken ist so wie der Bauch stachlicht, und zwar hat ersterer bis am Ende der zwoten Rückenflosse nur eine Reihe einfacher, von da an aber, bis an die Schwanzflosse, eine Reihe doppelter Spitzen von ungleicher Länge. Jene sind Fortsätze (Apophysa) der Strahlen von der Rückenflosse, diese aber die Enden der Schilder, welche den Rücken bedecken. Die Schuppen, welche den Rumpf bedecken, sind klein und dünne, aus welchem Grunde *Salvian* ohnstreitig a) das Daseyn derselben bezweifelt hat, und sie von andern Ichthyologen in ihren Abbildungen nicht angezeigt worden sind. Auch dieser Fisch soll, nach der Versicherung des *Gellius* beim *Salvian* b), alsdenn einen Laut von sich geben, wenn man ihn anfasst; und soll derselbe, nach der Meinung des letzteren, durch die Bewegung der grossen Kiemendeckel veranlasst werden. Die Brustflossen sind kurz, rundlicht, grau gefärbt, mit einer gelben Einfassung versehen und, eben so wie die Strahlen der Bauchflossen, vielstrahligt. Die Strahlen der ersten Afterflosse gehen in harte Spitzen aus, und die Haut welche selbige verbindet, ist, wie bei der ersten Rückenflosse, schwärzlich; die zwote Rückenflosse ist, so wie die zwote Afterflosse, grau und in beiden sind die Strahlen einfach; die Schwanzflosse ist rund und gelb gestrahlt.

Wir treffen diesen Fisch in der Nordsee, jedoch nicht sehr häufig an; auch heget ihn das mittelländische Meer, da ihn aber *Ovid* (V. 110.) einen seltenen Fisch nennet; so muss er daselbst nicht sehr gemein seyn. Er erreicht die Grösse von ein bis ein und einen halben Fuss, und soll man ihn von zehn bis zwölf Pfund schwer antreffen.

Denjenigen, welchen ich hier in der Abbildung liefere, habe ich aus Hamburg erhalten, wo ihn die Heiligeländer Fischer Heringskönig nennen. Sein grosser und bewafneter Mund zeigt schon an, dass er ein starker Räuber seyn müsse, und seine Raubbegierde ist Schuld, dass er fast durch eine jede Lockspeise gefangen wird. Man bekommt ihn an den Ufern und Küsten, wo er sich hinbegiebt, um den Fischen, welche daselbst laichen, nachzustellen.

---

a) Aquat. p. 204. b.   b) l. c.

Diese Fische haben ein wohlschmeckendes Fleisch, besonders die grofsen; sie werden gewöhnlich mit einer Butterbrühe gekocht, und auch gebraten, verspeiset. Der Magen ist bei dieser Fischart klein, und der Darmkanal mit mehreren Beugungen versehen; die Leber ist blafsgelb, die Milz röthlicht, und der Milch und Rogner sind doppelt.

Dieser Fisch wird in Holland *Sonnenfisch*; in Frankreich *la Dorée* und in Marseille besonders *St. Pierre, Trouéie*; in Italien *Pesce san Piedro*, desgleichen *Citula* und *Rotula*, und auf der Insul Malta *l'Aurata*; in Dalmatien *Fabro*; in England *Dorée* genannt.

X. GESCHLECHT.

Die Schollen.

ERSTER ABSCHNITT.

Von den Schollen überhaupt.

Beide Augen auf einer Seite. *Oculi in unico latere.*

Pleuronectes, *Linn.* S. N. G. 163. p. 455.
— *Artedi.* gen. p. 16. Syn. p. 30.
— *Gronov.* Muf. I. p. 14. Muf. II. p. 10. Zooph. p. 72.
Soleâ, Paffer, Rhombus. *Klein.* Miff. Pifc. IV. p. 30.
Pisces plani. *Rondel.* Pisc. P. I. p. 309.
— spinosi plani. *Gesn.* Icon. Anim. p. 94. Aquat. p. 660. Flachfische. *Thierb.* S. 50. b.
Pisces spinosi plani. *Aldrov.* de Pisc. p. 235.
— Ovipari spinosi, *Willughb.* Ichth. p. 93.
— — plani. *Raji.* Syn. Pisc. p. 31.
— — spinosi. *Bellon.* Aquat. p. 137.
— — — *Schonev.* Ichth. p. 60.
La Sole. *Gouan.* Hist. de Poiff. p. 107. 131.
Flounder. *Penn.* Britt. Zool. V. III. C. 24. p. 226.
Seitenschwimmer. *Müller.* L. S. 4. Th. S. 147.

Das Unterscheidungszeichen dieses Fischgeschlechts ist der anomalische Stand der beiden Augen auf einer Seite des Körpers, wovon gewöhnlich das eine gröfser ist, als das andere. Nicht nur dieses, sondern auch alle übrigen Theile stehen in einem ganz andern Verhältnifs, als bei den übrigen Fischen. Der Körper ist von oben nach unten zusammengedruckt, und flach; woher man Anlaſs genommen hat, dieſe Fiſche mit dem Namen Plattfiſche zu belegen. Die Oberfläche iſt ein wenig erhaben und von dunkler Farbe, die untere aber ganz platt und weiſs. Der Rücken und Bauch gehen in eine ſchneideförmige Geſtalt aus, und haben das Anſehen, als wären ſie der eine Theil eines von einander geſpaltenen Fiſches, aus welchem Grunde ſie auch von einigen Halbfiſche genannt werden.

Der Körper dieſer Fiſche iſt bei einigen mit Schuppen, bei andern aber mit Stacheln beſetzt. Der Kopf iſt klein, der Mund wie ein Bogen gebildet; die Kinnladen ſind von ungleicher Länge, und bei dem gröſsten Theil mit Zähnen beſetzt. Die Augen haben eine kugelförmige Geſtalt, ſtehen nahe beiſammen, und ſind mit einer Nickhaut verſehen. Die nahe bei dieſen befindliche Naſenlöcher ſind doppelt. Der Kiemendeckel beſteht aus drei Blättchen, und die darunter liegende Kiemenhaut iſt vier- bis ſiebenſtrahlicht. Die Seitenlinie geht bei einigen in einer geraden Richtung fort, bei andern bildet ſie einen Bogen, bei einigen iſt ſie glatt, und bei andern mit Stacheln beſetzt. Der Bauch iſt kurz, und wird nicht von Ribben beſchützet a). Der After liegt nahe am Kopfe; der Rumpf iſt mit ſieben Floſſen beſetzt, davon zwo an der Bruſt, eben ſo viel kurze am Bauche, eine am After, eine am Rücken, und eine am Schwanze ſitzen; erſtere beide ſind ſehr lang, und letztere beinahe durchgängig rund. Die Strahlen in der Schwanz- und in den Bruſtfloſſen ſind an den Spitzen getheilt, in den übrigen aber einfach; ſämtliche Strahlen ſind weich.

Dieſe Fiſchart ſchweifet nicht, wie die übrigen, in ihrem Elemente herum, ſondern ſie liegt mehrentheils auf dem Grunde des Meeres ſtille, wo ſie gewöhnlich ihren Körper bis an den Kopf im Sande verſtecken. Aus dieſem Grunde ſind ſie weniger als andere Fiſche dem Angriff der Raubthiere, welche ſich gewöhnlich an der Oberfläche des Waſſers aufzuhalten pflegen, ausgeſetzt; deſtomehr aber haben ſie, ſo lange ſie noch klein ſind, von dem Rochen, welcher gleichfalls im Meeresgrunde lebet, zu befürchten. Auch der Lenk iſt ihr Feind, und habe ich verſchiedentlich drei bis vier Schollenarten, in der

---

a) Ich habe die Fiſche, die ich beſchreiben werde, zergliedert, bei keinem aber ſolche bewegliche Knochen, die über die Bauchfläche ſich erſtrecken, und die unter dem Namen Ribben bekannt ſind, wahrnehmen können; und weiſs ich daher nicht, was *Artedi* und *Gronov*, welche verſchiedene dieſer Fiſche anatomirt haben, unter ihren Coſtis verſtehen.

Länge von sechs bis acht Zoll in letzterm gefunden. Sie bewegen sich auch nicht in einer geraden, sondern in einer schiefen Richtung des Körpers, nach welcher sie auf der Seite zu schwimmen scheinen: ein Umstand, welcher den *Artedi* veranlaßte, dieselben Seitenschwimmer (Pleuronectes) zu nennen. Da ihnen die Schwimmblase fehlt; so begreift man leicht, warum sie sich nicht bis zur Oberfläche des Wassers erheben können. Sie schwimmen vielmehr auf dem Grunde in gerader Linie fort, und lassen im Sande eine Furche zurück, die bei ruhigem Wasser zwo und mehrere Stunden lang sichtbar ist, und den Fischern bei ihrem Fange zu einiger Anleitung dienet.

Dieser Fisch bewohnt die Ostsee, vorzüglich aber den nördlichen Ocean; er lebt von andern Wasserbewohnern, und erreicht eine beträchtliche Größe. Da man einige davon in der mittelländischen See antrifft; so waren sie auch den Griechen und Römern bekannt a). *Bellon.* b) hat zuerst zehn Arten beschrieben, jedoch zweifele ich, ob seine vierte c) und sechste d) Art besondere Gattungen sind, und ob seine zehnte hieher gehöre e). Wenn wir nun diese drei Gattungen abrechnen; so hat dieser Schriftsteller doch sieben gekannt. *Rondelet* f) erwähnt hierauf funfzehn, und *Gesner* g) siebenzehn Arten, welche auch *Aldrovand*, *Willughby*, *Ray*, *Jonston* und *Ruysch* auf ihr Wort aufgenommen haben, und *Klein* hat, ohngeachtet er das Viereck ausgelassen, dennoch ein und zwanzig Arten beschrieben h). Es ist sonderbar, daß, da in allen übrigen Geschlechtern die Anzahl der Gattungen bei den neuern, die Zahl bei den älteren Naturkündigern bei Weitem übertrifft, an diesem Geschlechte das Gegentheil statt findet. Die ältern Ichthyologen waren gewohnt, mehrentheils die Fische, welche nach den neuern in einem Geschlecht gehören, einzeln und besonders vorzutragen; die Fische dieses Geschlechts aber, sind, da sie sich von den übrigen gar zu merklich auszeichnen, beisammen abgehandelt worden. *Willughby* i) ordnete sie zuerst in zwo Abtheilungen, nemlich in breite und längliche; diesem folgt auch

---

a) *Arist.* Hist. anim. Lib. 4. c. 11. Lib. 5. c. 9. *Plin.* H. Nat. Lib. 9. c. 20.
b) Aquat. p. 137 — 148.
c) Quadratulus. p. 143.
d) Fietelectus. p. 144.
e) Taenia, altera solae species. p. 148.
f) De Pisc. P. I. p. 309 — 326.
g) Thierb. S. 50. b. 56.
h) Miss. Pisc. IV. p. 31 — 35.
i) Ichthyol. p. 93.

Ray a). *Kleiu* hingegen theilte fie in folche, welche die Augen auf der rechten oder linken Seite haben, und jene wieder in lange und breite b). Der fcharffinnige *Artedi* c) brachte fie fämtlich unter ein Gefchlecht, und nannte daffelbe, wie gedacht, Seitenfchwimmer. Er gab demfelben nur zehn Arten, wovon jedoch feine zehnte, oder die Amboinifche Scholle, den ältern Ichthyologen unbekannt gewefen; darauf lehrte uns *Sloane* noch die bandirte Scholle d), *Marggraf* den Warzenflunder e), *Catesby* eine f), *Garden* zwo Carolinifche g), *Gronov* den Scharreton h), und *Linné* einen Surinamfchen kennen i), und diefes find die fiebenzehn Arten, welche *Linné* in feinem Syftem ebenfalls unter einem Gefchlecht aufführt, welches er mit Recht in zwo Abtheilungen zerfallen läffet, je nachdem die Fifche die Augen auf der rechten oder linken Seite haben. Diefen fügte *Pallas* einen aus dem Eismeere k) und *Otto Fabricius* einen andern aus Grönland hinzu l).

Von diefen neunzehn Arten führt die Oft - und Nordfee zehn; da ich aber bis jezt nicht mehr als acht habe erhalten können; fo will ich ftatt deren meinen Lefern eine neue amerikanifche Schollenart aus dem *Plümier* bekannt machen; und da ich die Fifche diefes Gefchlechts nach der Linnéifchen Art, auch in zwo Abtheilungen bringen werde; fo will ich, um die Vorftellung des Standes der Augen auf der rechten oder linken Seite, deutlicher zu machen, aus beiden Abtheilungen zuerft eine, in der Folge aber, erft die rechtäugigten, und hernach die linkäugigten befchreiben. Um nun richtig beurtheilen zu können, in welcher Abtheilung eine jegliche diefer Schollenarten gehöre, darf man nur diefen Fifch auf die flache Seite legen; da denn die Augen auf der erhabenen erfcheinen. Wenn nun die untere

---

a) Syn. Pifc. p. 31.
b) Miff. Pifc. IV. p. 29.
c) Gen. p. 16. Diefe find die Scholle (Pl. Plateffa) *Linn.*; der Flunder (Flefus); der Heilbut (Hipogloffus); die Scharre (Linguatula); das Viereck (Rhombus); der linke Stachelflunder (Paffer); der Steinbut (Maximus); die Zunge (Solea); die Glarke (Limanda) und die Amboinifche (Trichodactilus).
d) Lineatus. L.
e) Papillofus.
f) Abbild. verfchied. Schlangen. 2. Th. p. 27.
g) Dentatus et plagiufa.
h) Cynogloffus.
i) Ocellatus.
k) Pl. glacialis. Reifen 3ter Theil. S. 706. n. 48.
l) Pleuronectes Plateffoides. Faun. Grönl. p. 164. n. 119.

Kinnlade, die Bauchfloſſe und das Nabelloch zu uns gerichtet, und dann die Augen unſerer rechten Seite gegenüber ſtehen; ſo ſagt man: der Fiſch habe die Augen auf der rechten Seite; ſtehen ſie aber unſerer linken Seite gegenüber, ſo heiſſt es: er habe die Augen auf der linken Seite.

ZWEETER ABSCHNITT.
Von den Schollen insbesondere.

ERSTE ABTHEILUNG.
Rechtäugige Schollen.

DIE SCHOLLE.
XLIIste Taf.

Sechs knöcherne Erhöhungen am Kopfe. K. 6. Br. 12. B. 6. A. 54. S. 19. R. 68.   1. Die
Pleuronectes tuberculis sex ad caput. B. VI. P. XII. V. VI. A. LIV. C. XIX. Scholle.
D. LXVIII.

Pleuronectes Platessa, oculis dextris, corpore glabro, tuberculis 6 capitis.
    Linn. S. N. p. 456. n. 6.
—   —   *Müller.* Prodr. p. 44. n. 373.
—   —   *Pontopp.* Dän. p. 187.
— oculis et tuberculis 6; in dextra capitis, lateribus glabris; spina ad anum. *Art. gen.* p. 17. n. 1. Syn. p. 30. n. 1. Spec. p. 57.
— *Gronov.* Muſ. I. p. 14. n. 36. Zooph. p. 72. n. 246. Acta helv. T. IV. p. 262. n. 142.

Passer, in dextra squamis valde exiguis, albicans, à sinistra albissimus, laevissimus. *Klein.* Miss. Pisc. IV. p. 33. n. 5. et Passer, ex obscure cinereo marmoratus, in dextro latere hinc inde maculis laeviter flavicantibus. p. 34. n. 6. Tab. VII. Fig. 2 et 3.
— *Bellon.* Aquat. p. 141.
— *Rond.* de Pisc. P. I. p. 316.
— *Gesn.* Aquat. p. 664. et 670. Icon. anim. p. 98. Thierb. S. 52.
— Bellonii. *Willughby.* p. 96. Fab. 3. et Rhombus non aculeatus squamosus. p. 95. Tab. F. 1.

Paſſer Bellonii. *Raji.* Synopſ. Piſc. p. 31. n. 3. et
Rhombus non aculeatus ſquamoſus. n. 2.
— laevis. *Aldrov.* de Piſc. p. 243.
— — *Jonſt.* de Piſc. p. 99. Tab. 22. Fig. 7 — 9.
— — *Charlet.* Onom. p. 149. n. 1.

Paſſer laevis. *Ruyſch.* Th. an. p. 59. 66. Tab. 22. Fig. 7 — 9.
— minor. *Schwenckf.* Theriotroph. Sileſ. p. 435.
The Plaiſe. *Penn.* Britt. Zool. 3. p. 228. n. 103.
Die Scholle. *Schonev.* Ichth. p. 61.
Der Plateiſſ. *Müller.* L. S. 4. Theil. S. 153.

Dieſe Fiſchart, welche dem ganzen Geſchlechte den Namen giebt, unterſcheidet ſich von den übrigen durch die am Kopfe befindliche ſechs Höcker. In der Kiemenhaut befinden ſich ſechs, in der Bruſtfloſſe zwölf, in der Bauchfloſſe ſechs, in der Afterfloſſe vier und funfzig, in der Schwanzfloſſe neunzehn, und in der Rückenfloſſe acht und funfzig Strahlen.

Der Körper dieſes Fiſches iſt mit dünnen, und weichen Schuppen bekleidet, welche in Grübchen ſitzen, und daher der Fiſch glatt anzufühlen iſt. Dieſe Schuppen gehen am Rumpfe leicht ab, am Kopfe hingegen ſitzen ſie ſo feſte, daſs ſie ſich nur mit Mühe ablöſen laſſen. Der Mund iſt klein, der Unterkiefer raget vor dem obern hervor, und auf beiden Seiten iſt ein breiter Lippenknochen ſichtbar. Die Naſenlöcher ſtehen dichte vor den Augen und dieſe ſind von mittlerer Gröſse, haben einen bläulichten Stern, und einen gelbgrünen Ring. Hinter den Augen wird man die erwähnten ſechs Höcker gewahr, davon der erſte die übrigen an Gröſse übertrifft. Sowol die obere als untere Kinnlade, ſind mit einer Reihe kleiner, ſtumpfer Zähne beſetzt, und im Schlunde zwei Knochen befindlich, die ebenfalls gezähnt und daher rauh anzufühlen ſind. Der Gaumen und die Zunge ſind glatt. Die Kiemenhaut, welche unter dem Kiemendeckel verborgen iſt, hat runde Strahlen. Der Rumpf iſt auf der Oberſeite braun und aſchgrau marmorirt, auf der untern hingegen weiſs, und ſo wie die Rücken - und Afterfloſſe, mit runden orangefarbenen Flecken beſetzt. Die Seitenlinie läuft in einer geraden Richtung mitten über dem Körper weg. Die Strahlen in der Rücken - After - und Schwanzfloſſe, ſind länger als die Haut, welche ſie unter einander verbindet; die leztere iſt lang, und am Grunde mit Schuppen beſetzt. Sämtliche Floſſen ſind von einer dunkelgrauen Farbe. Die Rückenfloſſe nimmt ihren Anfang unmittelbar über dem Auge und vor der Afterfloſſe iſt ein ſtarker Stachel befindlich.

Zweeter Abschnitt. *Von den Schollen insbesondere.*

Diese Fischart treffen wir in der Ostsee, noch mehr aber in der Nordsee, häufig an, wo sie sich im Grunde aufhalten, und in der wärmern Jahreszeit, an die Küsten und in die Buchten, nach Ströhme und Flüsse hinbegeben, wo die Sonnenstrahlen ihre Fortpflanzung begünstigen. Ihre Nahrung sind kleine Fische, vorzüglich aber Muscheln und Schneckenbrut, deren zertrümmerte Schalen ich im Eingeweide dieser Fische häufig angetroffen habe.

Die Scholle erreicht eine ansehnliche Größe, und ein Gewicht von funfzehn bis sechszehn Pfunden. Die Laichzeit derselben fällt in den Februar und März, wo sie ihre Eier zwischen den Steinen und im Meergrase absetzt.

Dieser Fisch wird mit der Grundschnur, an welcher man kleine und zerstückte Fische befestiget, gefangen; auch erhält man ihn durch das sogenannte Buttstechen, wobei man folgendergestalt verfährt: Bei hellem Sonnenschein und stillem Wasser suchen die Fischer die flachen Stellen an den Küsten, Buchten und Sandbänken auf. Wenn sie nun daselbst die Schollen entdecken; so werfen sie ein an einer Schnur befestigtes Blei, woran ein mit vier Spitzen und Widerhaken versehenes Eisen befestiget ist, ihnen in den Leib. Sobald derselbe gehörig getroffen ist, so giebt den Fischern solches die wirbelförmige Bewegung des Sandes zu erkennen, welche daher entsteht, das der gefangene Fisch sich bestrebet, sich von dem Stachel loszumachen, im entgegengesetzten Fall schiefs er davon. Wenn der Grund nicht über zwo bis drei Klaftern tief ist, so bemächtigen sie sich seiner durch das Stechen mit einer Stange, die an den erwähnten Haken befestiget ist, und auf diese Weise entkommt der Fisch ihnen nur selten. Jedoch ist es in beiden Fällen nöthig, dafs das Schiff sich in einer gänzlichen Ruhe befinde, und wenn ja einige kleine Wellen das Wasser in Bewegung setzen; so suchen sie es durch Zugiefsung des Thrans in Ruhe zu setzen.

Dieser Fisch hat ein wohlschmeckendes, fast allgemein beliebtes Fleisch, jedoch nicht an allen Orten von gleicher Güte. Die kleineren und die dünnen sind vom schlechtern Geschmack, da ihr Fleisch im Kochen weich und schleimig wird: die grofsen hingegen haben ein festes, fettes und üheraus schmackhaftes Fleisch. Jene haben auf der untern Seite eine bläulichtweifse, diese aber eine röthlichweifse Farbe. Die schlechtern werden, nachdem sie zuvor mit Salz eingerieben worden, an der Luft getrocknet, in Bündel gebunden, und weit und breit verschickt; da man sie alsdenn wieder aufweicht, und mit grünen Erb-

E

fen kochet: jedoch find fie für fchwüchliche Perfonen keine gefunde Koft. Die gröfsere und vorzüglichere Art, wird ebenfalls getrocknet, und nachdem die Haut abgezogen ift, ftatt des Käfe frifch zum Butterbrod gegeffen, auch werden fie mit einer Butterbrühe, oder nachdem fie in Salzwaffer abgekocht find, mit einer fäuerlichen Eier- oder Sauerrampfbrühe zubereitet; auch gebraten fchmecken fie wohl, und werden alsdann fchichtweife gelegt, mit Zitronenfcheiben und Lorbeerblättern zurecht gemacht, verfendet; und marinirt werden fie zu den Leckerbiffen gerechnet.

Die Brufthöhle ift klein und das Herz als ein längliches Viereck gebildet; die Leber ift länglich, ungetheilt, und die Gallenblafe grofs. Der Magen ift länglich und nicht fehr weit, und der Darmkanal hat mehrere Beugungen, und am Anfange zwei bis vier kurze und dicke Anhängfel. Die Leber ift rundlicht und von braunrother Farbe; der Eierftock fowol als der Milch find doppelt. Das Zwergfell ift auf der obern Seite fchwarz, auf der untern aber weifs, und im Rückgrade find drei und vierzig Wirbelbeine befindlich.

Diefer Fifch heifst in Hamburg *Schulle*, und an mehrern Orten Deutfchlands *Platteifs* und *Scholle*; in Dännemark wird er *Rödspätte*, *Schuller*; in Norwegen *Hellbut*, *Sondmör-Kong*, *Daar-Guld*, *Floender Slaeter*; in Schweden *Skalla*; in Island *Karkole*; in Holland *Scholle*; in England *Plaife*; in Frankreich *Plye*, oder *Plie* genannt.

Nach der Erzählung des *Deslandes*, foll man in verfchiedenen Gegenden von England und Frankreich fich mit dem Mährchen herumtragen, dafs die Schollen von dem Chevretten oder Crevetten a), einer Art Krebfe, die nicht gröfser als ein kleiner Finger find, erzeuget würden. Um auf den Urfprung diefes Vorurtheils zu kommen, ftellte derfelbe einige Verfuche an. Er that nemlich eine Menge derfelben in ein mit Seewaffer angefülltes Gefäfs, welches drei Fufs im Durchmeffer hielt, und nach Verlauf von zwölf oder dreizehn Tagen entdeckte er acht bis zehn kleine Schollen darin, welche unvermerkt gröfser wurden. Als er diefen Verfuch zu verfchiedenenmalen wiederholte; fo war der Erfolg immer eben derfelbe. Nachher brachte der im April, in ein Gefäfs Schollen und in

---

a) Wahrfcheinlich der Cancer fquilla. *Linn.*

das andere Krebfe und Schollen zugleich. Ob nun gleich die Fifche in beiden Gefäfsen laichten, fo kamen doch nur in demjenigen, worin die kleinen Krebfe fich befanden, junge Schollen zum Vorfchein. Als *Deslaudes* die Krebfe hierauf näher unterfuchte, fo fand er zwifchen den Beinen kleine Bläschen von verfchiedener Größe, welche vermittelft eines klebrigten Saftes, an dem Bauche feftfafsen. Er öfnete hierauf diefe Bläschen vorfichtig, und fand darin etwas, welches eine unzeitige Frucht zu feyn fchien, die völlig die Geftalt einer Scholle hatte, und hieraus folgert er, dafs diefe Fifchart, nicht ohne Zuthun der Krebfe ausgebrütet werden könne a). So merkwürdig auch diefe Verfuche immer find, fo wenig fcheinet doch das zu folgen, was *Deslaudes* daraus herzuleiten fucht. Denn es ift nicht möglich, dafs diefe Fifche in einem fo engen Behältniffe, und da es ihnen an Steinen und Seekräutern mangelte, welche zum Auspreffen des Rogens und des Milches unumgänglich nöthig find, hätten laichen können. Die Eier, welche *Deslaudes* in den Gefäfsen fand, waren nur folche, welche der Fifch, durch das Angreifen, unwillkührlich verloren hatte, und daher unbefruchtet, wie wir dergleichen in den Fifchbehältern und Netzen, während der Laichzeit, antreffen. Wahrfcheinlich ift es vielmehr, dafs die Eier der Schollen, welche von den Krebfen aufgefucht, und verzehret werden, zufälliger Weife durch den klebrigten Saft, welchen man nach dem Laichen an den Fifcheiern überhaupt bemerkt, hängen bleiben; daher man fie auch nur an dem Bauche findet. Wollte man jene Meinung annehmen, fo würde man daraus die ftarke Vermehrung diefer Fifche ganz und gar nicht erklären können, es wäre dann, dafs die Krebfe zu der Zeit, wenn die Schollen laichen, dafelbft in zureichender Menge vorhanden, und gefällig genug wären, fich auf den Rücken zu legen, um die zahllofe Menge der Eier auf ihrem Bauche aufnehmen, und dafelbft befruchten zu laffen. Der Schlufs von der Abfezung der Infekteneier, an die Pflanzen und Thiere, leidet aus dem Grunde auf unfern Fifch keine Anwendung; da bei jenen die Eier, ehe fie das Weibchen von fich giebt, bereits befruchtet find, und durch einen befondern Trieb von den Thieren diefen Stellen anvertrauet werden, damit die Nachkommenfchaft bei ihrer Entwickelung dafelbft, fogleich die nöthige Nahrung finden möge, welche die Fifche hingegen fogleich in dem Elemente antreffen, in welchem fie zu leben beftimmt find.

---

a) Hift. de l'Acad. des Sciences de l'An. 1722. pag. 19.

Zweeter Abschnitt. Von den Schollen insbesondere.

Beim *Bellon* a), *Rondelet* b), *Gesner* c) und *Aldrovand* d), ist dieser Fisch mit beiden Augen auf der linken Seite vorgestellt; dieser Umstand liegt ohnstreitig in dem Mangel der Aufmerksamkeit des Schriftstellers auf seinen Künstler. Da dieser seine Gegenstände in Holz oder Kupfer umgekehrt eingrub, damit sie hernach beim Abdruck in eben der Lage, wie die Zeichnung erscheinen; so hätte er, weil bei unserm Fische die Augen auf einer Seite befindlich sind, ihn entweder verkehrt zeichnen, oder die Zeichnung vermittelst eines Spiegels machen müssen: ein Umstand, worauf so wenig *Bellon*, als seine Nachfolger Acht gehabt haben. Beim *Jonston* erscheinet dieser Fisch auf der XXsten Tafel unter Fig. 7. und 8. in der erwähnten, und unter Fig. 9. in der rechten Stellung; beim *Ruysch* aber, der den *Jonston* nur kopiret hatte, findet man alle Figuren mit dem Schwanze dahin gerichtet, wo sie beim *Jonston* mit dem Kopfe stehen, und so umgekehrt, welches bei den Vorstellungen der übrigen Fischarten hätte gleichgültig seyn können, bei den Fischen dieses Geschlechts aber desto unverzeihlicher war, da der Stand der Augen auf der rechten oder linken Seite zum Charakter dieses Geschlechts gehöret. In diesen verwirrten Vorstellungen liegt der Grund, warum bei diesem Geschlechte die Arten von den älteren Ichthyologen ohne Noth so sehr vervielfältiget worden sind. *Kleins* Frage: ob unter der Strussbutte des *Schoneveld* unsre Scholle zu verstehen sey e)? muss verneinet werden. *Willughby* führt unrichtig unsern Fisch als zwo verschiedene Arten auf; einmal als Passer des *Bellons*, und das anderemal als einen glatten Rhombus f). Dass unter lezterem unsre Scholle zu verstehen sey, erhellet daraus, dass er die Augen auf der rechten Seite angegeben hat.

DAS VIERECK, oder DER GLATTBUTT.
XLIIIste Taf. g)

2. Das Viereck oder der Glattbutt.

Der Körper breit und glatt. K. 6. Br. 12. B. 6. A. 57. S. 16. R. 71.
Pleuronectes corpore lato et glabro. B. VI. P. XII. V. VI. A. LVII. C. XVI. D. LXXI.

a) Aquat. p. 141.
b) De Pisc. P. I. p. 316.
c) Aquat. p. 664. Th. S. 52.
d) De Pisc. p. 249.
e) Miss. Pisc. IV. p. 34. n. 5.
f) Ichth. p. 95 und 96.
g) Es gehört dieser Fisch zwar in der zwoten Abtheilung, er wird aber aus angeführter Ursach hier abgehandelt. Auf der Tafel sollte stehen verkleinert.

Pleuronectes Rhombus oculis sinistris, corpore
glabro. *Linn.* S.N. p. 458. n. 12.
— — *Müller.* Prod. p. 45. n. 378.
— — *Brün.* Pisc. Mass. p. 35. n. 48.
— *Art.* gen. p. 18. n. 8. Syn. p. 31. n. 5.
— *Gron.* Mus. I. p. 25. n. 43. Zooph. p. 74. n. 253.
Rhombus laevis, *Jonst.* de Pisc. p. 99. Tab. 22. Fig. 13.
— — *Ruysch.* Theatr. Anim. p. 66.
Rhombus laevis, *Rondel.* de Pisc. I. p. 312.
— — *Gesner.* Aqat. p. 363. Rhombus alter. Icon. anim. p. 96.
— — *Aldr.* de Pisc. p. 249.
— — Rondeletii, *Willughb.* Ichth. p. 96.
— — *Ray.* Syn. Pisc. p. 32. n. 7.
— alter Gallicus. *Bellon.* Aquat. p. 141.
Pearl. *Penn.* Britt. Zoolog. p. 238. n. 110.
Das Viereck. *Müller.* L. S. 4. Theil. S. 159.

Dieser Fisch unterscheidet sich von den übrigen dieses Geschlechts, durch seinen breiten und glatten Körper, und durch den Stand der Augen auf der linken Seite. In der Kiemenhaut und in der Bauchflosse sind sechs, in der Brustflosse zwölf, in der Afterflosse sieben und funfzig, in der Schwanzflosse sechszehn und in der Rückenflosse ein und siebenzig Strahlen befindlich. Der Kopf ist klein und breit, und die Mundösnung weit und bogenförmig. Von den Kinnladen stehet die untere etwas hervor, und beide sind mit mehrern Reihen kleiner spitzer Zähne, davon die vordersten die grösten sind, bewafnet: beide Kinnladen vermag auch der Fisch vor- und rückwärts zu bewegen. Die Nasenlöcher stehen dicht an den Augen, und letztere haben einen schwarzen Stern und einen weissen Ring um denselben. Der Kiemendeckel läuft, gegen den Rücken zu, in einen stumpfen Winkel aus; die Schuppen, welche den Körper bedecken, sind länglich, und da sie dabei weich sind, so läst sich derselbe glatt anfühlen. Der Kopf auf der obern Seite, so wie der Rücken, ist braun, und der übrige Körper braun und gelblich marmorirt; die untere Seite ist weiss, und die Seitenlinie macht nahe am Kopfe einen Bogen, und läuft nachher in gerader Linie mitten über dem Körper weg. Die Flossen sind braun, weiss und gelb marmorirt: die Rückenflosse fängt dicht am Oberkiefer an, und endigt sich an der Schwanzflosse; diese ist lang, und etwas abgerundet; am After bemerket man keinen Stachel.

Dieser Fisch ist einer der gemeinsten in diesem ganzen Geschlecht; wir treffen ihn in der Nordsee allenthalben an, wo er sich, wie der vorhergehende, im Grunde aufhält.

Weil er weit häufiger als die übrigen Gattungen, in den Elbstrohm hinauf gehet, so haben die Hamburger daher Gelegenheit genommen, ihn Elbbutt zu nennen. Er erreicht eine ansehnliche Größe a), und ist, nebst dem Steinbutt im ganzen Geschlecht der breiteste. Er ist so wie der vorhergehende, ebenfalls ein starker Räuber, und wird auf eben die Art wie jener, und zwar im Herbste am häufigsten, gefangen, und eben so zur Speise zubereitet.

Dieser Fisch hat einen weiten Schlund, eine dicke Magenhaut, und am Anfange des Darmkanals zween trichterförmige Fortsätze: sonst sind die innern Theile so wie bei den vorhergehenden beschaffen.

Er wird in Dännemark *Slaetwar*; in Norwegen *Sand-Flynder*; in Schweden *Pigghuars*; in Holland *Griet*; in England *Pearl*; in Frankreich *la Barbue*; in Marseille *Rom* und in Venedig *Rhombo* genannt.

Artedi b) hält zwar den Rhombus des *Plinius* c) für unsern Fisch, allein da dieser ausdrücklich sagt, dass der Passer von den Rhombus und Soléa, in Rücksicht auf die Lage verschieden, indem sie bei jener rechts und bei dieser links sey d), so glaube ich, dass man den letztern mit mehrerem Rechte für unsern Fisch halten könne. *Willughby* e) ist ungewiss, ob unser Fisch oder der Rhombus laevis des *Rondelet*, und sein Rhombus non aculeatus squamosus einerlei Fisch sey. Mir ist es aus dem Grunde wahrscheinlich, dass unter letzterm die Scholle zu verstehen sey, weil er von jenem sagt, dass er die Augen auf der rechten Seite habe, bei dem unsern hingegen sind sie auf der linken befindlich. Aus eben dem Grunde glaube ich auch, dass *Artedi* f) und nach ihm Herr *Pennant* g), den Lughalef (Rhombus non

---

a) So hat man zu den Zeiten des Kaisers Domitian einen sehr grossen Fisch dieser Art gefangen. *Linn.* S. N. p. 458.
b) Synon. p. 31. n. 5.
c) *Plin.* Hist. nat. lib. 9. c. 20.
d) Seine Worte sind: marinorum alii sunt plani, ut rhombi, solae ac passeres, quia rhombis situ tantum corporum differunt; dexter resupinatus est illis, passeri laevus. Diese dunkele Stelle lässt sich, wie ich glaube, am besten durch den Stand der Augen auf der rechten oder linken Seite erklären. Am wenigsten scheinet *Denso* den Sinn getroffen zu haben, wenn er selbige so übersetzt: unter den Meerfischen sind einige platt, als der Butt, die Meerspinne und Halbfische, welche nur durch die Länge der Körper unterschieden sind.
e) Ichthyol. p. 96.
f) Britt. Zool. p. 238. n. 110.

aculeatus) des *Willughby*, oder fein glattes Viereck unrichtig für unfern Fifch anführen, da er die Scholle ift; und da *Willughby* von ihm fagt, dafs er die Augen auf der rechten Seite habe, fo kann er wol keinen andern als unfere Scholle darunter verftanden haben.

DER FLUNDER.
XLIVfte Taf.

Die obere Seite mit vielen kleinen Stacheln befetzt. K. 6. Br. 12. B. 6. A. 44. S. 16. R. 59.

3. Der Flunder.

Pleuronectes fpinulis plurimis in latere fuperiore. B. VI. P. XII. V. VI. A. XLIV. C. XVI. D. LIX.

Pleuronectes Flefus, oculis dextris, linea laterali afpera, fpinulis ad pinnas. *Linn.* S. N. p. 457. n. 7.
— — *Pontopp.* Dän. S. 181. t. 15.
— — *Müller.* Prodr. p. 45. n. 374.
— oculis a dextris, linea laterali afpera, fpinulis fuperne ad radices pinnarum dentibus obtufis. *Arted.* gen. p. 17. n. 4. Syn. p. 31. n. 2. Spec. p. 59.
— *Gron.*Muf.I.p.15.n.40.Zooph.p.73.n.248.
Paffer, cute denfis tuberculis five puftulis fcabra; in dextro latere et in pinnis maculis flavefcentibus notatus. *Klein.* Mifc. Pifc. IV. p. 33. n. 1. Tab. 2. Fig. 4. n. 4. et paffer fordidi coloris; interdum fufcus, vel marmoratus lituris obfcurioribus.
Paffer fluviatilis. *Bellon.* Aquat. p. 144.
— *Willughb.* p. 98. Tab. f. 5.
— *Ray.* Synopf. Pifc. p. 32. n. 5.
— niger. *Charlet.* Onom. p. 145. n. 4.
— tertia fpecies. *Rondel.* de Pifc. Paff.1. p.319.
— — *Gesn.* Aquat. p. 666. Icon. An. p. 100. Thierb. S. 53.
Flounder. *Penn.* Britt. Zool. 3. p. 229. n. 104.
Flinder, Flonder. *Wulf.* Ichth. S. 45. n. 374.
Butt, Flunder. *Fifch.* N. G. von Liefl. S. 116. n. 204.
Der Flunder. *Müller.* L. S. 4ter Theil. S. 155.
Der Struffeutt. *Schonev.* Ichth. p. 62.

Diefe rechtäugige Schollenart zeichnet fich von den übrigen diefer Abtheilung durch die Menge kleiner Spitzen aus, welche ihre Oberfläche rauh machen. In der Kiemenhaut befinden fich fechs, in der Bruftfloffe zwölf, in der Bauchfloffe fechs, in der Afterfloffe vier und vierzig, in der Schwanzfloffe fechszehn und in der Rückenfloffe neun und funfzig Strahlen.

Die erwähnten Stacheln auf dem Kopfe und Rumpfe erfcheinen, wenn man fie mit einem Suchglafe betrachtet, theils krumm, theils gerade; jene fitzen allenthalben auf der

Oberfläche vertheilt, diese aber an der Seitenlinie, und am Grunde der Bauch- After- und Rückenflosse, wo sie auf den knöchernen Erhöhungen, welche am Grunde eines jeden Strahls sichtbar sind, in Kreisen beisammen sitzen. Auch findet man an der Seitenlinie eine Reihe dergleichen Erhöhungen. Die obere Seite dieses Fisches hat eine dunkelbraune Farbe, welche durch olivenfarbige, grüngelbe und schwarze Flecke unterbrochen wird; die untere Seite ist weiss und bräunlich schattirt, mit schwarzen Flecken besprengt; auch hier sind bei den Flossen und der Seitenlinie Stacheln zu sehen. Beide Seiten sind mit dünnen länglichten Schuppen besetzt, welche dergestalt fest und tief in der Haut sitzen, dass sie kaum sichtbar sind. Die Flossen sind braun und schwarz gefleckt; die Mundöfnung ist klein, die untere Kinnlade länger als die obere, die Zunge kurz und schmal, und im Schlund sind zwey runde rauhe Knochen befindlich. Die Augen stehen hervor, und ihr schwarzer Stern ist mit einem gelben Ringe umgeben. Die Kiemendeckel laufen in eine stumpfe Spitze aus, und die Kiemenöfnung ist weit. Die Seitenlinie, welche sich dem Rücken etwas nähert, macht über der Brustflosse eine Beugung, und verliert sich mitten in der Schwanzflosse. Die Flossen sind bräunlich, und die Bauch- Schwanz- und Rückenflosse schwarz gefleckt, übrigens aber sind sie sämtlich wie bei der Scholle beschaffen; zwischen der After- und Bauchflosse, ist eine starke Stachel sichtbar.

  Der Flunder wird nicht nur in der Nordsee, sondern auch in der Ostsee, allenthalben angetroffen; er begiebt sich, wie der vorhergehende, im Frühjahr an die Ufer und in die Mündungen der Ströhme: auch geht er besonders in England weit in die Flüsse hinein, bei uns aber nur in den frischen Haff; und haben diejenigen, welche man in den Flüssen fängt, nach der Versicherung des *Willughby*, ein weichlicheres Fleisch, und eine etwas hellere Farbe. Wegen der Aehnlichkeit der letzteren, mit der Farbe des Sperlings, wird er von einigen Schriftstellern Passer fluviatilis genannt; er wird eben so wie die vorhergehenden gefangen, und zwar in Pommern bei Rügenwalde vom Frühjahr bis zum Herbst; da er denn nach Johannis am fleischigsten und am fettesten ist. Die Güte seines Fleisches richtet sich überhaupt nach den Verschiedenheiten der Gegend, und nachdem seine Nahrung reichlich oder mager ist. Diejenigen, welche bei Memel gefangen werden, hält man unter denen aus der Ostsee für die besten, obgleich ihr Fleisch dem Fleische der Scholle an Güte nicht beikommt. Dieſer Fiſch wird übrigens wie die vorhergehenden zubereitet: er wird auch geräuchert, und giebt alsdann zum Butterbrod eine angenehme Speiſe.

Der Flunder erreicht nicht die Gröſse der Scholle, und die gröſsten von ihnen kein gröſseres Gewicht als ſechs Pfund. Er hat ein hartes Leben und kommt in ſüſsen Waſſern fort, und da er ſich auch in Fäſsern einige Meilen weit verfahren läſst; ſo wäre zu wünſchen, daſs man ihn, nach dem Beiſpiel der Weſtfriesländer a) in Teiche einſetzte.

Die innern Theile ſind bei dieſem Fiſche von eben der Beſchaffenheit als bei der Scholle, bis auf die zween am Anfange des Darmkanals befindlichen Blinddärme, welche viel kleiner ſind. Im Rückgrade ſind fünf und dreiſsig Wirbelbeine vorhanden.

In Preuſsen wird dieſer Fiſch *Flindern* und *Flondern*; in Liefland von den Deutſchen *Butte* und *Flunder*, von den Letten *Butte*, *Leſte*, *Plehkſte*, von den Ehſtländern *Läſt* und *Kamlias*; in Schweden *Flundra* und *Slaettskaedda*; in Holland *Bot*; in England *Flounder*, *Fluke* und *But*; in Dännemark *Butte*, *Sandskreble*; in Frankreich *Flez*; in Norwegen *Skey*, *Sandskraa* und in Island *Kola* und *Lura* genannt.

Rondelet b) irret, wenn er den Helbut der Engländer für unſern Flunder ausgiebt. *Klein* führt den *Willughby* und *Schoneveld* unrichtig zu unſern Fiſch an c), da erſterer die Scholle, und letzterer den Glattbutt beſchreibt; auch gleicht ſeine Zeichnung eher der Scholle als dem Flunder d). Wenn *Artedi* ſagt, daſs die linke Seite dieſes Fiſches nicht mit Stacheln verſehen ſey e); ſo muſs er einen jungen Fiſch unterſuchet haben, bei welchem dieſelben nicht merkbar ſind. *Gronov* citirt unrichtig die vierte Species des Paſſer vom *Ray*, und das Muſ. Reg. *Adolph. Fridr.*, wo ſie als die Limanda beſchrieben wird, zu unſern Fiſch f).

---

a) *Müller*. L. S. 4. Theil. S. 156.
b) De l'Iſc. P. I. p. 320.
c) Miſſ. Piſc. IV. p. 33. n. 1.
d) l. c. Tab. 7. Fig. 1.
e) Syn. Piſc. p. 31. n. 2.
f) Zooph. p. 73. n. 248.

Zweeter Abschnitt. Von den Schollen insbesondere.

DIE ZUNGE.

XLVste Taf.

4 Die Zunge.

Der Körper rauh; die obere Kinnlade hervorstehend. K. 6. Br. 10. B. 6. A. 65. S. 17. R. 80.

Pleuronectes squamis asperis, maxilla superiore longiore. B. VI. P. X. V. VI. A. LXV. C. XVII. D. LXXX.

Pleuronectes solea, oculis dextris, corpore aspero oblongo, maxilla superiore longiore. *Linn.* S. N. p. 457. n. 9.

— — *Müller.* Prodr. p. 45. n. 376.

— oblongus, maxilla superiore longiore, squamis utrinque asperis. *Art.* gen. p. 18. n. 6. Syn. p. 32. n. 8. Spec. p. 60.

— *Gronov.* Mus. I. p. 14. n. 37. Zooph. p. 74. n. 251.

— solea, corpore aspero oblongo, maxilla superiore longiore, ovis latere albo cirroso. *Brünn.* Pisc. Mass. p. 34. n. 47.

Solea, squamis minutis. *Klein.* Misc. P. IV. p 31. n.1.
— *Plin.* Nat. Hist. Lib. 9. c. 16. 20.
— *Bellon.* Aquat. p. 147.
— *Gesn.* Aquat. p. 666. 667. 671. Icon. anim. p. 101. Thierb. S. 53. b. 55.
— *Jonst.* de Pisc. p. 87. Tab. 20. Fig. 13.
— *Ruysch.* Thes. Anim. p. 57. Tab. 20. Fig. 13.
— *Charlet.* Onom. p. 145. n. 1.
Buglossus. *Rond.* de Pisc. P. I. p. 320.
— *Willughb.* Ichth. p. 100. tab. F. 7.
— *Adrov.* de Pisc. p. 235. 255.
Solea vel Buglossus, *Schonev.* Ichth. p. 63.
Dil baluk. Samok. Mus.r.Forsk.Descr.Anim.p.XV.
The Sole. *Penn.* Britt. Zool. 3. p. 231. n. 107.
La Sole, Cours d'Hist. Nat. Tom. 5. p. 76.
Die Zunge, *Müller.* L. S. 4. Th. S. 157.

Diese Schollenart unterscheidet sich, von den übrigen rechtsäugigen, durch den hervorstehenden Oberkiefer und die harten und rauhen Schuppen. In der Kiemenhaut befinden sich sechs, in der Brustflosse zehn, in der Bauchflosse sechs, in der Afterflosse fünf und sechszig, in der Schwanzflosse siebenzehn und in der Rückenflosse achtzig Strahlen.

Die Zunge hat ihre Benennung ohnstreitig der länglichen Gestalt ihres Körpers zu danken, indem er fast dreimal so lang als breit ist. Sowol die obere als untere Seite sind mit kleinen harten, gezähnelten, und fest in der Haut sitzenden Schuppen bedeckt, welche ihn rauh anfühlen lassen, und ist jene olivenfärbig. Der Kopf ist klein, und oben abgestumpft. Die Mundöfnung zeichnet sich dadurch aus, daß der Oberkiefer mondförmig ausgeschnitten ist. Die untere Kinnlade ist allein mit mehreren Reihen sehr kleiner spitziger, kaum sichtbarer und beweglicher Zähne besetzt, und im Schlunde sind oben zween runde, und unten zween längliche raspelartige Knochen befindlich. Beide Kinnladen sind auf der untern Seite, mit sehr vielen kleinen Bartfasern von weisser Farbe versehen. Von den beiden röhrenförmigen Nasenlöchern ist eins an der obern, und das andere an der untern Seite, dichte am Rande des Mundes befindlich. Die Augen, welche bei diesem Fische nicht so nahe an einander stehen, als bei den übrigen Schollenarten, haben einen blauen Stern in einem gelben Ringe. Der Kiemendeckel ist rund, und besteht aus einem einzigen Plättchen, unter welchem die Kiemenhaut verborgen liegt; die Seitenlinie ist dem Rücken etwas näher, als dem Bauche; die Brustflosse und die Bauchflossen sind klein, und jene mit einer schwarzen Einfassung versehen; unter der letztern ist der After dichte am Kopfe, und an diesem ein kurzer und starker Stachel sichtbar. Die Rückenflosse fängt über der Mundöfnung an, und die Afterflosse gleich am After, beide aber endigen sich an der Schwanzflosse, und in beiden sind die Strahlen beinahe bis zur Hälfte mit Schuppen besetzt. Die Afterflosse ist rund, und hat vielzweigigte Strahlen. Sämtliche Flossen sind oben olivenfarbig und unten weiss.

Wir treffen diesen Fisch nicht nur in den nordlichen Gewässern um Europa an, sondern auch im mittelländischen Meere und ist er, wie aus den *Forskaül* zu ersehen, daher nicht nur den Europäern, sondern auch den Türken und Arabern bekannt a). In der Ostsee wird er, besonders in Pommern, wie mir der Herr Oberamtmann *Göden* meldet, jedoch nur selten gefangen. Er lebt von den Eiern und der Brut anderer Fische, und seine eigene Brut wird von den Krabben häufig verzehret. Er erreicht die Grösse von zween Fuss und drüber, und ein Gewicht von acht Pfunden. Merkwürdig ist es, dass man sie in England, an einigen Küsten, nicht über ein Pfund, an anderen hingegen von sechs bis acht Pfund antrifft b).

Was von dem Aufenthalt, der Laichzeit, dem Fang, und dem Verspeisen der Scholle gesagt ist, gilt auch von der Zunge; wir bemerken nur noch, dass sie ein weit zärteres

---

a) Description. Animal. quae in Itin. Orient. observ. p. XV. b) *Penn.* Britt. Zool. p. 231.

44 Zweeter Abschnitt. Von den Schollen insbesondere.

Fleisch hat, und daher in Frankreich Seerebhuhn genannt wird. Vorzüglich sollen diejenigen, welche man am Vorgebürge der guten Hoffnung fängt, von gutem Geschmack seyn a): überhaupt aber haben die kleineren ein weit zärteres Fleisch, als die gröfseren.

Die Bauchhöhle war bei meinem funfzehn Zoll langen Exemplar nur kurz; sie dehnte sich aber sowol zwischen der obern als untern Seite, und der Fortsetzung der Wirbelknochen b), als auch drei Zoll lang nach dem Schwanze zu aus. Der Darmkanal hat mehrere Beugungen, und ist beinahe noch einmal so lang, als der ganze Körper. Die übrigen Eingeweide kommen mit denen bereits beschriebenen überein, und im Rückgrade zählte ich acht und vierzig Wirbelknochen.

In Deutschland wird dieser Fisch *Zunge*; in Schweden *Tunge*, *Hunde - Tunge*, *Redder*, *Hav - Ager*, *Hone*; in Norwegen und in Holland *Tonge*; in England *The Sol*; in Frankreich *la Sole*, in Italien *Linguata*; in Spanien *Linguato*; in der Türkey *Dilbaluck*; in Arabien *Samakmusi* (Mosesfisch) genannt.

Beim *Bellon*, der die Zunge zuerst beschrieben c), finden wir die Augen auf der rechten Seite, beim *Rondelet* auf der linken d), und beim *Gesner* einmal rechts - und das anderemal linkäugigt vorgestellt e); im *Aldrovand* f), *Ruysch* g) und *Willughby* h) ist die Zeichnung richtig, beim *Jonston* aber unrichtig i). Wenn *Artedi* sagt k), dafs bei diesem Fische beide Nasenlöcher auf der obern Seite sich befänden; so widerspricht diesem meine Erfahrung.

---

a) Cours d'Histoire naturelle. Tom. V. p. 78.
b) Apophises vertebrarum transversales.
c) Aquat. p. 147.
d) De Pisc. P. II. p.320.
e) Aquat. p. 666. 667. Icon. Anim. p. 101. Thierb. S. 53. b. und 55.
f) Aquat. p. 235. und 244.
g) Theatr. Anim. Tab. 20. Fig. 13.
h) Ichth. Tab. f. 7.
i) De Pisc. Tab. 20. Fig. 13.
k) *Arted.* Spec. p. 60.

Zweeter Abſchnitt. Von den Schollen insbeſondere.

DIE GLAHRKE oder KLIESCHE.

XLVIIste Taf.

Die Schuppen rauh, und die Seitenlinie bogigt. K. 5. Br. 11. B. 6. A. 61.
S. 15. R. 75.
Pleuronectes ſquamis aſperis, linea laterali arcuata. B. V. T. XI. V. VI. A. LXI.
C. XV. D. LXXV.

5. Die Glahrke od. Kliesche.

Pleuronectes Limanda, oculis dextris, ſquamis ciliatis, ſpinulis ad radicem pinnarum dorſi anique, dentibus obtuſis. *Linn.* S. N. p. 457. n. 8.
— — *Müller.* Prodr. p. 45. n. 375.
— oculis a dextra ſquamis aſperis, ſpina ad anum dentibus obtuſis. *Art.* gen. p. 17. n. 2. Syn. p. 23. n. 9. Spec. p. 58.
— Muſ. *Ad. Frid.* Tom. II. p. 68.
Paſſer aſper, paſſeri primo ſquamis congener, ſed maculis carens. *Klein.* Miſſ. Piſc. IV. p. 33. n. 4.

Limanda. *Bellon.* Aquat. p. 145.
— *Gesn.* Aquat. p. 665. und 671. Icon. Anim. p. 100. Thierb. S. 52. b.
— *Jonſt.* de Piſc. p. 90.
— *Ruyſch.* Theſ. Anim. p. 59.
Citharus. *Charlet.* Onom. p. 145. n. 2.
Paſſer aſper ſive ſquamoſus. *Rond.* de Piſc. P. 1. p. 319.
— — — — *Aldrov.* de Piſc. p. 242.
— — — — *Willughb.* Ichth. p. 97. Tab. f. 4.
The Dab. *Penn.* Britt. Zool. III. p. 230. n. 105.
Kliesche. *Schonev.* Ichth. p. 62.
Der Schuppenblutfiſch. *Müller.* L. S. 4. Theil. S. 156.

Die harten und gezackten Schuppen, und der Bogen, welchen die Seitenlinie bei ihrem Anfange bildet, ſind Merkmale genug, dieſen Fiſch von den übrigen aus dieſer Abtheilung zu unterſcheiden. In der Kiemenhaut befinden ſich ſechs, in der Bruſtfloſſe eilf, in der Bauchfloſſe ſechs, in der Afterfloſſe ein und ſechszig, in der Schwanzfloſſe funfzehn und in der Rückenfloſſe fünf und ſiebenzig Strahlen.

Dieſer Fiſch iſt auf der obern Seite gelb, auf der untern weiſs, und auf beiden mit ziemlich groſsen Schuppen bedeckt; der Kopf iſt klein, länglich, und die Mundöfnung eng. Beide Kinnladen ſind von gleicher Länge, und in der obern ungleich mehrere kleine ſtumpfe Zähne, als in der untern, befindlich. Die hervorſtehenden Augen haben einen ſchwarzen Stern, mit einem goldfarbenen Ringe umgeben. Die Seitenlinie läuft, von der Schwanzfloſſe bis zur Bruſtfloſſe, in einer geraden Richtung, mitten über dem Körper fort. Sämtliche Floſſen haben auf der obern Seite eine braungelbe, die Schwanzfloſſe hingegen eine dunkelbraune Farbe. Die Strahlen der After- und Rückenfloſſe werden von Schuppen bedeckt, und iſt am After ein Stachel wahrzunehmen.

Dieſer Fiſch iſt ſowol in der Oſt- als Nordſee zu Hauſe. Mir iſt derſelbe ebenfalls aus Pommern, von dem Herrn Oberamtmann *Güden*, unter dem Namen Klarſche, und ein anderer aus Hamburg, unter der Benennung Klieſche, zugeſchickt worden. Er iſt nicht ſo gemein, als die Scholle und der Flunder, auch nicht ſo dick als jene; wird übrigens aber ſo wie dieſe beiden gefangen und verſpeiſet. Ob er gleich nicht die Gröſse derſelben erreicht; ſo übertrifft er ſie doch am Geſchmack; am wohlſchmeckendſten iſt er vom Februar bis zum April. Seine Laichzeit fällt ſpäter, als bei den vorhergehenden, nemlich in den Maymonat, und bei einem kalten Frühjahr in den Jun und um dieſe Zeit iſt ſein Fleiſch weichlich und mager. Er ernähret ſich von Würmern und Inſekten, vorzüglich von kleinen Krabben, dergleichen ich in ſeinem Magen mehrmals angetroffen habe.

Die Eingeweide ſind bei dieſem Fiſche von der nämlichen Beſchaffenheit, als bei der Scholle; der Rückgrad deſſelben enthält nur ein und funfzig Wirbelknochen.

Dieſer Fiſch heiſst in Hamburg und den umliegenden Gegenden *Kleiſche* und *Klieſche*; in Pommern *Glahrke*; in Dännemark *Skrubbe*; in Holland *Grete*; in England *The Dab* und in Frankreich *la Limaude*.

Bellon hat dieſen Fiſch zuerſt beſchrieben a), und *Rondelet* die erſte Zeichnung davon gegeben b); beim letztern, ſo wie beim *Aldrovand* c) und *Willughby* d), iſt er rechtsäugig, beim *Gesner* hingegen e) mit den Augen auf der linken Seite vorgeſtellt. Wenn übrigens *Klein* die Tab. f. 5. des *Willughby* zu unſerm Fiſch anführt f), ſo liegt hier ohnſtreitig ein Druckfehler zum Grunde. Endlich habe ich bei ihm die Stacheln, welche nach der Behauptung des *Ritters* am Grunde der Bauch- und Rückenfloſſe ſitzen ſollen g), nicht bemerken können.

---

a) Aquat. p. 145.
b) De Piſc. P. I. p. 319.
c) De Piſc. p. 242.
d) Ichth. p. 97. Tab. f. 4.
e) Aquat. p. 665.
f) Miſſ. Piſc. IV. p. 33. n. 4.
g) S. N. p. 457. n. 8.

DER HEILIGEBUTT.

XLVIIste Taf.

Die Schwanzfloſſe mit einem mondförmigen Ausſchnitte. K. 7. Br. 15. B. 7. A. 82. S. 16. R. 107.

Pleuronectes, pinna caudali lunulata. B. VII. P. XV. V. VII. A. LXXXII. C. XVI. D. CVII.

Pleuronectes Hippogloſſus, oculis dextris, corpore toto glabro. *Linn.* S. N. p. 456. n. 4.
— — *Müller.* Prodr. p. 44. n. 371.
— oculis a dextra, totus glaber. *Art.* gen. p. 17. n. 3. Syn. p. 31. n. 3.
— Gronov. Muſ. I. p. 14. n. 39. Zooph. p. 73. n. 247.
Paſſer, quatuor cubitos longus. *Klein.* Miſſ. Piſc. IV. p. 33. n. 2.

Paſſer Britannicus. *Charlet.* onom. p. 146. n. 4.
Hippogloſſus der ältern Ichthyologen.
Holibut. *Penn.* Britt. Zool. III. p. 226.
Le Fletang, ou Faltan. *Bomare.* Dict. d'Hiſt. N. Tom. IV. p. 452.
Netarnack. Ott. *Fabr.* Faun. Grönl. p. 161. n. 117.
Der Heylbutt. *Schonev.* Ichth. p. 62.
Die Hälleflunder. Schwed. Abh. 3ter Band. S. 243.
Der Helle-Flynder. *Pont.* Norw. 2. Theil. S. 220.
Die Hilbutte. *Anderſ.* Reiſe nach Iſl. S. 101.
Der Heilbutt. *Müller.* L. S. 4. Theil. p. 149.

6. Der Heiligebutt.

Der Heiligebutt unterſcheidet ſich durch die mondförmige Schwanzfloſſe von den übrigen Schollenarten. In der Kiemenhaut ſind ſieben, in der Bruſtfloſſe funfzehn, in der Bauchfloſſe ſieben, in der Afterfloſſe zwei und achtzig, in der Schwanzfloſſe ſechzehn und in der Rückenfloſſe hundert und ſieben Strahlen befindlich.

An dieſem Fiſch iſt die untere Seite weiſs, und die obere leberfarbig, ob gleich auch hier, ſo wie bei den übrigen Fiſchen, die Farbe ſich etwas verändert, je nachdem er fett oder mager iſt; denn bei dem letztern fällt ſie mehr ins Schwärzliche. Beide Seiten ſind mit länglichten runden Schuppen bedeckt, welche ſehr feſt ſitzen und, weil ſie zugleich weich ſind, ſich durch das Gefühl um ſo weniger bemerken laſſen, da dieſer Fiſch mit einem Schleim überzogen iſt. Dieſe Schuppen werden alsdenn erſt deutlich wahrgenommen, wenn er trocken iſt. Der Kopf iſt klein, die Mundöfnung weit, und beide Kinnladen ſind mit vielen langen, ſpitzen, gekrümmten und von einander abſtehenden Zähnen beſetzt. Die obere dieſer Kinnladen iſt beweglich, und mit einem breiten Lippenknochen versehen. Die Augen stehen dichte beisammen, sind grofs, und haben einen schwarzen Stern in einem weifsen Ringe. Der Kiemendeckel besteht aus drei Plättchen, die Kiemenöfnung ist grofs, und die Kiemenhaut hervorragend. In Ansehung der Flossen und der Stachel kömmt er mit der Scholle überein, nur dafs die Brustflosse bei ihm länglicht und die Schwanzflosse mondförmig ist. Die Seitenlinie macht an der Brust einen Bogen, und gehet hernach in einer geraden Richtung bis zur Schwanzflosse fort.

Der Heiligebutt scheinet gewissermassen den Uebergang von den Schollen zu den übrigen Fischarten zu machen. Wegen der mondförmigen Schwanzflosse, der Kiemenhaut, der grofsen Augen, der Mundöfnung, der Gröfse und des fleischigten und gestreckten Körpers, kommt er mehr mit den übrigen Fischen überein, als irgend eine andere Schollenart.

Dieser Fisch übertrifft, nach dem Wallfisch, fast alle andere an Gröfse, indem man in England welche von zwey bis drei hundert Pfund a), und in Island von vier hundert Pfund fängt b). In Norwegen werden sie so grofs angetroffen, dafs ein einziger derselben ein ganzes Boot bedeckt, und von seinem Fleische eine bis zwo Tonnen angefüllet werden können. Es verdiente daher dieser Fisch mit gröfserem Rechte den Namen, welchen man dem Stachelbutt beigelegt hat (Pl. maximus). Dieser Fisch hält sich in dem nördlichen Ocean auf, daher die Isländer, Grönländer und andere nördliche Völker auf denselben fischen. Die Engländer holen ihn auch von Neufoundland c), und die Franzosen aus Terreneuve d). Er ist ein starker Räuber und verzehrt nicht nur den Rochen, Krabben und Schellfisch, sondern auch den am Felsen klebenden Seehasen (cyclopterus Lumpus L.), welcher besonders für ihn ein Leckerbissen ist. Diese Fische liegen in Reihen hinter einander auf dem Grunde des Meeres, und lauren, mit aufgesperrtem Rachen, auf die vorbeyschwimmenden Seebewohner. Bei grofsem Hunger fressen sie einander die Schwänze an. Man fängt diesen Fisch mit dem Stachel und auch an der Angel; zum Köder bedienen sich die Schweden des grünen Schellfisches, und die Grönländer des Seescorpions. Die nordischen Fischer nennen das Werkzeug Gangwaaden, Gängwaad, und es bestehet aus

---

a) *Penn.* Britt. Zool. III. p. 226.　　c) *Penn.* l. c. p. 320.
b) *Anders.* Reisen. S. 102.　　　　　d) *Pontopp.* Norw. 2. Theil. S. 222.

Zweeter Abschnitt. Von den Schollen insbesondere.

einem dicken Seil, an dem dreisig drei hundert Klafter lange Stricke befestiget sind, und an welchem sich starke Haken befinden; am Seile sind Bretter angebunden, damit sie den ausgeworfenen Gangwaaden wieder finden können. Dieses Werkzeug wird, nachdem es vier und zwanzig Stunden im Wasser gelegen, in die Höhe gezogen, und es ist nicht selten, daß vier bis fünf Stück auf einmal damit gefangen werden. Die Grönländer bedienen sich, statt der Hanfstricke, des gespaltenen Fischbeins, und aus der Haut des Seehundes geschnittener Riemen; auch erhält man diesen Fisch mit Wurfspießen, wenn er sich bei warmen Tagen, auf die Sandbänke oder flache Stellen des Meeres begiebt. Sobald die Fischer merken, daß sie einen grosen gefangen, so ziehen sie ihn, aus Besorgnis, daß er das Boot umschlagen mögte, nicht sogleich in die Höhe, sondern sie lassen sich von demselben so lange mit fortschleppen, bis er ermattet wird, da man ihn denn in die Höhe windet und mit Keulen todtschlägt. Am häufigsten werden diese Fische in Norwegen gefangen, und zwar vom ersten May bis zum Johannistag; denn da um diese Zeit daselbst auch die Nächte hell sind; so können ihn die Fischer am besten auf den Untiefen entdecken, später aber beschäftigen sie sich deswegen nicht mit dieser Fischerey, weil der Raf und Rückel wegen der warmen Luft trahnigt, und daher unbrauchbar wird. Es finden sich zuweilen einige dieser Fische, welche Dree-Kueite genannt werden, und auf welchen man eine Menge Seeeicheln (balani) befestigt findet. Diese hält man gewöhnlicher Weise für uralt a), woran ich jedoch aus dem Grunde zweifele, weil sie nur klein sind. Sie sind durchaus sehr fett, und wegen des trahnigten Geschmacks nicht wohl zu genüfsen. Da dieses Fett sie leicht macht, so können sie sich nicht wohl im Grunde erhalten, und werden daher nicht selten eine Speise der Raubthiere, besonders des Seeadlers b), welcher letztere jedoch öfters das Unglück hat, von dem Fische, wenn er noch Kräfte genug besitzt, in den Abgrund gezogen zu werden, da denn der Adler, mit ausgespannten Flügeln, und einem kläglichen Geschrey sich vergeblich bestrebet, sich loszumachen, und auf dem Rücken dieses Fisches umkommen und verfaulen muss.

---

a) Schwed. Abhandl. 33. Band. S. 246. b) Vultur albiola. *Linn.*

Zweeter Abschnitt. Von den Schollen insbesondere.

Die Grönländer essen das Fleisch des Heiligenbutt sowohl frisch als getrocknet; auch verzehren sie die Haut und die Leber, nachdem sie solche mit der schwarzen Affenbeere a) zu einer Speise zubereitet haben, roh. Die Magenhaut gebrauchen sie statt der Fensterscheiben. In Schweden, Island und vorzüglich in Norwegen, wird von diesem Fisch der bekannte Raff und Röckel gemacht b). Jener ist nichts anders, als die Flossen mit der daran sitzenden fetten Haut; dieser aber, die nach der Länge geschnittene Stücke des fetten Fleisches. Auch das magere Fleisch wird in lange Streifen geschnitten, und Skare - Flog oder Squarre - Queite genannt; alle diese Stücke werden, nachdem sie vorhero eingekerbt worden, mit Salz eingerieben, und hiernächst auf Stangen gelegt, und an der Luft getrocknet: auch pöckelt man dieselben ein, da sie denn an Geschmack dem Hering vorgehen sollen. Der beste Raf und Röckel fällt bei Samosee ohnweit Bergen, und zwar im Winter, denn die Kälte dieser Jahrszeit macht denselben mürbe, und vorzüglich wohlschmeckend. In Holland und in Hamburg wird das Fleisch dieses Fisches an den gemeinen Mann für einen geringen Preis verkauft, der Kopf hingegen als ein Leckerbissen sehr theuer bezahlt.

Dieser Fisch laicht im Frühjahr, und setzet seine blasrothe Eier an den Ufern zwischen den Steinen ab. So lange dieser Raubfisch noch jung ist, übt der Roche das Vergeltungsrecht an ihm aus; die grofsen hingegen haben an dem Delphin einen furchtbaren Feind, welcher mit seinen starken Zähnen ganze Stücken Fleisch aus ihrem Leibe hauet c); wie denn die Fischer manchmal einen dergleichen zerfetzten in ihre Hände bekommen.

Derjenige Fisch, dessen Zergliederung ich hier mittheile, war, die Schwanzflosse ungerechnet, ein und zwanzig und einen halben Zoll lang, und zehn und einen halben Zoll breit, die Dicke betrug zwey und einen halben Zoll. Die Bauchhöhle war klein, die Leber länglicht, und lag in der Quere. Der Magen war grofs, dünnhäutig, und ich fand darin einen sechs Zoll langen Fisch, aus dem Cabeljaugeschlecht. Der Darmkanal, hatte acht Zoll in der Länge, und zwo Beugungen. Merkwürdig war der zwei und einen halben Zoll lange Blinddarm, der sich mit dem Hauptdarm am Magen öfnete. Der Rogen

---

a) Empetrum nigrum. *Linn.*   b) Ersterer heifst in Island Rafnr und letzterer Ricklinger.
c) Schwed. Abhandl. 33. B. N.

Zweeter Abschnitt. Von den Schollen insbesondere.

war doppelt, und jeder Theil wie eine Lanzette gestaltet: im Rückgrade zählte ich fünf und sechszig Wirbelbeine.

In Hamburg wird dieser Fisch *Heilbutt*, *Hilligbutt*; in Dännemark *Helle-Flinder*; in Schweden *Haelgflundra*; in Norwegen *Helleflynder*, *Queite*, *Sandskieble*, *Skrobbe-Flynder*; in Island *Flydra*, *Heilop-Fisk*; in Grönland, der kleine *Queite-Baru*, der von mittlerer Größe *Styning*, und der ganz große *Netarnak*; in Holland *Heilboth*; in England *Holybut*, und in Frankreich *le Fletau* genannt.

Rondelet hat den Heiligebutt zuerst beschrieben, und davon eine Zeichnung mit den Augen auf der rechten Seite gegeben a). *Gesner* der sie vom Rondelet entlehnte, stellt ihn linksäugig vor b): beim *Aldrovand* stehen die Augen ebenfalls auf der linken Seite, und seine Figur gleicht eher der Zunge, als unserm Fische c). Dem *Willughby* haben wir die erste erträgliche Zeichnung zu verdanken d) und wenn *Artedi* dem Heiligebutt nur zwey Fuß Länge giebt e), so scheinen ihm die größeren der nördlichen Gewässer unbekannt geblieben zu seyn. Sonderbar ist die Frage des *Bomare*: ob unser Fisch eine Rochenart sey f)? da er doch zu den knochen- und nicht zu den knorpelartigen gehört.

ZWOTE ABTHEILUNG.
Schollen mit den Augen auf der linken Seite.

DER ARGUS (*Pleuronectes Argus*).
XLVIIIste Taf.

Der Körper bunt gefleckt, die Schwanzflosse rund. Br. 10. B. 8. A. 69. S. 17. R. 79.
Pleuronectes corpore vario, pinna caudae rotundata. P. X. V. VIII. A. LXIX. C. XVII. D. LXXIX.

7. Der Argus.

Passer oculatus. *Plümier.* M. S.

---

a) De Pisc. P. I. p. 325.
b) Aquat. p. 669. Icon. Anim. p. 103. Thierb. S. 54. b.
c) De Pisc. p. 238.
d) Ichthyol. Tab. f. 6.
e) Gen. p. 17. n. 3.
f) Dict. Tom. IV. p. 454.

Diese Scholle unterscheidet sich von den übrigen linksäugigten durch ihren scheckigten Körper, und die runde Schwanzflosse. In der Brustflosse befinden sich zehn, in der Bauchflosse acht, in der Afterflosse neun und sechszig, in der Schwanzflosse siebenzehn, und in der Rückenflosse neun und siebenzig Strahlen.

Dieser schöne Fisch hat auf der weissen Grundfläche seines Körpers Flecke von hellgelber Farbe, welche mit braunen Punkten besprengt, hellblau eingefaßt sind, und bald einen ganzen Zirkel, bald zwey oder drey Segmente desselben bilden. Zwischen diesen erblicket man allenthalben kleinere blaue Flecke und dunkelbraune Punkte. In der Plümierschen Zeichnung ist aufser diesen, noch ein Fleck von dunkelbrauner Farbe, ohnweit dem Schwanze angezeigt; ich kann aber nicht entscheiden, ob derselbe etwas wesentliches oder zufälliges sey. Der Kopf ist breit und die Augen sind in einem weiten Abstande von einander, haben einen blauen Stern in einem weissen und braunen Ringe, und übertrifft das nach dem Rücken zugekehrte Auge das andere an Größe. Die Kinnladen sind von gleicher Länge, und mit spitzigen Zähnen bewaffnet. Die Haut zwischen den Strahlen der Flossen ist gelblicht, und die Stacheln selbst sind braun, und beide mit blauen Flecken gezieret. Die Brustflosse hat, so wie die Schwanzflosse, vielzweigigte Strahlen; erstere endigt sich in eine Spitze, und diese, welche am Grunde hellgelb ist, in einen Zirkel; die Rückenflosse erstrecket sich von der Nase bis an die Schwanzflossen. Die Seitenlinie macht über der Brustflosse eine Beugung, und läuft hiernächst mitten über den Körper weg; beide Seiten sind mit kleinen weichen Schuppen bedeckt. Der After und die andern Theile, sind wie bei den übrigen dieses Geschlechts beschaffen, nur dafs in der Brustflosse einige Strahlen weniger, und in der Bauchflosse einige mehr vorhanden sind.

Diesem Fische ist das amerikanische Meer ohnweit der antillischen Inseln, zum Wohnort angewiesen. Wie ich bereits erwähnt, so haben wir dem *Pater Plümier* die Kenntnifs desselben zu verdanken, und ob man zwar beim ersten Blick glauben sollte, dafs seine Zeichnung mit der Catesbyschen a), als welche ebenfalls blaue Ringe und Flecken hat, einerley sey; so sehen wir doch bey näherer Vergleichung, dafs diese die Augen auf der

---

a) Abbild. verschiedener Fische und Schlangen. p. 27. Taf. 27.

rechten Seite hat: auch ist die Catesbysche länglicht, und mit der Zunge in näherer Verwandschaft; daher er sie auch solea aculeata nennt. Hierzu kommt noch, dass bei dem *Catesby* die Schwanzflosse in eine Spitze ausgehet; der Fisch grosse und starke Schuppen und einen länglichten und grosen Kopf hat, und ihm die Brustflosse und Seitenlinie mangelt. Ob nun diese Theile dem Fische wirklich fehlen, oder ob sie von dem Zeichner übergangen worden sind, weiss ich so wenig gewiss, als ob des Ritters Pl. Lunatus mit dem Catesbyschen, welchen er dazu anführt, einerley sey, da er den seinigen in die zwote Abtheilung bringt, und die Schwanzflosse mondförmig gebildet angiebt; dahingegen der Catesbysche Fisch rechtsäugig, und mit einer rautenförmigen Schwanzflosse vorgestellt ist.

DER STEINBUTT.
XLIXste Taf.

Der Körper mit knöchernen Erhöhungen besetzt. K. 7. Br. 10. B. 6. A. 46. S. 15. R. 67.

8. Der Steinbutt.

Pleuronectes tuberculis osseis scaber. B. VII. P. X. V. VI. A. XLVI. C. XV. D. LXVII.

Pleuronectes maximus, oculis sinistris, corpore aspero. *Linn.*S.N. p. 459. n. 14.
— — *Brün.* Ichth. Mass. p.35. n. 49.
— — *Müller.* Prodr. p. 45. n. 379.
— *Arted.* gen. p. 18. n. 9. Syn. p. 32. n. 7.
— *Gron.* Mus. II. p. 10. n. 159. Zooph. p. 74. n. 254.
Rhombus aculeatus, nigricans, maculis obscuris fuscis in prona parte; in altero latere ex olivaceo et albo coerulescens. *Klein.* Miss. Pisc. IV. p. 34. n. 1. Tab. 8. Fig. 1. Tab. 9. Fig. 1. et Rhombus cineritus, aculeis asperrimus, inferiori mandibula superiorem, qua dimidium fere excedente,

pinnis et cauda fuscis maculis variegatis. p. 35. n. 2. Tab. 8. Fig. 2.
Rhombus. *Plin.* Hist. nat. lib. 9. c. 15. 20. 42.
— *Bellon.* Aquat. p. 139.
— aculeatus. *Rondel.* de Pisc. P. I. p. 310.
— — *Gesn.* Aquat. p. 661. 670. Icon. Anim. p. 95. Thierb. S. 50. b.
— — *Aldr.* de Pisc. p. 248.
— — *Charlet.* Onom. p. 149. n. 2.
— — *Willughb.* Ichth. p. 93. Tab. f. 8. Fig. 3. et Rhombus maximus asper non squamosus. p. 94. Tab. f. 2.

Rhombus aculeatus. *Ray.* Syn. Pifc. p. 32. n. 6. et Rhombus maximus afper non fquamofus. p. 31. n. 1.	Die Steinbutte. *Fifch.* Nat. Gefch. von Liefland. S. 116. n. 205.
— — *Jonft.* de Pifc. p. 99. Tab. 22. Fig. 12. et Citharus flavus five afper. p. 89. Tab. 20. Fig. 15.	The Turbot. *Penn.* Britt. Zool. III. p. 232. n. 109. Le Turbot. Cours d'Histoire naturelle. Tom. V. p. 5. Skrobe-Flynder. *Pontopp.* Norw. 2.Theil. S. 208. Der Steinbutt, Dornbutt. *Schonev.* Ichth. p. 60.
— — *Ruyfch.* Thef. Anim. p. 66. Tab. 22. Fig. 12. et Citharus. p. 59. Tab. 20. Fig. 15.	Die Steinbotten. *Wulff.* Ichth. p. 26. n. 32. Die Steinbutte. *Müller.* L. S. 4. Theil. S. 160.

Die kleinen knöchernen, in eine ftumpfe Spitze auslaufenden Höcker, womit der Körper diefes Fifches befetzt ift, haben den deutfchen Namen veranlafst, und fie geben zugleich ein Merkmal ab, diefen Fifch von den übrigen zu unterfcheiden. In der Kiemenhaut befinden fich fieben, in der Bruftfloffe zehn, in der Bauchfloffe fechs, in der Afterfloffe fechs und vierzig, in der Schwanzfloffe funfzehn und in der Rückenfloffe fieben und fechszig Strahlen.

Diefer Fifch hat eine länglichtrunde Geftalt, auf der obern Seite eine braune Farbe, gelb marmorirt, und auf der untern eine weifse mit braunen Flecken. Die Höcker auf der obern Seite find weit gröfser, als die auf der untern, und beide find mit zarten dünnen Schuppen belegt. Der Kopf ift breit, und wegen der erwähnten ftumpfen Erhabenheiten, fo wie der Rumpf, rauh anzufühlen. Die Augen find grofs, ihr Stern meergrün, und ihre Ringe braun. Die Kiemenöfnung ift weit, die untere Kinnlade hervorragend, und beide find mit mehreren Reihen kleiner Zähne bewafnet. Die Floffen find gelblicht, und mit fchwarzen Punkten und Flecken befprengt; die Seitenlinie läuft, nachdem fie an der Bruft einen Bogen gebildet hat, mitten über den Körper hinweg, und fie ift frey von den Höckern, welche den übrigen Körper bedecken.

Wir treffen diefen Fifch nicht nur in der Nord- und Oftfee, fondern auch im mittelländifchen Meere an. Er erreicht eine fehr anfehnliche Gröfse. *Rondelet* hat bereits welche gefehen, die fünf Ellen lang, viere breit und einen Fufs dick gewefen a), und in

---

a) De Pifc. P. I. p. 311.

England fängt man welche von zwanzig bis dreißig Pfunden a). Ueberhaupt gehöret der Fang diefes Fifches mit zu den einträglichften in London, indem dafelbft jährlich an dreißig taufend Pfund zu Markte gebracht werden b).

Man fängt diefen Fifch auf eben die Art, wie die vorhergehenden; vorzüglich aber mit der Angelfchnur, und in Schweden bedienet man fich des Ströhmlings zum Köder, fo wie in England des Herings und des kleingefchnittenen Schellfifches, als der Nahrung die er am erften fucht: es ift indeffen diefer Fifch fehr eigen in der Wahl feiner Speife, und weil er an jenen Köder nicht leicht beifst, wenn er über zwölf Stunden alt ift; fo bedienet man fich in diefer Abficht der lebendigen Fifche, und vorzüglich der Briquen c), welche ein fehr zähes Leben haben. Es kaufen daher die englifchen Fifcher von den Holländern, jährlich für etwa fieben hundert Pfund Sterling von diefen Fifchen d). Bei dem Fang diefes Fifches bedienen fich die Engländer eines kleinen Boots, in welches fich drei Fifcher begeben. Die Leinen, welche fie gebrauchen, find drei englifche Meilen lang, und ein jeder diefer Fifcher hat drei dergleichen Schnüre, an welchen, in gewiffen Zwifchenräumen, von etwa fechs Fufs und zwey Zoll, ein Haken, vermittelft einer Haarfchnur befeftiget ift, fo dafs ein folches Boot auf diefe Art zwey taufend fünf hundert und zwanzig Haken auswirft. An jedem Ende diefer Leine ift ein Gewicht befeftiget, wodurch fie im Grunde gehalten wird; und dienen den Fifchern angebundene Korkftücke, welche auf dem Waffer fchwimmen, zum Merkmal ihrer ausgeworfenen Angelfchnur. Da an den englifchen Küften die Ebbe und Fluth alle fechs Stunden abwechfelt; fo müfsen die Fifcher beim Auswerfen und Einziehen derfelben fich darnach richten.

Der Steinbutt hat ein feftes und fehr wohlfchmeckendes Fleifch, und wird eben fo verfchiedentlich als die Scholle zur Speife zubereitet. Er hält fich, gleich den übrigen diefes Gefchlechts, auf dem Grunde des Meeres auf, und ift, damit der Sand bei ftürmifcher Witterung feinen Augen nicht nachtheilig werde, fo wie die übrigen Schollenarten, mit einer Nickhaut verfehen. Er gehört ebenfalls zu den Raubfifchen, und lebt vorzüglich von Infekten und Würmern, wie ich denn in feinem Magen und Darmkanal zermarmelte Mu-

---

a) *Penn.* Britt. Zool. III. p. 233.
b) Art of Angl. n. 278.
c) Petromyzon fluviatilis. L.
d) *Penn.* a. a. O. p. 237.

fcheln angetroffen habe. Die Eingeweide find fo wie bei dem Viereck oder Glattbutt gebildet.

In unferer Gegend wird diefer Fifch *Steinbutt*; in Preufsen *Botte* und *Steinbotte*; in Dännemark *Pigvar*, *Tömie*, *Steenbut*; in Norwegen *Vrang-Flönder*, *Skrabe-Flynder*; in Schweden *Butta*; in Holland *Tarboth*; im füdlichen Theil von England *Turbot*, im nördlichen *Breet* und in Frankreich *Turbot* genannt.

Wenn *Willughby* a), *Ray* b) und *Pennant* c) unferm Fifche die Schuppen abfprechen, fo müfsen fie ihnen unbemerkt geblieben feyn, da fie zart find und tief in der Haut fitzen. Erftere führen auch unfern Fifch unter zwey verfchiedenen Namen auf, einmal als das ftachlichte d) und das anderemal als das grofse Viereck e): fo wie auch *Klein* denfelben als zwo verfchiedene Arten befchrieben zu haben fcheint f), er führt auch den *Artedi*, welcher den linken Strufbutt befchreibt, unrichtig zu unferm Fifch an, denn felbft feine Zeichnung, auf welcher die Seitenlinie bogigt und glatt vorgeftellt ift g), giebt zu erkennen, dafs er den Steinbutt und nicht den Artedifchen befchrieben habe; auch *Jonfton* und *Ruyfch* haben aus unferm Fifch zwo verfchiedene Gattungen gemacht h). *Bellon* hat ihn zuerft befchrieben, und denfelben unrichtig mit den Augen auf der rechten Seite vorgeftellt. i) Diefes thun auch feine Nachfolger, der *Rondelet* k), *Gesner* l) und *Ruyfch* m). *Aldrovand* n), *Jonfton* o) und *Klein* p) ftellen ihn linkäugig vor. Beim *Willughby* erfcheinet er fogar einmal mit den Augen auf der rechten, und das anderemal mit den Augen auf der linken Seite q). Herr *Fifcher* führt *Kleins* dritte Species, nemlich den Maximus, zu unfern

---

a) Ichth. p. 94. Tab. f. 2.
b) Syn. Pifc. p. 31. n. 1.
c) Britt. Zool. III. p. 232. n. 109.
d) Rhombus aculeatus.
e) — maximus non aculeatus.
f) Miff. Pifc. IV. p. 34 n. 1. et 35. n. 2.
g) Tab. 8. Fig. 1. Tab. 9. Fig. 1.
h) Citharus und Rhombus aculeatus.
i) Aquat. p. 139. 140.

k) De Pifc. P. I. p. 310.
l) Aquat. p. 661. Icon. Anim. p. 59. Thierb. S. 50. b.
m) Tab. 20. Fig. 15. Tab. 22. Fig. 12.
n) De Pifc. p. 248.
o) Tab. 20. Fig. 15. Tab. 22. Fig. 12.
p) l. c. Tab. 8. Fig. 1. Tab. 9. Fig. 1.
q) Tab. f. 8. Fig. 3. Tab. f. 2.

Fisch an a); da dieser aber mit einer geraden Seitenlinie vorgestellt ist; so ist darunter nicht unser, sondern vielmehr der folgende zu verstehen.

DER LINKE STACHELFLUNDER.
LIste Taf.

Die Seitenlinie nach dem Kopfe zu stachlicht. K. 6. Br. 11. B. 6. A. 44. S. 16. R. 59.
Pleuronectes linea laterali versus caput tantum aculeata. B. VI. P. XI. V. VI.
A. XLIV. C. XVI. D. LIX.

9. Der Stachelflunder.

Pleuronectes passer, oculis sinistris, linea laterali sinistra aculeata. *Linn.* S. N. p. 459. n. 15.
— oculis a sinistra, linea laterali utrinque aculeata. *Art.* gen. p. 18. n. 10. Syn. p. 32. n. 6.
Rhombus linea laterali, radicibusque pinnarum dorsi anique spinulis asperis: cauda subaequali, varietas 13. *Gronov.* Zooph. p. 73. n. 248.

Rhombus maximus, colore profundo cineritio super flavo variegatus; dextro latere, quod Rhombo supinum, est albus, et maculis quasi dendriticis pictus. *Klein.* Miss. Pisc. IV. p. 35. n. 3.
Der Strufbutt. *Schonev.* Ichth. p. 61.
Die Stachelbutte. *Fischer.* Naturgesch. von Liefland. S. 116. n. 205.
Der Stachelflunder. *Müller.* L. S. 4ter Theil. S. 161. n. 15.

Die Stacheln, welche vom Kopfe an, bis zur Hälfte der Seitenlinie auf der Oberfläche befindlich sind, geben diesem Fisch ein unterscheidendes Merkmal. In der Kiemenhaut befinden sich sechs, in der Brustflosse eilf, in der Bauchflosse sechs, in der Afterflosse vier und vierzig, in der Schwanzflosse sechszehn, und in der Rückenflosse neun und funfzig Strahlen.

Ausser dem Kopfe und der Seitenlinie ist auch der Grund der Strahlen in der Rücken- und Afterflosse mit knöchernen Erhöhungen, auf welchen viele Stacheln sitzen, versehen: der übrige Theil des Körpers hingegen ist auf der Oberfläche glatt. Auf der untern Seite habe ich, ausser an dem Rande, nur einige wenige Stacheln am Kopfe bemerken können. Die obere Seite ist grau und gelb marmorirt, die untere hingegen weiss. Der

---
a) Nat. Gesch. von Liesl. p. 117. n. 206.

Rumpf ift, fo wie der Kopf, länglicht, der Unterkiefer vor dem obern hervorftehend, und beide Kiefern find mit kleinen Zähnen bewafnet. Die Augen find klein, ftehen dichte beifammen, und haben einen grünglichen Stern in einem weisbraunen Ringe. Beide Seiten find mit kleinen dünnen Schuppen bedeckt, und die Seitenlinie hat eine beinahe gerade Richtung. Die Floffen find von gelblicher Farbe, und braun gefleckt, im übrigen aber, wie bei der Scholle befchaffen, auch ift diefer Fifch neben dem After mit einer Stachel verfehen.

Wir treffen den Stachelflunder häufig in der Nord- und Oftfee an. Er wird auf eben die Art, wie die übrigen diefes Gefchlechts, gefangen und zur Speife zubereitet. Sein Fleifch ift wohlfchmeckend, und etwas härter als das Fleifch des Flunders. In Anfehung der Laichzeit und der Befchaffenheit feiner innern Theile, weicht er von den übrigen feines Gefchlechts nicht ab; ob er aber die Gröfse einer Scholle erreiche, kann ich nicht beftimmen: diejenigen, welche mir zu Geficht gekommen, waren nicht über einen Fufs lang.

Der Stachelflunder wird an den mehreften Orten mit dem eigentlichen Flunder für einerley Fifch gehalten. In Liefland unterfcheidet man ihn genauer, wo er unter dem Namen *Stachelbutt* bekannt ift. Die Letten nennen ihn *Ahte* und *Grabbe*; in Danzig wird er *Theerbott* und in Hamburg *Struffbutt*, und wegen feiner Augen auf der linken Seite, um ihn von dem Flunder zu unterfcheiden, auch verkehrter *Elbbutt* genannt.

Die ältern Ichthyologen haben diefen Fifch ebenfalls von dem Flunder nicht zu unterfcheiden gewuft. *Artedi* machte zuerft eine eigene Art daraus, er führt aber die Schriftfteller, welche vom Steinbutt handeln, unrichtig zu diefem Fifch an a); denn die krumme Seitenlinie nach dem *Bellon* b), das grofse Gewicht, welches ihm *Roudelet* giebt, und die vielen Erhabenheiten, welche in den Zeichnungen vorgeftellet find, beweifen zur Genüge, dafs jene Schriftfteller den Steinbutt und nicht unfern befchrieben haben. *Gronov* hält den Rhombus maximus des *Klein*, welches unfer Fifch ift, unrichtig für eine Nebenart c) vom Flunder d), da diefer rechts-jener aber linksäugigt ift, und folglich alle Theile diefer Fifche

---

a) Gen. p. 18. n. 10. Syn. p. 32. n. 6. c) Zooph. p. 73. n. 248.
b) Aquat. p. 139.   d) De Pifc. P. I. p. 311.

gegen den Kopf in einen umgekehrten Verhältnifs stehen, nach welchem sie, beim Schwimmen, eine entgegengesetzte Richtung nehmen müssen. Hierzu kommt noch, dafs der Flunder am ganzen Körper, dieser aber nur an dem Kopfe, der Seitenlinie und den Rändern mit Stacheln besetzt ist. Endlich erscheinen auf jenem zweyerley Arten Stacheln; nemlich krumme und gerade, auf diesem aber allein gerade; des stärkeren Fleisches und der helleren Farben nicht zu gedenken, welche dieser vor jenem voraus zu haben scheinet, da dieser Unterschied vom Wasser, der Nahrung und andern zufälligen Ursachen herrühren kann. Aus eben diesem Grunde kann ich dem Herrn *Pennant* nicht beipflichten, wenn er aus dem Flunder und dem Passer des Ritters, oder unserm Fisch, nur eine Species macht a), und lässet sich die vom *Klein* b) und *Gronov* c) aufgeworfene Frage: ob die zehnte Species des *Artedi* und der Passer des *Linné* mit dem dritten Rhombus des *Klein* einerley Fisch sey? mit ja beantworten.

XI. GESCHLECHT.
Die Baarsche.

ERSTER ABSCHNITT.
Von den Baarschen überhaupt.

Der Körper mit harten rauhen Schuppen bedeckt; der Kiemendeckel sägeförmig.

Perca squamis duris asperisque, operculis serratis.

Perca, *Linn.* S. N. gen. 168. p. 481.
— *Art.* gen. p. 39. Syn. p. 66.
— *Gronov.* Mus. I. p. 41. Mus. II. p. 33. Zooph. p. 86.
— *Klein.* Miss. Pisc. V. p. 35. §. 25.

Perch. *Penn.* Britt. Zool. III. p. 254. g. 24.
La perche. *Gouan.* Hist. de Poiss. gen. 16. p. 104. 141.
Bärschinge. *Müller.* L. S. 4ter Theil. S. 222.
Fischers Liefland. S. 117.

a) Britt. Zool. III. p. 200.
b) Miss. Pisc. IV. p. 35.

c) A. a. Orte.

Erfter Abfchnitt. Von den Baarfchen überhaupt.

Die zu diefem Gefchlechte gehörige Fifche erkennet man an dem gezähneten oder fägeförmigen Kiemendeckel, und den harten und rauhen Schuppen. Sie haben einen ge- ſtreckten an den Seiten zufammengedruckten Körper, welcher mit harten, dicht über ein- ander liegenden rundlichen Schuppen, die in abwechfelnden Farben fchön glänzen, bedeckt ift. Der Kopf ift von mittlerer Gröfse, die Mundöfnung weit, und von den mit fpitzen und gekrümmten Zähnen bewafneten Kinnladen, ftehet gewöhnlich eine hervor. Die Zunge ift kurz und beweglich und der Gaumen mit rauhen Knochen befetzt; die Augen find grofs und ftehen gewöhnlich nahe am Scheitel. Die Nafenlöcher find doppelt und durch eine Zwifchenhaut getheilt. Die Kiemendeckel beftehen aus drei harten Plättchen, davon die oberfte gezähnelt ift; die Kiemenöfnung ift grofs, und die Kiemenhaut mit fieben Strah- len verfehen. Der Rücken bildet mit der Seitenlinie einen kleinen Bogen, und läuft letztere mit erfterem parallel. Der After fitzt dem Schwanze näher, als dem Kopfe. Einige diefer Fifche haben acht Floffen, wovon zwo am Rücken, zwo an der Bruft, eben fo viel am Bauche, eine am After und eine am Schwanze fitzen: bei andern zählt man nur fieben, weil beide Rückenfloffen zufammengewachfen find. Die erfte Rückenfloffe ift mit harten, und die übrigen find mit weichen Strahlen verfehen. Die Baarfcharten leben theils im füf- fen, theils im falzigen Waffer, und zwar insgefamt vom Raube.

Den Griechen und Römern waren nur der Flufsbaarfch a), der Lachsbaarfch b), der Seebaarfch c) bekannt. *Bellon* befchrieb zuerft den Kaulbaarfch d), *Roudelet* den Zin- gel e), *Gesner* den Zander f), und *Willughby* den Schraetfer g). Diefe fieben Arten, welche bei den ältern Ichthyologen zerftreuet vorkommen, brachte *Artedi* unter ein Gefchlecht beifammen. Hierauf mechte uns *Marggraf* mit einem h), *Seba* mit drey i), *Catesby* mit acht k), *Garden* mit fünf l) amerikanifchen bekannt. *Haffelquift* lehrte uns drey afrika-

a) Perca fluviatilis. L.
b) — labrax. L.
c) — marina. L.
d) — cernua. L.
e) — afper. L.
f) — lucio - perca. L.
g) — Schraetfer. L.
h) — guttata. L.

i) Perca nobilis. P. polymna. P. diagramma. L.
k) — alburnus. P. undulata. P. chryfo- ptera. P. punctata. P. venenofa. P. melanura. P. fectatrix. P. for- mofa. L.
l) — punctatus. P. ocellata. P. philadel- phica. P. atraria. P. trifurca. L.

nifche a) und *Linné* fünf amerikanifche b), drey aus Oftindien c), und eine aus dem mittelländifchen Meere d) kennen; von den übrigen beiden, welche er noch anführt e), ift ihm der Geburtsort unbekannt geblieben. Nicht lange nachhero gab uns *Forskaöl*, die vier Nebengattungen ungerechnet, neun Arten f), welche er auf feiner Reife bemerket hat. *Osbeck* führt zwey chinefifche an g), und Herr Profeffor *Brünniche* eben fo viel aus dem mittelländifchen Meere h); fo dafs wir überhaupt vierzig Arten haben, und da über diefes der Pater *Plümier* uns mehrere Zeichnungen von Fifchen hinterlaffen hat, die hieher gehören; fo mögte man wohl bei einer genauen Vergleichung noch eine oder die andere neue Art darunter entdecken. Auch diefes giebt einen Beweis ab, wie grofs die Fortfchritte der Gelehrten in der Naturgefchichte in den neuern Zeiten gewefen; da dem grofsem *Artedi* nicht mehr als fieben Arten bekannt waren.

Um das zahlreiche Gefchlecht diefer Fifche von einander unterfcheiden zu können, ordnete fie der Ritter in zwo Abtheilungen, nemlich in folche, deren Rücken mit zwo Floffen, und folche, deren Rücken nur mit einer Floffe verfehen ift, und von welchen die letzten entweder eine gerade oder gabelförmige Schwanzfloffe haben. Da indeffen unfere deutfche Gewäffere nur fechs Arten enthalten; fo bedürfen wir diefer Abtheilung nicht, um fo weniger, da ich aller angewandten Mühe ohngeachtet, bis jetzt nicht im Stande bin mehr als drey zu liefern: jedoch werde ich die übrigen am Ende diefes Theils nachholen.

a) Reife nach Palestina. Perca aegyptiaca. p. 401. P. luth. p. 402. P. nilothica. p. 404.
b) Perca palpebrofa. P. Vittata. P. ftriata. P. argentea.
c) Perca cottoides. P. ftigma. P. Radula. L.
d) — Cabrilla.
e) P. fcriba. P. lineata.
f) P. lophar. P. rogaa. P. lunaria. P. tauvina. P. fafciata. P. louti. P. miniata. P. fummana. P. lineata.
g) Reifen nach China. S. 335. P. chinenfis. p. 388. P. adcenfionis.
h) Pifc. Maff. p. 62. P. puffilla. p. 65. P. Gigas.

ZWEETER ABSCHNITT.

Von den Baarschen insbesondere.

DER ZANDER.
LIste Taf.

1. Der Zander.

Vierzehn Strahlen in der Afterfloſſe. K. 7. Br. 15. B. 7. A. 14. S. 22. R. 14. 23.
Perca pinna ani radiis quatuordecim. B. VII. P. XV. V. VII. A. XIV. C. XXII. D. XIV. XXIII.

Perca, lucio-perca, pinnis dorſalibus, diſtinctis: ſecunda radiis. 23. *Linn.* S. N. p. 481. n. 2.
— — *Müller.* Prodr. p. 46. n. 391.
— — *Pontopp.* Dänn. S. 188. Tab. 15.
— pallide maculoſa, duobus dentibus maxillaribus utrinque majoribus. *Art.* gen. p. 39. n. 2. Syn. p. 67. n. 2. Spec. p. 76.
— Dorſo dipterigio: capite laevi alepidoto: dentibus maxillaribus duobus, utrinque majoribus. *Gron.* Zooph. p. 91. n. 299.
— buccis craſſis; carnoſis (ſegmenti globi forma) pinnis ventralibus duabus; totus ex cinereo argenteus; pinnis dorſalibus maculoſis, capite magis producto; dentibus caninis in utraque mandibularum extremitate, ſuperiore paula longiore; iride aurea, linea laterali ſubnigra. *Klein.* Miſſ. P. V. p. 36. n. 2. Tab. 7. Fig. 3.

Schilus vel nagemulus. *Geſn.* paralipom. p. 28.
— — — *Aldrov.* de Piſc. p. 667.
— — — *Charlet.* Onom. p. 164. n. 11.
— — *Jonſt.* de Piſc. p. 174. Tab. 30. Fig. 15.
— — *Ruyſch.* Theſ. Anim. p. 121. Tab. 30. Fig. 15.
Lucio-perca. *Schonev.* Ichth. p. 43.
— — *Willughb.* Ichth. p. 293. Tab. S. 14.
— — *Ray.* Synopſ. Piſc. p. 98. n. 24.
— — *Schwenckf.* Theriotroph. Sileſ. p. 433.
— — *Marſil.* Dan. IV. p. 69. Tab. 22. Fig. 2.
— — *Wulff.* Ichth. p. 27. n. 34.
Schill, Nagmaul. *Geſn.* Thierb. S. 176. b.
Schiel. *Kramer.* Elench. p. 385. n. 2.
Xant, Zander, Sandbaars. *Richter.* Ichth. p. 760.
Der Sander. *Flemming.* Jägerbuch. S. 445.
Seebaars. *Döbels* Jägerpract. S. 67.
Sandart, Sander. *Fiſcher.* Liefl. p. 117. n. 208.
Zander. Schriften der Geſellſch. Naturforſch. Fr. 1. B. S. 281.
Sandbaarſch. *Müller.* L. S. 4ter Theil. S. 225.

Die achtzehn Strahlen in der Afterfloſſe geben ein Kennzeichen ab, den Zander von den übrigen Baarſcharten der deutſchen Gewäſſer hinlänglich zu unterſcheiden. In der Kiemenhaut befinden ſich ſieben, in der Bruſtfloſſe funfzehn, in der Bauchfloſſe ſieben, in der

Schwanzfloſſe zwey und zwanzig, in der erſten Rückenfloſſe vierzehn, und in der zwoten drey und zwanzig Strahlen.

Dieſer Fiſch iſt wegen ſeines geſtreckten Körpers, und der ſtarken Zähne dem Hechte: in Anſehung der harten Schuppen und der ſchwarzen Streifen aber den Baurſche ähnlich; daher er von den lateiniſchen Schriftſtellern Lucio-perca (Hechtbaarſch) genannt wird. Sein Kopf iſt länglicht, ſchuppenlos und läuft in eine ſtumpfe Spitze aus; die Mundöfnung iſt weit. Die Kinnladen, von welchen die obere etwas hervorſtehet, ſind mit vierzig, theils gröſsern, theils kleinern Zähnen bewafnet; die Augen haben einen ſchwarzblauen Stern, und einen braunrothen Ring um denſelben. Als etwas beſonderes verdient angemerkt zu werden, daſs die Augen dieſes Fiſches ganz neblicht erſcheinen, als ob ſie mit dem Staar behaftet wären. Die Backen ſind ſehr dick, und auf denſelben ſpielet eine grüne und rothe Farbe durch einander. Der Rücken iſt rund, mit Flecken von einer Farbe, ſo aus ſchwarzblau und roth gemiſcht iſt, welche verwiſcht ſcheinen, beſetzt. Die Seiten ſind ſilberfarben und der Bauch weiſs; die Bruſtfloſſe iſt gelblich, und die übrigen Floſſen weiſslich. Die Schwanzfloſſe iſt gabelförmig, und eine jede der Rückenfloſſen ſchwarz geſteckt; die Strahlen in der erſten Rückenfloſſe ſind hart, die in der zwoten weich, und in beiden einfach, in den übrigen Floſſen aber vielzweigigt.

Dieſer beliebte Fiſch iſt den Gewäſſern Deutſchlandes vorzüglich eigen, und wie er ein reines und tiefes Waſſer verlangt, ſo findet man ihn auch nur in ſolchen Seen, die tief ſind, einen ſandigten oder merglichten Grund haben, und mit einem flieſſenden Waſſer in Verbindung ſtehen. Er erreicht eine anſehnliche Gröſse, und findet man ihn zu Zeiten von drey bis vier Fuſs lang; die Donau liefert welche von zwanzig Pfunden a), und ich ſahe einen von zwey und zwanzig Pfunden, welcher aus dem Schwulowſchen See, auf den gräflich Podewilſchen Gütern in Sachſen, hergebracht worden. Er iſt ein Raubfiſch, hält ſich gewöhnlich in der Tiefe auf, und gedeihet vorzüglich in ſolchen Seen, in welchen Stinte vorhanden ſind, derer er ſich um ſo leichter bemächtigen kann, da ſie ſich ebenfalls im Grunde aufzuhalten pflegen, und er wächſt bei guter Nahrung faſt eben ſo ſchnell, wie

---

a) *Marſil.* Danub. IV. p. 69.

der Hecht. Man findet auch unter ihnen gebrechliche, wie ich denn einen dergleichen aufbewahre, deſſen Rückgrad eine geſchlängelte Geſtalt hat. Seine Feinde ſind, ſo lange er noch jung iſt, der Baarſch, Hecht, Wels und einige Taucherarten: auch freſſen ſie ſich unter einander ſelbſt auf. Zur Laichzeit, welche in das Ende des Aprils und den Anfang des Maies fällt, kömmt er aus der Tiefe hervor, und ſetzet ſeine Eier an Reiſig, Steinen, oder andere harte Körper an, die er an dem Vorlande findet. In einem Zander, welcher drey Pfund ſchwer war, wog der Rogen am Ende des Decembers neun und drei Viertheil Loth; die Eier waren ſehr klein, und der vier und ſechszigſte Theil eines Loths enthielt 610 derſelben: mithin waren im ganzen 380,640 Eier. Dieſer ſtarken Anzahl ohnerachtet, findet man doch nicht, daſs dieſe Fiſche ſich ſtark vermehren, welches ohnſtreitig daher rühret, weil ſie ſich einestheils einander ſelbſt verzehren, und anderntheils deshalb leicht in die Hände der Fiſcher gerathen, weil ſie bei dem Fortpflanzungsgeſchäfte überaus dreiſt und unvorſichtig ſind. Sie haben ein weichliches Leben, und ſtehen auſer dem Waſſer und bei warmer Witterung, in einem mit Waſſer angefüllten Gefäſse leicht ab. Wenn man ſie verſetzen will, ſo muſs man ihrer nicht zu viel in ein Gefäſs bringen, das Waſſer mit dem Wagen nicht lange ſtille ſtehen laſſen, und zu ihrer Fortſchaffung eine kalte Witterung wählen. Alle dieſe mit Koſten verbundene Umſtände kann man indeſſen vermeiden, wenn man ſich zum Verſetzen dieſes Fiſches ſeiner befruchteten Eier bedienet: man darf nur, zu dieſem Ende, während der Laichzeit das Reiſig, woran die Eier befindlich ſind, aufſuchen, ſolche in ein mit wenig Waſſer angefülltes Gefäſs thun, und ſie in die Seen, welche man damit bevölkern will, einſetzen. Weil ich in der Nähe keinen See habe, welcher Zander führet; ſo habe ich keine Verſuche damit anſtellen können: da es mir indeſſen dieſes Jahr geglückt iſt, Rogen von dem Baarſche, welcher ſeine Eier eben ſo wie der Zander, am Reiſig abſetzt, auszubrüten; ſo iſt es ſehr wahrſcheinlich, daſs ſich auch dieſer Fiſch auf dieſe Weiſe fortpflanzen laſſe: man muſs aber, wenn er gedeihen ſoll, für hinlängliche Nahrung ſorgen, und können daher die wenig geachteten Weiſsfiſche, als die Plützen, Rothaugen und Uekeley, zugleich mit eingeſetzet werden: am beſten ſchicket ſich hierzu der Stint und Gründling.

Dieser Fisch wird mit mancherley Arten von Fischerzeugen gefangen, als mit dem Garne, Netze, der Kabbe, Angel und Grundschnur. Ohnerachtet er an Gefräsigkeit dem Hechte nicht viel nachgiebt; so frisst er doch nicht wie dieser in der Gefangenschaft: man muss ihn daher, wenn er von seinem guten Geschmack nichts verlieren soll, nicht lange in Fischbehältern sitzen lassen. Er hat ein weisses, wohlschmeckendes, weiches und leicht zu verdauendes Fleisch, und gewährt dahero, zumalen wenn er nicht zu alt ist, selbst schwächlichen Personen eine gesunde Speise: am besten und fettesten ist er im Herbst, und im Frühjahr vor der Laichzeit.

Der Zander wird aus unsern Gegenden und aus Preussen als ein Leckerbissen in andere Länder, sowol frisch als eingesalzen, weit und breit verschickt; im erstern Fall wird der Schwanz durchgestochen, und nachdem der Fisch gehörig ausgeblutet hat, in Schnee oder Gras, im letztern aber in Tonnen gepackt. Gewöhnlich kocht man ihn aus Salzwasser, und geniesset ihn alsdenn mit brauner Butter, Weinessig und Peterfilie, oder auch mit einer Senf- oder Sardellenbrühe: sonst wird er auch wie der Hecht mit einer Butterbrühe oder mit Milch zurechte gemacht. Gebraten aber giebt er, wegen seines weichlichen Fleisches, keine schmackhafte Speise; dagegen verzehren ihn einige roh, und wird derselbe alsdenn, wenn er zuvor abgeschuppet, von Gräten gesäubert, und klein gehackt ist, eingesalzen, und nach Verlauf einer Stunde mit Provenceröl, Kapern und Pfeffer gegessen. Geräuchert schätzet man ihn dem Schnäpel gleich, und verzehret ihn wie diesen mit märkischen Rüben.

Der Schlund ist weit und mit starken Falten versehen; der Magen bildet einen Sack, an dessen obern Ende der Darmkanal anfängt. Dieser hat sechs Anhängsel und zwo Beugungen, und ist nicht so lang als der Fisch selbst. Die Leber ist gross, röthlicht, und bestehet aus drei zugespitzten Lappen. Die Gallenblase ist ebenfalls gross, gelb und durchsichtig. Die Milz ist dunkelroth und bildet ein länglichtes Dreieck; die Schwimmblase liegt längs dem Rücken, und bestehet aus starken Häuten, hinter ihr siehet man die grossen Blutgefässe, welche ein hellrothes Blut enthalten. Der Milch ist eben so wie die Eierstöcke doppelt und letztere sind rund. Auf jeder Seite sind zwanzig Ribben und im Rückgrade sechs und vierzig Wirbelbeine befindlich.

In hiesiger Gegend heifst diefer Fifch *Zant*; in Pommern *Xant*, *Zander*, *Sandbaarfch*; in Mecklenburg, Preufsen und dem Hollfteinifchen *Sandart*; in Schlefien *Zant* und *Zahnt*; in Ungarn *Schmul* und *Syllo*; in Liefland *Saudat*, *Sander*, von den Letten *Sandats*, auch *Stahrks* und von den Ehftländern *Kahha*; in Rufsland *Sudacki*; in Pohlen *Sedax*; in Oefterreich *Schiel*; in Bayern *Nagmaul* und *Schindel*; in Dännemark *Santort* und in Schweden und in Norwegen *Giörs*.

DER BAARSCH.

LIIfte Taf.

2. Der Baarfch.

Eilf Strahlen in der Afterfloffe. K. 7. Br. 14. B. 5. S. 25. R. 15. 14.
Perca, pinna ani radiis undecim. B. VII. P. XIV. V. V. C. XXV. D. XV. XIV.

Perca fluviatilis, pinnis dorfalibus diftinctis: fecunda radiis XVI. *Linn.* S. N. p. 481. n. 1.

— — *Müller.* Prodr. p. 46. n. 388.

— lineis utrinque fex transverfis nigris, pinnis ventralibus rubris. *Arted.* gen. p 39. n. 1. Syn. p. 66. n. 1. Spec. p. 74.

— dorfo dipterygio, lineis utrinque fex transverfis nigris: capite laevi: operculis monacanthis fquamofis. *Gron.* Muf. I. p. 42. n. 96. Zooph. p. 91. n. 301.

— pinnis ventralibus duabus; areolis nigricantibus a dorfo in ventrem defcentibus; iride flava; pinnis caudaque divifa rubicundis. *Klein.* Miff. Pifc. V. p. 36. n. 1. Tab. VII. Fig. 2.

ΗΠέραη. *Arift.* Hift. Anim. Lib. 6. c. 16.
Perca. *Rondel.* de Pifc. P. II. p. 196.

— *Plin.* Hift. Nat. Lib. 9. c. 16.

— fluviatilis. *Salv.* Aquat. p. 224. b. 226.

Perca fluviatilis. *Gesn.* Aquat. p. 689. Icon. Anim. p. 302. Thierb. p. 168. b.

— — *Wulff.* Ichth. p. 27. n. 33.

— major. *Jonft.* de Pifc. p. 156. Tab. 29. Fig. 8.

— — *Ruyfch.* Thef. Anim. p. 107. Tab. 28 und 29. Fig. 8.

— — *Schwenckf.* Theriotr Silef. p. 440.

— — *Schonev.* Ichth. p. 55.

Une Perche. *Bellon.* Aquat. p. 295.
The Perch. *Penn.* Britt. Zool. III. p. 254.
Aborre. *Pontopp.* Norw. 2. Theil. S. 205.
Bürftel. *Schäffer.* Pifc. Ratisbon. p. 1. Tab. 1.
Perfchling, Waarfchieger. *Kram.* Elench. p. 384.
Baarfch, Flufsbaarfch. *Fifcher.* Liefl. S. 117. n. 207.
Stockbaarfch, *Döbels* Jägerpract. 4. Theil. S. 71.
Baarfch. *Richter.* Ichthyol. S. 773.
Perfche. *Flemming.* Jägerbuch. S. 541.
Barftling, Berfchling. *Marfill.* Danub. IV. p. 65. Tab. 23. Fig. 2.
Flufsbaarfch. *Müller.* L. S. 4. Theil. S. 223.

Zweeter Abschnitt. Von den Baarschen insbesondere.

Die eilf Strahlen in der Afterfloſſe, wovon die beiden erſten hart ſind, geben ein ſicheres Kennzeichen ab, dieſen Fiſch von den übrigen deutſchen Baarſcharten zu unterſcheiden. In der Kiemenhaut ſind ſieben, in der Bruſtfloſſe vierzehn, in der Bauchfloſſe fünf, in der Schwanzfloſſe fünf und zwanzig, in der erſten Rückenfloſſe funfzehn und in der zwoten vierzehn Strahlen befindlich.

Der Baarſch iſt unter unſern Landesfiſchen, beſonders wenn er im klaren Waſſer ſich aufhält, einer der ſchönſten. Auf ſeinem Körper glänzt eine grüngelbe Goldfarbe, welche durch ſchwarze Querſtreifen unterbrochen wird, und dieſe Schönheit wird durch die angenehme Röthe der Floſſen noch mehr erhöhet. Die Mundöfnung iſt weit, beide Kinnladen ſind gleich lang, und mit kleinen ſpitzen Zähnen beſetzt; der Gaumen iſt an drey verſchiedenen Stellen und der Schlund an vieren mit vielen kleinen Zähnen beſetzt. Die Zunge iſt kurz und glatt; die Naſenlöcher ſind doppelt und ſtehen nicht weit von den Augen; vor den Naſenlöchern bemerkt man vier kleine Oefnungen, deren Nutzen mir noch unbekannt iſt. Die Augen ſind groſs, und haben einen ſchwarzen Stern, in einem bläulichten Ring, der inwendig mit einer gelben Einfaſſung verſehen iſt. Der Kiemendeckel iſt mit ſehr kleinen Schuppen belegt; das obere Blättchen iſt nach der Kehle zu ſägeförmig, und nach dem Leibe zu mit verſchiedenen Spitzen verſehen. Die Kiemenöfnung iſt weit, der Rücken rund, an jeder Seite ſind ſechs, und bei alten Fiſchen mehrere ſchwarze, theils längere theils kürzere, Querſtreifen ſichtbar. Die harten Schuppen ſitzen in der Haut ſehr feſt. Der Bauch iſt breit und weiſs; der After ſtehet der Schwanzfloſſe näher als dem Kopfe. Von den Floſſen ſind die an der Bruſt röthlich, die am Bauche, After und Schwanze hochroth, und die beiden Rückenfloſſen violet. Die erſtere hat am Ende einen ſchwarzen Fleck, und harte, die übrigen aber haben weiche Strahlen, welche in beiden Rückenfloſſen ungetheilt, in den übrigen Floſſen aber die Strahlen vielzweigigt ſind.

Da dieſer Fiſch faſt in ganz Europa zu Hauſe iſt; ſo war er auch den Griechen und Römern bekannt. Er lebt in ſüſsem, ſowol ſtehendem als flieſsendem Waſſer und erreicht bei uns die Gröſse von ein bis zwey Fuſs, und ein Gewicht von drey bis vier Pfunden: in Lappland und Siberien hingegen trifft man ſie von ungewöhnlicher Gröſse an a). Wie

---

a) *Gmelin* Reiſe beim Richter. S. 781.

dann die Lappländer einen aufgetrockneten Kopf in einer ihrer Kirchen aufbewahren, der beinahe einen Fuſs lang ist a), und in England ist ein neun Pfund schwerer gefangen worden b).

Die Laichzeit dieses Fisches fällt in flachen Seen im April, und in den tiefen im Maimonath, und ist die Art und Weise, wie er sich von seinen Eiern entledigt, merkwürdig. Er suchet nemlich ein spitziges Holz, oder andere dergleichen Körper auf, an welchen er sich mit dem Nabelloche reibet, und solchergestalt den Eiersack herauspresset; sobald er nun fühlet, daſs dieser sich daran befestiget hat; so schiesset er davon, und beweget sich schlangenförmig in verschiedenen Richtungen hin und her, bis er alle Eier, die in einer gemeinschaftlichen netzförmigen Haut eingeschlossen sind, von sich gegeben hat. Diese Haut, welche gleichsam einen durchlöcherten Darm bildet, ist zween Zoll breit, und zwo bis drey Ellen lang. Wenn man dieses netzförmige Gewebe mit einem Suchglase betrachtet; so findet man jederzeit vier bis fünf durch eine rauhe Haut verbundene Eier beisammen; wie nun an der Stelle, wo diese Eier zusammenstoſsen, die Haut einen Winkel bildet; so scheinet es, als wären diese Eier vier- oder sechseckigt c). Man kann auch in der Mitte eines jeden Eies, ein klares Bläschen, um denselben den Dotter, und um diesen das Weiſse erkennen. Bey einem zwei und dreiviertel Pfund schweren Baarsch enthielt, nach genauer Zählung eines Sechszehntheils von einem Loth, der ganze vierzehn Loth schwere Rogen 268,800 Eier. Nach *Harmers* Berechnung, hat ein Baarsch von einem halben Pfunde 281000 Eier gehabt d). Eine ungeheure Anzahl von Eiern für eine einzige Bruth, allein diese ist auch zur Erhaltung seiner Art nothwendig, weil der Baarsch nicht nur, so lange er noch klein ist, ein Raub vieler andern Wasserbewohner wird, sondern auch öfters der ganze Eierschlauch mit einemmale verloren gehet, indem er theils vom Aale und den Wasserenten ganz verschlucket, theils beim Sturm von den Wellen ans Land geworfen wird. Hierzu kommt noch, daſs der Milcher nie alle Eier befruchten kann: denn der Schlauch hat mehrere Falten, die durch die Bewegung des Baarsches beim Laichen entstehen, welche ver-

---

a) *Scheffer*. Lappon. p. 354.
b) *Penn*. Britt. Zool. III. p. 255.
c) Siehe Tab. 19. Fig. 17. 18.
d) *Krünitz* Encyklop. XIII. Th. S. 448.

mittelst des sie umgebenden zähen Saftes an einander kleben, und also die unteren unbefruchtet bleiben müssen. Der Baarsch laicht wie der Hecht, bereits im dritten Jahre, und gehet um diese Zeit, wenn er Gelegenheit dazu hat, aus den Seen in die Bäche und Flüsse. Er schwimmt so schnell wie der Hecht, und hält im Wasser eine gewisse Höhe; wenn man daher bei der Fischerey mit der Angel glücklich seyn will; so muss man auf diesen Umstand Rücksicht nehmen. Er gehört übrigens zu den Raubfischen: weil er aber niemals eine beträchtliche Grösse erreicht; so wagt er sich nicht an grosse Fische, sondern sucht die kleinen Fischarten und die Bruth der grossen auf. Bei warmer Witterung kömmt er auch an die Oberfläche, Mücken zu erhaschen. Er schont eben so wenig, wie der Hecht, seine eigene Gattung, ist aber bei seinem Raube nicht so vorsichtig, wie jener. Der Hecht hascht nur, aus Mangel anderer Nahrung, den Baarsch und Kaulbaarsch, weil er sich vor ihren stachlichten Schuppen fürchtet; an den Stichling aber a) vergreift er sich nie: der gierige Baarsch hingegen, der nach allem, was er bezwingen kann, schnappt, muss zuweilen diese Raubbegierde mit dem Leben büssen; denn der Stichling, der so wie alle übrige Fische, so bald er sich gefangen sieht, sich sträubt, bringt dadurch seine Stacheln in den Mund des Baarsches; dieser kann denselben nicht wieder verschliessen, und muss daher mit der Beute im Munde verhungern. Geräth er nun in diesem Zustand den Fischern in die Netze, so ziehen sie ihm den Stichling heraus, und werfen ihn alsdann, weil er sehr mager geworden ist, wieder ins Wasser; er verliert indessen die Fähigkeit, das Maul wieder zu verschliessen, denn wenn sie dergleichen Fische wieder fangen, so finden sie dasselbe allezeit offen.

Der Baarsch wird auf mancherley Art gefangen, als mit der Angel, dem Netze, im Winter mit dem grossen Garn, und in der Laichzeit mit einem besondern Netze, welches unter dem Namen Baarschnetz bekannt ist b). Mit der Angel lässt er sich am besten berücken, wenn ein kleiner Fisch, ein Regenwurm oder ein Krebsfuss daran gestochen ist. Ein Umstand ist bei seinem Fang mit dem Netze oder grossen Garn besonders merkwürdig. So bald er hineingeräth, so verfängt er sich, wie es die Fischer nennen, das ist, er schwimmt

---

a) Gasterosteus aculeatus. L.   (b Siehe den ersten Theil. S. 13.

auf dem Rücken und scheinet todt zu seyn: jedoch erholt er sich bald wieder. Vermuthlich rührt dieses von der Erschütterung her, die er leidet, indem er durch seinen schnellen Schuſs gegen das Netz fährt, als wodurch dieser Fisch in eine Betäubung gesetzet wird. Er ist auch einer besondern Krankheit, bei der Fischerey unter dem Eise unterworfen, welche unter dem Namen der Windsucht (tympanitis) bekannt ist. In diesem Zustande ist der Leib aufgetrieben, und wenn er aus tiefen Seen gefischt wird, so tritt ihm auch eine keilförmige Blase aus dem Munde hervor: wenn man ihn aber aus weniger tiefen Seen fängt, so zeigt sich eine eben dergleichen Blase am Nabel. Ich untersuchte einige dergleichen Fische, welche aus dem Maduisee, beim Maränenfang, mit aufgefischt worden, und die hervorgetriebene Blase war nichts anders, als die herausgetriebene Haut des Mundes. Es ist daher das Vorgeben der Fischer, daſs die Schwimmblase hervortrete, unrichtig, weil diese Fische keine eigentliche Schwimmblase, sondern statt derselben, eine ausgespannte Haut haben, welche von der einen bis zu der andern Seite der Ribben gehet. In der Streichzeit wird er auch mit Reusen, wenn die Kehlen mit Kiehntanger oder Heidekraut bestochen sind, die er aufsucht, um sich daran zu reiben, gefangen. Der Baarsch hat ein weiſses, festes, und wohlschmeckendes Fleisch; und da es nicht mit Fett durchwebet ist, so gewähret er auch kränklichen Personen eine gute Nahrung: daher auch der Baarsch bereits bei den Römern in guter Achtung stand a).

Dieser Fisch wird mit einer Butterbrühe zubereitet auch gebraten ist er von gutem Geschmack. Die Holländer lieben ihn vorzüglich auf Butterbrodt, wenn er vorher aus Salzwasser und Petersilie gekocht worden b). Sie finden den nicht sehr grossen Milcher am wohlschmeckendsten. Sonst werden sie auch, nachdem sie vorher aus Salzwasser gekocht, mit einer Sardellen - Kapern - oder Zitronenbrühe genossen, und auch noch auf mancherley Art zurechte gemacht, wovon Herr Dr. *Krünitz* umständlichere Nachricht ertheilt c). Ma-

---

a) Daher *Aufon* Eleg. mosel. vers 115. von ihm singt:
    Nec se delicias mensarum Perca silebo,
    Amnigenos inter pisces dignate marinis.

b) Dieses Gericht ist bei ihnen unter dem Namen Wasserzoode bekannt.

c) Oekonom. Encyklop. 3. Theil. S. 366.

Zweeter Abschnitt. Von den Baarschen insbesondere.

rinirt ist er ebenfalls eine sehr angenehme Speise, wie nicht weniger, wenn er eingesalzen, geräuchert, und mit einer Butterbrühe zurechte gemacht wird.

Aus den Baarschhäuten läfst sich auch ein Leim bereiten, der die Hausenblase an Festigkeit weit übertrifft. Die Lappländer geben damit ihren Bogen, die sie aus Birken- und Dornholz zusammenleimen, eine grofse Dauerhaftigkeit. Da nun dieser Leim in manchen Fällen für die Oekonomie einen besondern Nutzen haben kann; so wird es nicht undienlich seyn, dessen Bereitung hier mitzutheilen; besonders da es Fälle giebt, wo der Barsch nicht versilbert werden kann, als z. B. im Sommer, wenn der Ort des Fangs von grofsen Städten zu weit entfernt liegt, oder wenn das Gewitter in den See schlägt, wovon sie erkranken, und bald nachher abstehen. In beiden Fällen würde der Baarsch zum Leimmachen genutzt werden können. Die Lappländer bereiten ihn auf folgende Art: Sie ziehen die Haut von grofsen Bärschen ab, trocknen sie nachher, und weichen sie sodann im kalten Wasser ein, so dafs man die Schuppen abschaben kann. Vier bis fünf Stücke dieser Baarschhäute nehmen sie gemeiniglich zusammen, legen sie in eine Rennthierblase, oder wickeln sie in weiche Birkenrinden ein, damit das Wasser sie nicht unmittelbar berühren könne. Diese Fischhäute legen sie in einen Topf mit kochendem Wasser, und einen Stein oben darauf, um sie auf dem Boden zu erhalten, und lassen selbige eine Stunde lang sieden. Wenn sie nun erweicht und klebrig geworden sind, so nehmen sie dieselben heraus, und bestreichen damit die Hölzer zu den Bögen. Durch eine geringe Veränderung würde man diesen Leim wie den unsrigen, leicht in Tafeln bereiten können a).

Der Baarsch hat ein hartes Leben, läfst sich bei kühler Witterung im Grase einige Meilen weit lebendig fortbringen, und kann daher zum Versetzen verfahren werden: allein man mufs sich hüten, ihn bei andere Fische zu bringen, weil er ihrer Bruth so sehr nachtheilig ist; am besten ist es, wenn man ihn in ein eigenes Wasser bringt, und andere Fische zum Unterhalt mit einsetzt. Auch kann die Versetzung durch Eier geschehen, wie ich damit dieses Jahr glückliche Versuche gemacht habe. Denn, des kalten Märzes ohnerachtet, gelang es mir in meinem Zimmer Eier von diesem Fisch auszubrüten. Die Leber besteht aus

---

a) Abhandlung der Schwed. Akad. 1. B. S. 262.

zween Lappen von verschiedener Größe; die Galle ist gelb und durchsichtig, der Milch ist doppelt, und der Rogen besteht aus einem einzigen Sack; die Eier sind von der Größe des Mohnsaamens. Die Schwimmblase besteht nicht, wie gewöhnlich, aus einem Schlauch, sondern aus einer Haut, die quer über den Rückgrad gespannt ist. Der Darmkanal hatte zwo Beugungen, drey Blinddärme und einen sackförmigen Magen. Die Blinddärme sitzen am Darm, in einer ziemlichen Entfernung vom Magen. Die Nieren liegen längs dem Rückgrad, die Harnblase besteht aus einer dünnen Haut von einer cylindrischen Gestalt. Auf jeder Seite sind neunzehn Ribben und im Rückgrade neun und dreisig Wirbelbeine befindlich.

In der Mark wird dieser Fisch *Baarsch* und *Stockbaarsch*; in Pommern *Bars*; in Preussen *Barsch* und *Perschke*; in Liefland *Baars*, bei den Letten *Assure*, *assaris*, bei den Ehstländern *Ahwen*; in Pohlen *Ovium*; in Oesterreich *Bersling*, *Perschling*, *Warschieger*; in Bayern *Bürstel*; in einigen Provinzen Deutschlandes *Riugel-Persing*, *Bunt-Baarsch*; in Ungarn *Wretensa*; in der Schweitz die einjährigen *Heuerling*, die vom andern Jahr *Egle*, vom dritten *Stichling*, vom vierten und weiter *Reeling* und *Bersch*; in Frankreich *la Perche*; in Italien *Persega*; in Dännemark *Fersk-Vauds-Aborre*; in Schweden *Aborre*; in Norwegen *Tryde* und *Skibbo*; in Holland *Baars*; in England *Perch* und in Cumberland besonders *Baarse* genannt.

Wenn *Bellon* der ersten Rückenflosse nur zwölf stachlichte Strahlen und dem Darmkanal nur zwey Anhängsel giebt a), so wiederspricht ihm meine Erfahrung.

Das Kennzeichen, welches *Artedi* von den sechs schwarzen Streifen hernimmt, ist unsicher b), indem nicht nur die Anzahl, sondern auch die Farbe derselben veränderlich ist; denn so habe ich z. B. Baarsche mit dunkelgrünen, und wieder andere mit dunkelblauen, auch mit mehr und weniger als sechs, auch sogar einen ohne alle Streifen gesehen. Von den letztern thut nicht nur *Richter* Erwähnung c), sondern *Marsili* hat auch eine Zeichnung d) von einem dergleichen. *Schäffer* bemerkte an einem alten Baarsch

---

a) Aquat. p. 194.
b) Gen. p. 39.
c) Ichth. p. 780.
d) Danub. IV. Tab. 23. f. 1.

acht a), *Gesner* eben so viel b), *Gronov* sechs bis neun c), *Aldrovand* d), *Willughby* e) und *Klein* neun f), *Blasius* g) und *Jonston* h) zwölf, und *Pennant* vier Querstreifen i).

Klein macht aus dem Flufs- und Haffbaarsch k) nur eine Gattung l), ob sie gleich sowol in Ansehung ihres Aufenthalts als der Rückenflosse verschieden, und daher von den Schriftstellern als zwo besondere Gattungen betrachtet worden sind.

Wenn *Zückert* sagt, dafs der Baarsch in der Laichzeit ungesund sey m); so weifs ich nicht, worauf er seine Meinung gründet; es müfste denn etwa der Mangel des Fettes zu dieser Zeit ihn unverdaulich machen.

Schwenckfeld macht ohne Grund mehrere Abänderungen vom Baarsch n), wozu ihn zufällige Umstände veranlassen. So nennt er den grofsen, Hauptbaarsch o); den, welcher sich unter den Wurzeln der Bäume verbirgt, Stockbaarsch p); den mit weifsen Streifen, Ringelbaarsch q); denjenigen, welcher sich in den Flüfsen aufhält, Flufsbaarsch r), so wie den aus den Seen, Seebaarsch s), und ich kann eben so wenig dem Ritter t) als dem *Pennant* u) beipflichten, wenn sie aus dem bucklichten, den jener in einem schwedischen, und dieser in einem englischen See gefunden, eine besondere Abänderung machen, da die Verbeugung des Rückgrads bei ihnen, ohnstreitig aus einer zufälligen Ursach, die diesen Seen eigen ist, herrühren.

---

a) Pisc. Ratisb. p. 13.
b) Icon. Anim. p. 302.
c) Zooph. p. 91.
d) De Pisc. p. 622.
e) Tab. 5. 13. f. 1.
f) M. P. V. T. 7. f. 2.
g) Anat. c. 52. f. 13.
h) Tab. 29. f. 2.
i) Britt. Zool. III. pl. 48.
k) Perca marina. L.

l) l. c. p. 36. n. 1.
m) Mater. aliment. p. 269.
n) Theritroph. Siles. p. 441.
o) Perca maximus.
p) P. truncalis.
q) P. torquatus.
r) P. fluviatilis.
s) P. Lacustris.
t) Faun. Suec. 2. p. 118. n. 334.
u) Britt. Zool. III. p. 256.

DER KAULBAARSCH.

LIIIste Taf. Fig. 2.

3. Der Kaulbaarſch. Der Rücken mit einer Floſſe; der Kopf mit vielen Vertiefungen verſehen. In der K. 7. Br. 14. B. 6. A. 7. S. 17. R. 15. 12.

Perca dorſo monopterigio, capite cavernoſo. Br. VII. P. XIV. V. VI. A. VII C. XVII. D. XV. XII.

Perca cernua, pinnis dorſalibus, unitis radiis 27. ſpinis 15. cauda bifida. *Linn.* S. N. p. 487. n. 30.
— — *Müller.* Prodr. p. 46. n. 392.
— dorſo monopterigio, capite cavernoſo. *Arted.* gen. p. 40. n. 4. Syn. p. 68. n. 4. Spec. p. 80.
— dorſo monopterygio: capite ſubcavernoſo, alepidoto, aculeato: cauda lunulata: corpore maculoſo. *Gron.* Zooph. p. 86. n. 288. Muſ. I. p. 41. n. 94.
Percis, pinnis ſex: anteriore parte dorſalis 14. poſt anum duabus ſpinis rigidis ſuffulta, tertia et quarta altiſſimis; poſt ſinum radiis mollibus; dorſo ex viride flavicante, ventre argenteo; toto corpore pinnis et cauda ſubfuſcis crebrisque maculis; operculis branchiarum denticulatis et crenatis; ſquamis rigidis; cauda parumper diviſa. *Klein.* Miſſ. Piſc. IV. p. 40. n. 1. tab. 8. f. 1. 2.
Cernua. *Bellon.* Aquat. p. 291.

Cernua. *Wulff.* Ichth. p. 28. n. 35.
— fluviatilis. *Geſn.* Aquat. p. 191. und 701. Icones Anim. p. 50. porcus fluviatilis. Thierb. S. 160. b. und Schroll Paralipom. p. 29.
— — *Willughb.* Ichth. p. 334. Tab. X. 14. Fig. 2.
— — *Charlet.* Onom. p. 158. n. 21. perca minor et Schrollus. p. 161. n. 3. 4.
— — *Ray.* Synopſ. Piſc. p. 144. n. 10.
Perca minor et Schrollus. *Aldr.* de Piſc. p. 626. 627.
— fluviatilis minor. *Jonſt.* de Piſc. p. 157.
— — — *Ruyſch.* Theatr. An. p. 108.
— rotundus. *Schwenckf.* Theriotroph. p. 441.
The Ruffe. *Penn.* Britt. Zool. III. p. 259. n. 127.
Kullebaarſch. *Pontopp.* Norw. 2. Theil. S. 243.
Stuer, Stuerbarſs. *Schonev.* Ichth. p. 56.
Pfaffenlaus. *Marſil.* Danub. IV. p. 67. Tab. 23. f. 2.
— Rozwolf. *Kramer.* Elench. p. 386. n. 4.
— Schroll. *Schäff.* Piſc. Ratisb. p. 39. Tab. 2. f. 1.
Der Kaulbaarſch der deutſchen Schriftſteller.

Der Kaulbaarſch unterſcheidet ſich von den übrigen ſeines Geſchlechts durch die einzige Rückenfloſſe und die verſchiedenen Vertiefungen am Kopfe. In der Kiemenhaut befinden ſich ſieben, in der Bruſtfloſſe vierzehn, in der Bauchfloſſe ſechs, in der Afterfloſſe fieben, in der Schwanzfloſſe fiebenzehn, in der erſten Rückenfloſſe funfzehn und in der zwoten zwölf Strahlen.

Der Körper dieſes Fiſches iſt rundlicht und mit einem Schleim überzogen; der Kopf dick, und von oben nach unten etwas zuſammengedrückt. Das Genick hat, ſo wie der Rücken, eine ſchwärzliche Farbe; die Augen ſind groſs, ihr Stern iſt blau, und der dieſen umgebende Ring braun, und mit einem gelben Fleck verſehen. Die Kinnladen ſind von gleicher Länge; die Mundöfnung iſt mittelmäſsig groſs, und dieſe ſowol als der Gaumen und Schlund, ſind mit ſehr kleinen ſpitzen Zähnen beſetzt. Die Grundfarbe der Seiten iſt gelblicht, ins grüne und braune ſchielend; ob man gleich auch manchmal welche findet, die durchaus eine ſchöne goldgelbe Farbe haben, daher ſie *Tragus* mit dem Namen Goldfiſch beleget a). Sie ſind eben ſo wie die Bruſt - Rücken - und Schwanzfloſſe mit ſchwarzen Flecken gezieret. Der Bauch iſt breit, und der After der Schwanzfloſſe näher, als dem Kopfe. Die Bruſt iſt weiſs, und ſämtliche Floſſen ſind von gelblicher Farbe. In der Rückenfloſſe ſind die funfzehn erſten, und in der Bauchfloſſe die zween vorderſten Strahlen hart und ſpitzig, alle übrigen Strahlen aber weich, und an den Enden getheilt. Die Schwanzfloſſe hat einen mondförmigen Ausſchnitt.

Dieſer Fiſch gehöret in dem nördlichen Europa zu Hauſe, wo er ſich in den Flüſsen und Seen aufhält, welche einen ſandigten oder mergeligten Grund haben, und ein reines Waſſer führen; vorzüglich findet er ſich häufig in Preuſsen, wie man denn, nach der Verſicherung des *Klein*, im friſchen Haff, einſt bei der Fiſcherey unter dem Eiſe, auf einem Zuge ſo viel Kaulbaarſche und kleine Lachſe gefangen hat, daſs an 780 Tonnen damit angefüllt werden konnten b).

Dieſer Fiſch wird gewöhnlich nicht über ſechs bis acht Zoll lang angetroffen; jedoch liefert der Kaulbaarſch - und Lübbiſche See, ohnweit Prenzlow, dieſe Fiſchart von ungewöhnlicher Gröſse c). Er gehöret zu den Raubfiſchen, lebt von der Bruth anderer Fiſche,

---

a) Aurata fluviatilis. *Gesner*. Aquat. p. 701.
b) Miſſ. Piſc. V. p. 41.
c) *Bechmann*. Churm. 1. Band. S. 1123. 1124.

von Würmern und Infekten. Seine Feinde find der Hecht, der Baarfch, der Aal, die Quappe und die Waffervögel. Die Laichzeit deffelben fällt in den März und April und er fetzt feine Eier im Grunde ab, an Sandhügel, oder andere harte Körper, welche er in der Tiefe von ein bis zwey Mann hoch findet. Seine Eier find klein und von weifsgelblicher Farbe, und ich fand in einem Rogen, welcher drey Quentchen fchwer war, 75600 derfelben. Der Kaulbaarfch vermehret fich ftark, wächft nur langfam, und geht im Frühjahr aus den grofsen Seen in die Flüffe, aus welchen er im Herbft wieder zurückkehret; daher man ihn auch zu diefen Zeiten am häufigften fängt. Vorzüglich ift die Fifcherey unter dem Eife, in Anfehung feiner, ergiebig. Sonft wird er mit der Zure a), mit dem Kaulbaarfchnetz b) und der Angel gefangen.

Diefer Fifch hat ein zartes, wohlfchmeckendes und leicht zu verdauendes Fleifch, daher man ihn befonders kränklichen Perfonen empfehlen kann; in unfern Gegenden ift der Golizer- und Wandelitzer See, wegen feiner vortreflichen Kaulbaarfche berühmt c).

Diefer Fifch wird mit einer Butterbrühe zubereitet, gewöhnlich aber gebraten verzehret; man macht auch aus demfelben eine fehr wohlfchmeckende Suppe, welche vorzüglich für genefende Kranke, eine ftärkende Speife abgiebt, und folgendergeftalt bereitet wird. Nachdem der Fifch abgefchuppt, und in Salzwaffer gekocht worden, wird das Fleifch von dem Rücken genommen, mit Semmelkrumen, klein hackter Peterfilie, etwas Butter, Muskatenblumen, und dem Gelben vom Ey, zu einem Teich und daraus Klöfse gemacht; das übrige von den Fifchen wird in einen Durchfchlag gethan, und unter Hinzugiefsung des Waffers, worinn die Fifche gekocht find, gerieben, und nachher durch eine feine Leinwand aufs neue durchgefeiget, um alle Gräten davon abzufondern. Die Klöschen werden alsdann in diefer Brühe aufgekocht, hiernächft wird die Brühe mit dem Gelben vom Eie abgequirllt, und mit hinreichender Butter und Muskatenblumen verfehen.

Da diefer Fifch eine wohlfchmeckende und gefunde Speife giebt, und zu klein ift, um andern Fifchen beträchtlichen Schaden zuzufügen; fo thut ein Landwirth

---

a) Siehe den erften Theil. S. 16. b) Diefes hat etwas feinere Mafchen, als das Baarfchnetz.
c) *Beckmann.* Churm. 1. B. S. 573. 574.

wohl, wenn er ihn in seine Seen bringt. Die beste Zeit zum Versetzen ist das Frühjahr und der Herbst: es muſs aber dafür gesorgt werden, daſs man ihn aus flachen Seen erhalte; denn die Erfahrung hat gelehret, daſs wenn man ihn aus tiefen Seen fischet, er sich im Netze sehr ermattet und bald darauf abstehet; er hat sonst ein hartes Leben, läſst sich im Winter, lebendig, weit verschicken, und wenn er auch unterweges steif frieret und todt scheinet; so erholet er sich so bald wieder, als er in kaltes Wasser geleget wird a). Was die innern Theile dieses Fisches anlangt, so kommen sie mit den vorhergehenden überein, nur mit dem Unterschied, daſs sie verhältnismäſsig kleiner sind, und daſs er, wie der Baarsch, nur drei Blinddärme hat, welche aber kürzer sind; der Eierstock ist doppelt, und auf jeder Seite sind funfzehn Ribben und fünf und dreiſsig Wirbelknochen im Rückgrade befindlich.

In Dännemark heiſst dieser Fisch *Horcke*, *Tarrike*, *Stibling*; in Norwegen *Kulebars*, *Aborudeu-Flos*; in Holland *Poſt*, *Poſch*, *Pos* und *Poſchje*; in Liefland bey den Letten *Kiſſis*, auch *Ullis*, bey den Ehſtländern *Kiis*; in Schweden *Giers*, *Schnorgers* und in England *Ruf*, *Pope*.

Bellon hat diesen Fisch zuerst beschrieben b), und *Gesner* die erste Zeichnung davon geliefert; letzterer hat ihn aber als zwey verschiedene Fische aufgeführt, einmal unter dem Namen Kaulbaarsch, und einmal unter dem Namen Schroll c): dieses thut auch *Aldrovand* d), und *Charletou* macht gar drey Fische daraus e). *Kleius* Frage: ob unter dem Schraetser des *Willughby*, unser Fisch zu verstehen sey f)? ist zu verneinen.

---

a) *Flemming*. Jägerbuch. S. 441.
b) Aquat. p. 291.
c) Thierb. S. 160. b. 161. a.
d) De Pisc. p. 626 und 627.

e) Onom. Cernua fluviatilis Onom. p. 158. perca minor et Schrollus. p. 161. n. 3. ✠
f) Miſſ. Piſc. V. p. 41.

XII. GESCHLECHT.
Die Stichlinge.

ERSTER ABSCHNITT.
Von den Stichlingen überhaupt.

Der Rücken mit einzelnen Stacheln besetzt. *Gasterosteus spinis dorsalibus distinctis.*

Gasterosteus. *Linn.* S. N. gen. 169. p. 489.
— *Art.* gen. 37. p. 52. Syn. p. 80.
— *Gronov.* Muf. I. p. 49. Perca. Zooph. p. 94. 134. et Scomber. n. 309.
Centriscus. *Klein.* Miff. Pifc. IV. p. 48. §. 25.

L'Epinoche. *Gouan.* Hift. de Poiff. gen. 23. p. 104. 155.
Stickleback. *Penn.* Britt. Zool. III. gen. 28. p. 261.
Stachelbürfche. *Müller.* L. S. 4ter Theil. p. 247.
— *Fischer.* Liefl. S. 118.

Die auf dem Rücken unter sich unverbundene Stacheln sind der Charakter dieses Geschlechts.

Die Stichlinge haben einen länglichen, auf den Seiten zusammengedruckten Körper, welcher statt der Schuppen mit Schildern bedeckt ist. Der Kopf ist länglich und glatt; die Kinnladen sind mehrentheils gleich lang, und mit kleinen Zähnen bewaffnet. Die Zunge ist kurz und stumpf, und der Gaumen glatt. Die Augen stehen auf der Seite, sind rund, von mittlerer Größe, ein wenig hervorragend, und mit einer Nickhaut versehen. Die Nasenlöcher sind klein, und stehen zwischen den Augen und dem Munde in der Mitte; die Kiemendeckel sind rundlicht, gestreift, und aus zwey Plättchen zusammengesezt; die Kiemenhaut ist größtentheils bedeckt, und wird bey einigen von drey, und bey andern von sechs Strahlen unterstüzt. Der Rücken ist gerade, so wie die mit ihm parallel laufende Seitenlinie.

Der Bauch ist dünn, und von den sieben Flossen des Fisches sitzen zwo an der Brust, eben so viel am Bauche, eine am After, eine am Schwanze und eine am Rücken.

Diesen Fischen ist das Meer zum Aufenthalte angewiesen: jedoch treffen wir auch einige im süsen Wasser an. Sie leben von Insekten, Würmern und den Eiern anderer Fische.

Wir finden bei den ältern Naturkündigern keine Spur von ihnen. *Bellon* ist der erste, welcher des Fluss- a) und kleinen Seestichlings b) gedenkt. Hiebei liessen es die Ichthyologen eine geraume Zeit bewenden, bis uns *Schoneveld* den Dornfisch bekannt machte. c). Diese wurden indessen von ihnen einzeln beschrieben, und *Artedi* brachte diese drei Arten zuerst in das angeführte Geschlecht zusammen. Hierauf beschrieb *Browne* d) und *Ray* e) jeder einen, *Garden* f) zwey, *Catesby* g) und *Seba* h), jeder einen amerikanischen, *Linné* i) zwey asiatische, und *Poutoppidan* k) einen dänischen, welche zusammen zwölf Arten ausmachen; davon ich mich auf die drey einschränken werde, welche in den deutschen Gewässern vorhanden sind.

ZWEETER ABSCHNITT.
Von den Stichlingen insbesondere.

DER STICHLING.
LIIIste Taf. Fig. 3.

D rey Stacheln am Rücken. K. 3. Br. 10. B. 2. A. 9. S. 12. R. 12.
Gasterosteus spinis dorsalibus tribus. B. III. P. X. V. II. A. IX. C. XII. D. XII.

1. Der Stichling.

---

a) Gasterosteus aculeatus. L.
b) — pungitius. L.
c) — spinachia. L.
d) — occidentalis. L.
e) — ductor. L.
f) Gasterosteus carolinus, und canadus. L.
g) — saltatrix. L.
h) — volitans. L.
i) — ovatus et spinarella.
k) — acanthias. Dänn. S. 188.

Gasterosteus aculeatus, spinis dorsalibus tribus.
  Linn. S. N. p. 489. n. 1.
— — *Müller.* Prodr. p. 47. n. 3.
— — *Art.* gen. p. 52. n. 1. Syn. p. 80. n. 1.
— — *Gronov.* Mus. I. p. 49. n. 111. Zooph.
  p. 134. n. 405.
Centriscus duobus in dorso arcuato aculeis, totidem in ventre. *Klein.* Miss. Pisc. IV. p. 48. n. 2. Tab. 13. Fig. 4. 5.
Spinarella. *Bellon.* de Aquat. p. 327.
Spinachia. *Schwenckf.* Theriotroph. Siles. p. 445.

Pisciculus aculeatus, oder der Pungitius der lateinischen und der Stichling der deutschen Schriftsteller.
The Threespined Stickleback. *Penn.* Britt. Zool. III. p. 261. n. 129. Pl. 50.
L'Epinoche. *Rondel.* de Pisc. P. II. p. 206.
Kakilisack. Faun. Grönl. p. 169. n. 122.
Hundstigler, Hundstage. *Pontopp.* Norw. zter Theil. S. 235.
Stechbüttel. *Walff.* Ichth. p. 30. n. 37.

Die drey Stacheln am Rücken bezeichnen diesen Fisch hinlänglich. In der Kiemenhaut zählet man drey, in der Brustflosse zehn, in der Bauchflosse zwo, in der Afterflosse neun, in der Schwanz- und Rückenflosse zwölf Strahlen.

Der Kopf ist vorn abschüsig, und auf den Seiten zusammengedruckt. Beide Kinnladen sind von gleicher Länge, und die Mundöfnung ist ziemlich weit. Die hervorstehenden Augen haben einen schwarzen Stern, in einem silberfarbenen Ringe. Der Kiemendeckel ist gross, und so wie die Seiten silberfarbig. Bey einigen hat die Kehle und die Brust eine schöne rothe Farbe, welche so beständig ist, dass sie auch fortdauert, wenn der Fisch einige Monath in Brandtwein gelegen. An der Brust sind zwey, am Bauche ein, und auf jeder Seite dreizehn Schilder sichtbar; am Schwanze fand ich statt der Schilder eine hervorstehende gefaltete Haut. Die Seitenlinie gehet oben längs den Schildern fort, ist rauh, und dem Rücken näher als dem Bauche. Die Flossen sind gelblicht, die am Bauche bestehen aus einem starken, auf beiden Seiten gezähnelten Stachel, und aus einem weichen kurzen Strahl. Diese Stacheln sind sehr spitzig und hart, und stehen so feste in dem Knochen eingefuget, dass, wenn man sie, auch nach dem Tode des Fisches, in eine gerade Richtung bringt, sie sich nur mit Mühe in ihre vorige Lage bringen lassen. Hätte der allweise Schöpfer dieses ohnmächtige Fischchen, bey seiner kurzen Lebensdauer, und da es gegen die übrigen Fische kaum mit so viel einzelnen, als jene mit tausend Eiern begabet ist, nicht mit diesen furchtbaren Waffen versehen; so würde es bald seinen Untergang gefunden haben. In der Rücken- und Afterflosse ist der erste Strahl ein Stachel, und die Schwanzflosse gerade.

Zweeter Abschnitt. Von den Stichlingen insbesondere.

Wir treffen diesen Fisch in allen unsern stehenden und fliessenden Wassern in Menge an. Er wird etwa drey Zoll lang, laicht im April und Jun, und setzet seinen **Laich an Wasserkräutern** und besonders findet man den Stengel der gelben und weissen Seerose a) damit besetzt. Er vermehret sich um diese Zeit, zum grössten Verdruss der Fischer, stark, und wenn er sich erst einmal in einem Wasser eingefunden hat; so hat man Mühe, ihn daraus wieder zu vertilgen. Zur Laichzeit gehet er aus den Seen, in die damit verbundene Flüsse. Er lebt von den Eiern und der zarten Brut anderer Fische, desgleichen von Insekten und Würmern: vorzüglich aber von der Puppe der Wassermücken. Ob dieser Fisch gleich sehr klein ist; so vergreift sich doch nicht leicht ein Raubfisch an demselben, aus Furcht vor seinen Stacheln; dagegen hat er viel von den Würmern auszustehen, welche sein **Eingeweide** durchwühlen: denn nach der Beobachtung des *Frisch* b), *Linné* c), der Herren *d'Auone* d) und *Pallas* e), ist derselbe mit dem Bandwurm, und nach dem Herrn *Fabricius*, von mehrern Wurmarten geplaget f). Des Schadens wegen, welchen er der Fischerey zuzufügen pflegt, wird er ans Land geworfen, und nur zu Zeiten, während der Laichzeit, vom gemeinen Manne, des Rogens wegen, genossen. Auch gebrauchet ihn der Landmann, da wo er in Menge gefangen wird, zum Dünger seiner Aecker, und bey Danzig, wo er vorzüglich häufig ist, nutzet man ihn zum Trahnbrennen g). Auf eine bessere Art aber könnte man ihn, in Kleye eingehüllt, zum Fettmachen junger Enten gebrauchen h); so wie er auch eine gute Futterung für die Schweine abgiebt i). So geringe indessen der Werth dieses Fisches seyn mag, so ist er doch den Naturkündigern darin merkwürdig, weil er das unter den Fischen ist, was die Ephemera (Tagethierchen) unter den Insekten. Wenn andere Fische Jahrhunderte durchleben; so endiget dieser seine Laufbahn im zweiten oder dritten Jahre nach seiner Geburt, und wenn anderen viele tausend Eier zu theil geworden sind; so beherbergt dieser nur einzelne.

---

a) Nymphae lutea et alba.
b) Misc. Berolin. Tom. VI.
c) Aus dem Schwedischen. S. 268.
d) Acta Helv. Tab. 17.
e) Neue nordische Beiträge. 1. B. S. 78.
f) Faun. grönl. p. 170.
g) *Klein.* Miss. Pisc. IV. p. 78.
h) *Döbels* Jägerb. 4. Theil. S. 86.
i) *Birckh.* Fische. S. 20.

82   *Zweeter Abschnitt. Von den Stichlingen insbesondere.*

    Der Magen diefes Fifches ist grofs, und der Darmkanal, wie bey den andern Raubfifchen, nur kurz; die Leber ist mit drey Lappen verfehen, die Gallenblafe klein, die Schwimmblafe ungetheilt, und der Milch und Rogen doppelt. Das Darmfell ist weifs und fchwarz punktirt; und die Eier, deren Anzahl fich in beiden Fierfäcken, welche ich unterfuchte, nur auf hundert und dreifsig belief, find gegen die Laichzeit von der Gröfse des Hirfefaamens. Auf jeder Seite befanden fich funfzehn Ribben, und im Rückgrade dreifsig Wirbelbeine.

    Diefer Fifch heifst in hiefiger Gegend *Stichling*, *Stachelfifch*, *Wolf*; in Preufsen *Stechbüttel*, *Stechling*; in Norwegen *Stikling*, *Hornfille*, *Lille*, *Tind*, *Oure*; in Schweden *Skittspigg*, *Skittbar den Större*; in Holland *Steckelbaars*; in England *Stickleback*, *Baudstickle*, *Scarpling*; in Dännemark *Hunde-Steyle*, *Guud-Stickel*, *Hund-Stigel*, *Tind-Oret*, und in Frankreich *l'Epinoche*.

    Bellon hat diefen Fifch zuerst befchrieben a), und *Rondelet* die erfte, jedoch fchlechte Zeichnung davon geliefert b), welche die folgenden Ichthyologen zu kopiren fich begnügten; *Klein* hat uns durch zwo beffere fchadlos gehalten c), wovon er doch unrichtig die eine, wegen der zwo Stacheln, als eine Nebenart angiebt, da der dritte Stachel bey feinem erften Exemplar vermuthlich an der Rückenfloffe angelegen hatte, und ihm daher unbemerkt geblieben war.

DER KLEINE SEESTICHLING.

LIIIfte Taf. Fig. 4.

2. Der kleine Seeftichling.

Der Rücken mit zehn Stacheln befetzt. K. 3. Br. 10. B. 1. A. 13. S. 13. R. 10.
Gafterofteus fpinis dorfalibus decem. Br. III. P. X. V. I. A. XIII. C. XIII. D. X.

Gafterofteus pungitius, G. fpinis dorfalibus decem.   Gafterofteus. *Art.* gen. p. 52. n. 2. Syn. p. 80.
Linn. S. N. p. 491. n. 8.   n. 2. Spec. p. 97.

---

a) Aquat. p. 327.   c) Miff. Pifc. IV. Tab. 13. f. 4. 5.
b) De Pifc. P. II. p. 206.

Gasterosteus. *Gron.* Mus. I. p. 50. n. 112. Zooph. p. 134. n. 406.
Centriscus spinis decem vel undecim, non perpendiculariter erectis, sed vicissim una dextrorsum, ultera retrorsum inclinatis. *Klein.* Miss. Pisc. IV. p. 48. n. 4.
Spinarella pusillus. *Bellon.* Aquat. p. 227.
Pisciculus aculeatus alterum genus. *Rond.* de Pisc. P. II. p. 206.
— — — — *Gesn.* Aquat. p. 8. Icon. Anim. p. 284. Thierb. S. 160. a.
Pungitius alterum genus. *Aldrov.* de Pisc. p. 628.
Pungitius alterum genus. *Jonst.* und *Rugsch.* T. 28.
Pisciculus aculeatus minor. *Ray.* Synops. Pisc. p. 145. n. 4.
Aculeatus laevis minor. *Schoner.* Ichth. p. 10.
Lesser Stickleback, Bandstickle, Sharpling. *Willughb.* p. 342.
Ten Spined Stickleback. *Penn.* Britt. Zool. III. p. 262. n. 130. pl. 50.
Seestichling, Steckerling, Stachelfisch. *Fischer.* Liefl. S. 118. n. 211.
— *Müller.* L. S. 4ter Theil. S. 253.

Die zehn Stacheln auf dem Rücken unterscheiden diesen Fisch von den übrigen seines Geschlechts. In der Kiemenhaut befinden sich drey, in der Brustflosse zehn, in der Bauchflosse ein, in der After- und Schwanzflosse dreizehn, und in der Rückenflosse zehn Strahlen.

Bey diesem Fischchen, dessen Namen länger ist, als es selbst, sind alle Theile des Kopfes, wie bey dem vorhergehenden gebildet: der Rumpf aber ist etwas mehr gestreckt. Die Seiten sind über der Linie gelb, unter derselben aber und am Bauche von einer Silberfarbe. Man bemerkt an diesem Fische weder Schuppen noch Schilder. Die Bauchflosse besteht nur aus einem einzigen Stachel, und bey der Afterflosse ist der erste Strahl ebenfalls stachlicht; die Brustflossen sind gelblicht, die After- Rücken- und Schwanzflosse grau, und letztere so wie bey den vorhergehenden gerade.

Wir finden dieses Fischchen nicht über anderthalb Zoll lang, und es ist ohnstreitig der kleineste und der einzige Fisch, wovon die Menschen keinen Gebrauch machen. Man trift ihn in der Ost- und Nordsee, so wie auch in allen Landseen und Hafen an, welche mit dem Meere in Verbindung stehen: er wird aber nur selten gefangen, weil er durch die Maschen der Netze hindurch gehet, und nur alsdenn erhalten, wenn er unter anderen Fischen liegt, und auch dann werfen ihn die Fischer als unbrauchbar wieder in den See.

Diefe Fifche halten fich ebenfalls in Haufen bey einander; im Frühjahr begeben fie fich in die Mündungen der Flüffe und Ströhme, um fowol dafelbft zu laichen, als fich an den Eiern anderer Fifche zu fättigen.

Das Herz ift dreieckigt und kaum fo grofs, als ein Hanfkorn, die Leber hingegen grofs und beftehet aus dreien Lappen, davon der eine fo lang ift, dafs er an den After reicht; an diefem fitzt die kleine Gallenblafe. Die Milz ift dreieckigt und fehr klein, der Magen lang und dick; der Darmkanal hat nur eine Beugung, ift kurz und ohne Anhängfel; der Milch fo wie der Rogen ift doppelt; die Schwimmblafe ift einfach; ihre Haut dick, und das Darmfell weifs, und mit fchwarzen Punkten befprengt.

In Hamburg nennt man ihn *Stichling* und *Stichbuttel*; in Liefland nennen ihn die Deutfchen *Seeftichling*, *Steckerling*, und die Ehftländer *Stachelfifch*, *Oggalick* und *Oggalunck*; die Schweden *Skittfpig den mindre*, *Benuunge*, *Gaddfor*, *Qorquad*; die Holländer *Steckelbaars*; die Engländer *Leffer Stickleback*, und die Franzofen *la petite Efpinoche*.

Bellon hat diefen Fifch ebenfalls zuerft befchrieben a), und diefen und den vorhergehenden in einem Artikel abgehandelt. Diefes gefchah auch von feinen Nachfolgern, bis fie *Willughby* trennte b). Im *Rondelet* finden wir die erfte Zeichnung c), ohne welche man ihn, nach der unvollftändigen Befchreibung, von dem vorhergehenden nicht würde haben unterfcheiden können. *Fifcher* führt zu unfern Fifch unrichtig den Wulff an d), da diefer den vorhergehenden befchreibt.

DER DORNFISCH oder DER GROSSE SEESTICHLING.

LIIIfte Taf. Fig. 1.

3. Der Dornfifch oder Seeftichling.

Am Rücken funfzehn Stacheln. K. 3. Br. 10. B. 2. A. 6. S. 12. R. 6.
Gafterofteus pinnis dorfalibus quindecim. Br. III. P. X. V. II. A. VI. C. XII. D. VII.

Gafterofteus fpinachia, G. fpinis dorfalibus quindecim. *Linn.* S. N. p. 492. n. 10.

et gafterofteus Pentagonus Muf. Reg. *Frid. Ad.* p. 74.

---

a) Aquat. p. 227.
b) Ichth. p. 342.
c) De Pifc. P. II. p. 206.
d) Liefland. S. 118. n. 211.

Gasterosteus. *Art.* gen. p. 52. n. 3. Syn. p. 81. n. 3.
— *Gron.* Muſ. I. p. 50. n. 113. Zooph. p. 134. n. 407.
Centriscus aculeis quindecim in dorso, retrorsum inclinatis, discretis, nullaque membrana connexis: in medio ventre aculei duo ad latera aversi, ad podicem unus. *Klein.* Miſſ. Piſc. IV. p. 48. n. 1.
Aculeatus vel pungitius marinus longus. *Wil-*

lughb. Ichth. p. 340. Tab. X. 13. Fig. 2. Apend. p. 23.
Aculeatus vel pungitius marinus longus. *Ray.* Synopſ. p. 145. n. 15.
Fifteen Spined Stickleback. *Penn.* Britt. Zool. III. p. 263. n. 131. pl. 50.
Steinbicker, Erskruper. *Schonev.* Ichth. p. 10.
Tangſchnarre, Erskraber. *Pontopp.* Dän. S. 188.
Dornfiſch. *Müller.* L. S. 4ter Theil. S. 254.

Die funfzehn Stacheln in der Afterfloſſe ſind ein ſicheres Unterſcheidungszeichen dieſes Fiſches. In der Kiemenhaut ſind drey, in der Bruſtfloſſe zehn, in der Bauchfloſſe zwo, in der Afterfloſſe ſechs, in der Schwanzfloſſe zwölf und in der Rückenfloſſe ſechs Strahlen.

Dieſer Fiſch hat einen geſtreckten Körper, an dem der Kopf röhrenförmig, der Rumpf fünfeckigt und der Schwanz plattgedrückt iſt. Der Kopf iſt glatt, oben braun und unten weiſs; die Mundöfnung iſt klein, die untere Kinnlade ſtehet vor der obern hervor, und beide ſind mit kleinen ſpitzen Zähnen beſetzt. Der Augenſtern iſt ſchwarz, und ſtehet in einem ſilberfarbenen Ringe. Die Kiemendeckel und das Bruſtſchild ſind oberwärts braun, unten weiſs und geſtrahlt. Der Rücken und die Seiten haben eine Oliven - und der Bauch eine Silberfarbe. Die Seitenlinie iſt erhaben, ſcharf, aus vielen braunen Schildern zuſammengeſezt, und am Bauche auf jeder Seite ein langes ſchmales hervorſtehendes Schild ſichtbar. Dieſe vier Hervorragungen, nebſt den vorſtehenden Stacheln auf dem Rücken, geben dem Rumpfe eine fünfeckigte Geſtalt. Der Schwanz iſt horizontal zuſammengedrückt, auf beiden Seiten ſcharf, und ſowol oben als unten eine erhabene Linie befindlich, ſo, daſs er die Geſtalt eines plattgedrückten Vierecks hat. Die Bruſtfloſſen ſind länglicht; die Bauchfloſſen beſtehen aus zwo Stacheln, davon der vorderſte der längſte iſt, und dieſem dient das erwähnte Bauchſchild zur Stütze. Der erſte Strahl in der Afterfloſſe beſteht aus einer krummen Stachel, die übrigen Strahlen in den Floſſen ſind weich und vielzweigigt. Die Rückenfloſſe ſteht der Afterfloſſe gegen über; die Schwanzfloſſe iſt abgerundet; die Stacheln auf dem Rücken krümmen ſich nach hinten zu, ſtehen in einer Furche, und laſſen ſich durch das Gefühl nicht entdecken fobald der Fifch fie niedergelegt hat; und fie find im Verhältnifs gegen die vorhergehenden nur klein.

Diefe Fifche finden fich fowol in der Oft- als Nordfee: befonders trift man fie in Holland häufig an a); auch kommen fie bey Lübeck öfters vor, und habe ich denjenigen, welchen ich hier liefere, meinem gelehrten Freunde, dem Herrn Doktor *Wallbaum*, dafelbft zu danken. Er erreicht die Gröfse von fechs bis fieben Zoll, lebt von den Eiern und der zarten Bruth anderer Fifche, desgleichen von Würmern und Infekten; wie ich denn deffen Magen mit Krebsbruth angefüllt gefunden habe. Er geht nicht, wie der vorhergehende, in die Mündungen der Flüfse, fondern bleibt beftändig im Meere, und wird mit andern Fifchen zugleich gefangen; fonft erhält man ihn auch in grofser Menge durch das Anzünden eines Feuers, welchem er nachziehet, und dadurch haufenweife ins Netz geräth. Sie werden, nachdem man ein Oel, welches zum Lampenbrennen gebraucht wird, daraus gekocht hat, auf dem Acker zur Düngung genutzet b). Indeffen verfpeifen ihn auch arme Leute, welche ihn mit einer Zwiebelbrühe zurechte machen.

Die Leber beftehet aus vier Lappen, davon der auf der rechten Seite die Länge der ganzen Bauchhöhle hat, und mit den übrigen nur ein wenig zufammenhängt. Der Magen ift fackförmig, der Darmkanal hat zwo Beugungen, und der Obertheil deffelben ift weit. Der Rogen beftand aus zwey Cylindern, die fich am Nabelloche vereinigten, und hundert und acht und achtzig blasgelbe Eier, fo grofs wie Hirfefaamen, enthielten. Das Darmfell ift weifs, und mit fehr vielen fchwarzen Punkten befprengt. Die Haut der Schwimmblafe ift fehr dünn, und hinter derfelben, auf jeder Seite der Wirbelknochen, ein weifslicher Körper, welcher beim Zwergfell anfieng, oben fchmal und unten bey der Vereinigung mit dem andern, am Nabelloche breit war, welches ohnftreitig die Nieren find. Auf jeder Seite zählet man fiebenzehn Ribben und ein und vierzig Wirbelknochen.

In Kiel heifst er *Steinbicker;* in Heiligeland *Erfikruper;* in Dännemark *Trangfuarve, Erfkraber;* in Norwegen *Store Tind-Oure,* und in England *Fifteen Sticklechack.*

---

a) *Gronov.* Zooph. p. 134. n. 407. b) *Müller.* L. S. 4. Theil. S. 254.

Schoneveld hat diesen Fisch zuerst beschrieben, und eine ziemlich gute Zeichnung davon geliefert a). Die folgenden Ichthyologen müssen so wenig diesen Fisch untersucht, als den Schoneveld oder den *Willughby* und *Ray*, welche jenen wörtlich abgeschrieben, zu Rathe gezogen haben; sonst würden *Linné* b) und Herr *Pennant* c) demselben die Bauchflossen nicht abgesprochen haben. Auch irren *Schoneveld* und Herr *Pennant*, wenn sie diesem Fisch eine viereckigte Gestalt beilegen.

XII. GESCHLECHT.
Die Mackrelen.

ERSTER ABSCHNITT.
Von den Mackrelen überhaupt.

Der Kopf glatt und von beiden Seiten zusammengedruckt; sieben Strahlen in der Kiemenhaut.

Scomber, capite laevi catheoplateo, membrana branchiostega radiis VII.

Scomber. *Linn.* S. N. gen. 170. p. 492.
— *Arted.* gen. p. 30. gen. 25. Syn. p. 48.
— *Gron.* Mus. I. p. 34. Zooph. p. 93.
Pelamys. *Klein.* Miss. Pisc. V. P. II. §. 7.
Thinnus. *Willughb.* Ichth. p. 176.

Thinnus. *Ray.* Synops. Pisc. p. 57.
Le Maquerau. *Gouan.* Hist. de Poiss. gen. II. p. 113. 131.
Mackrel. *Penn.* Britt. Zool. gen. 29. p. 264.
Die Mackrele. *Müller.* L. S. 4. Theil. S. 256.

Der glatte und auf beiden Seiten zusammengedruckte Kopf, nebst den sieben Strahlen in der Kiemenhaut, sind Merkmale, woran man die Fische dieses Geschlechts erkennet. Der Körper ist von den Seiten zusammengedruckt, bey den mehresten mit kleinen Schup-

---

a) Ichth. p. 10. Tab. 4.
b) S. N. p. 492. n. 10.
c) *Penn.* Britt. Zool. III. p. 263.

pen bedeckt, und der Schwanz mit vielen kleinen Floſſen beſetzt. Die Kinnladen haben ſpitzige Zähne und der Rumpf acht Floſſen, davon an der Bruſt, dem Bauch und Rücken zwo, am After und Schwanze aber eine ſitzen. Es gehören die Fiſche dieſes Geſchlechts zu den Bewohnern des Meeres, und der Klaſſe der Raubfiſche, und einige davon wachſen zu einer anſehnlichen Gröſse heran: da verſchiedene deſſelben im mittelländiſchen Meere angetroffen werden, ſo iſt es kein Wunder, wenn ſie auch den ältern Naturkündigern nicht unbekannt geblieben ſind. *Ariſtoteles* gedenkt bereits der Mackrele a), des Thunfiſches b), der Stachelmackrele c), und des Streitthunfiſches d). Hiebey lieſſen es die folgenden Ichthyologen bis auf den *Willughby* bewenden, der uns mit der blauen Mackrele e) bekannt machte. Bald darauf lehrte uns *Marggraf* die breite Mackrele f), *Garden* zwo Caroliniſche g), *Osbeck* eine von den Wendezirkel h), und *Linné* i) einen kennen, deſſen Geburtsort ihm aber unbekannt geblieben. *Forskaül* hat auf ſeiner egyptiſchen Reiſe zehn Gattungen, ohne die Abarten mit eingerechnet, entdeckt und beſchrieben k); von dieſen zwanzig Arten ſind mir drey zu Theil geworden, die ich hier beſchreiben werde.

ZWEETER ABSCHNITT.
Von den Mackrelen insbeſondere.

DIE MACKRELE.
LIVſte Taf.

1. Die Mäckrele.

Fünf kleine Floſſen auf jeder Seite des Schwanzes. Br. 20. B. 6. A. 13. S. 20. R. 12. 12.
Scomber pinnulis quinque, in margine utriusque caudae. P. XX. V. VI. A. XIII. C. XX. D. XII. XII.

a) Scomber, Scomber. L.
b) — Thynnus. L.
c) — Trachurus. L.
d) — Amia. L.
e) — Glaucus. L.
f) — Cordyla. L.
g) Scomber, Hypos, Chryſurus. L.
h) — Pelamis. L.
i) — Pelagicus. L.
k) — Lyſan, ſpecioſus, ferdau, ignobilis, fulgo-guttatus, ſanſun, diedaba, falcatus, equula, rhombus.

Scomber Scomber, S. pinnulis V. *Linn.* S. N. p. 492. n. 1.
— — *Müll.* prodr. p. 47. n. 395.
— pinnulis 5. in extremo dorfo polypterygio, aculeo brevi ad anum. *Art.* gen. p. 30. n. 1. Syn. p. 48. n. 1. Spec. p. 68.
— *Gron.* Muf. I. p. 34. n. 81. Zooph. p. 93. n. 304.
Pelamys corpore caftigato; lateribus et capite argenteis, dorfo ex caeruleo viridi, nigricantibus ductibus rectis, incurvis et flexuofis; pinicillis quinque; caudae pinna forcipata. *Klein.* Miff. Pifc. V. p. 12. n. 5. t. 4. f. 1.
Σκόμβρος, *Arift.* Hift. anim. l. 6. c. 17. l. 9. c. 2. l. 10. c. 12. 13.

Scomber. *Plin.* Nat. Hift. l. 9. c. 15. l. 31. c. 8. l. 32. c. 40.
— Scombrus der lateinifchen und Mackrele der deutfchen Schriftfteller. The Common Mackrel. *Penn.* Britt. Zool. III. p. 264. n. 132. Pl. 51.
Le Maquerau. *Bellon.* Aquat. p. 202.
— — Cours d'Hift. nat. t. V. p. 140.
Kolios-ballick. *Forskaöl.* Defcript. Anim. p. 16.
Auriol. *Brünn.* Pifc. Maff. p. 68. n. 84.
Saba. *Kämpfer.* Gefchichte von Japan. 1.Th. S. 155.
Warappen. *Fermin.* Nat.Gefch. von Surinam. p. 86.
Guarabuca. *Brown.* woyage of Jamaika. p. 452.
Mackreel. *Pontopp.* Daen. S. 188.
Mackrill. Faun. Suec. p. 119. n. 339.

Die fünf kleinen oben und unten am Schwanze befindlichen Baftartfloffen, find ein ficheres Merkmal, diefen Fifch von den übrigen feines Gefchlechts zu unterfcheiden. In der Bruftfloffe nimmt man zwanzig, in der Bauchfloffe fechs, in der Afterfloffe dreyzehn, in der Schwanzfloffe zwanzig und in jeder Rückenfloffe zwölf Strahlen wahr.

Diefer Fifch hat einen geftreckten Körper, und langen Kopf, welcher fich in eine ftumpfe Spitze endigt. Die Mundöfnung ift weit, die Zunge frey, fpitzig und dabey glatt; der Gaumen in der Mitte glatt, am Rande aber, fo wie die beyden Kinnladen, mit einer Reihe kleiner fpitziger Zähne befetzt, von welchen die letzten in einander eingreifen. Die untere Kinnlade fteht vor der obern etwas hervor; die Nafenlöcher find länglicht, doppelt und ftehen dem Auge näher als der Mundfpitze. Das Genick ift breit und fchwarz; die Augen find grofs und haben einen fchwarzen Stern, in einem filberfarbenen Ringe. Im Herbft erzeuget fich über demfelben, wie beym Zander, ein Fell, welches im Frühjahr am ftärkften ift, dem Fifch das Anfehen giebt, als wenn er blind wäre, und fich im Sommer wieder verlieret; ein Umftand, welchen bereits *Schoueveld* bey unferm Fifche bemerkt hat a), und der eine nähere Unterfuchung verdiente.

---

a) Ichthyol. p. 66.

Die Kinnladen und der Kiemendeckel sind silberfarbig, und der letztere bestehet aus drey Plättchen. Die Kiemenhaut liegt an der Kehle, ist schmal und hat kurze und dünne Strahlen; die Kiemenöfnung ist weit, der Rumpf mit kleinen weichen, dünnen Schuppen bedeckt, von beyden Seiten zusammengedruckt, und am Schwanze schmal und viereckigt. Der gewölbte Rücken ist schwarz, und die Seiten sind oberwärts mit schmalen geschlängelten und blauen Streifen versehen, unten aber, so wie der Bauch, von einer Silberfarbe. Die Seitenlinie ist dem Rücken näher, mit welchem sie parallel läuft und unter ihr wird man länglichte Flecke von unbestimmter Anzahl gewahr. Der After ist dem Schwanze näher, als dem Kopfe, und an der Afterflosse der erste Strahl stachlicht; die übrigen Strahlen hingegen sind in sämtlichen Flossen weich, und bis auf die in der ersten Rückenflosse vielzweigigt. Insgesamt sind die Flossen klein, grau gefärbt, und am Schwanze gabelförmig gebildet. Die beyden Rückenflossen stehen in einer weiten Entfernung von einander, und zwar die erstere der Bauch- die zwote aber der Afterflosse gegen über.

Wir treffen die Mackrele nicht nur in der Nord- und Ostsee a), sondern auch um den Kanarischen Inseln b), bey Surinam, um St. Croix c), und an mehreren Orten im Ocean an. Sie gehört ebenfalls, wie *Aristoteles* bereits bemerkt hat d), zu denen Fischen, die in grosen Heeren sich zusammenhalten. Im Winter verbirgt sie sich in die Tiefe, kömmt im Frühjahr an die Küsten, theils um daselbst ihr Geschlecht fortzupflanzen, theils Nahrung aufzusuchen, und soll sie, nach dem *Plinius*, von den übrigen Mackrelenarten am ersten erscheinen e). Wie *Anderson* erzählt f), und mehrere Schriftsteller ihm nachschreiben g), soll sie den Winter im Nordmeere zubringen, und hierauf, wie der Hering, im Frühjahr, Island, Hittland, Schottland und Irland vorbey, nach der Spanischen See, von da in das mittelländische Meer sich begeben, ein Theil davon aber unterweges den holländischen Küsten vorbey nach Jüttland in die Ostsee gehen. Wenn

---

a) *Fischer*. Liefland. S. 119.
b) *Adanson* Reise nach Senegal. S. 9.
c) *Fermin*. Hist. nat. de Surinam. p. 86.
d) Hist. anim. l. 9. c. 2.
e) H. N. l. 9. c. 15.
f) Reise nach Island. S. 102.
g) Cours d'hist. nat. t. 5. p. 140. und *Bomare* Dict. d'hist. nat. t. 6. p. 500.

dies sich so verhielte; so hätte dieser Fisch einen ungleich weitern Weg zurück zu legen, als der Hering; da man sie sogar in Egypten, Japan und Surinam, so wie bey mehreren sowol nördlichen, als südlichen amerikanischen Inseln antrifft. Es wäre überflüssig, wenn ich mich bey der Widerlegung dieser Meinung aufhalten wollte, da beynahe alles dasjenige, was ich wider die weite Reisen der Heringe vorgebracht habe, auch hier angewendet werden kann.

Der Mackrelenfang macht bey verschiedenen Völkern einen beträchtlichen Theil der Fischerey aus. In Holland bringt man diese Fische im Jun und August häufig, und in England den ganzen Sommer hindurch zu Markte, am häufigsten aber zur Laichzeit im Jun: da nun die Mackrele als ein fetter Fisch sehr geschwind verdirbt; so ist sie das einzige Lebensmittel, welches in diesem Lande an den Feyertagen öffentlich verkaufet werden darf.

In Norwegen findet sie sich im Frühjahr, zum Verdruss der Fischer, in Menge ein; denn sie verfolgt, als ein starker Räuber, den Hering. Da die Mackrelen in ganzen Schaaren erscheinen, und eine Bucht nach der andern besuchen; so verscheuchen sie nicht selten jene Fische, und werden mit diesen zugleich häufig gefangen a).

Dieser Raubfisch haschet nach allem, was ihm vorkommt, und soll auch nicht einmal des Menschen schonen. *Pontoppidan* erzählt, dass ein Matrose, der im Hafen Larkulen (in Norwegen) sich badete, beym Schwimmen unvermuthet seinen Kameraden verschwand, und nach wenigen Minuten mit einem zerfetzten, und mit Mackrelen in Menge besetzten Körper, die sich nicht wegjagen liessen, entseelt wieder zum Vorschein kam b). Der Naturalienhändler, Herr *Dautz*, versicherte mich, dass während seines Aufenthalts in Norwegen, man zwey verunglückte Menschen ausgefischet habe, wovon im Unterleibe des einen zehn Mackrelen angetroffen worden wären.

---

a) *Pontopp.* Norw. 2. Theil. S. 256.
b) A. a. O. Wahrscheinlich ist dieser Matrose im Schwimmen verunglückt, und haben sich die Mackrelen erst alsdann, als er untergieng, an ihn gemacht: denn dass dergleichen kleine Fische einen lebendigen in Bewegung begriffenen Menschen anfallen sollten, ist kaum zu glauben.

In der Ostsee und dem mittelländischen Meere sind sie kleiner, als im Nordmeere; in jenen Gewässern werden sie nicht leicht über einen Fuss lang, und ein Pfund schwer angetroffen a), in diesen aber erreichen sie die Länge von zwey Fuss, und wie Herr *Pennant* versichert, soll in England ohnlängst einer gefangen worden seyn, welcher fünf Pfund schwer gewesen b).

Dieser Fisch laichet im Jun und sezt seine Eier zwischen den Steinen am Ufer ab. Er vermehrt sich sehr stark, und giebt ein phosphorescirendes Licht, wenn er nicht lange aus der See gezogen ist, von sich c). Er hat ein sehr weiches Leben, denn er stehet nicht nur ausserhalb dem Wasser bald ab, sondern auch sogar in diesem Elemente, wenn er schnell gegen das Netz fähret.

Man fängt ihn mit dem Netze, vorzüglich aber mit der Grundschnur, an welche man kleine, oder verdorbene Heringe, auch Stücke von andern, oder von dem Fleische ihrer eigenen Art, als Küder befestiget. An den westlichen Küsten von England wird er auf folgende Art gefangen: die Schiffer stechen nicht weit vom Ufer einen Pfahl in den Sand, an welchem sie das eine Ende des Netzes, und das andere an dem Boote befestigen. Nun entfernen sie sich mit dem letzteren so weit vom Pfahl, als ihr Netz lang ist, werfen solches aus, und bilden damit gegen die Küste zu einen Kreis, und das Netz wird auf ein gegebenes Zeichen herausgezogen. Es trifft sich nicht selten, dass sie sich auf diese Weise an vier bis fünf hundert Stück bemächtigen d). Am besten gehet der Fang von statten, wenn ein kühler und starker Wind wehet, welcher daher in England der Mackrelen-wind genannt wird e). Die Einwohner von St. Croix fangen ihn auf eine andere eben so vortheilhafte Art. So bald die Nacht einbricht, und eine gewünschte Meeresstille herrscht, versehen sie sich mit Fackeln, und vertheilen sich mit ihren Booten auf der ganzen Rhede, auf eine Meile weit im Umfang. Wenn sie an die Stellen gelanget sind, wo sie die meisten Fische vermuthen, lassen sie die Boote stille stehen, und halten ihre Fackeln

---

a) *Bomare*. Dict. t. VI. p. 510.
b) Britt. Zool. III. p. 263.
c) Schwed. Abh. 8. B. S. 62.
d) Art of Angling. p. 236.
e) Mackrel gale. *Penn.* III. p. 263.

dergeſtalt über die Fläche des Waſſers, daſs ſie füglich dabey ſehen können, ohne geblendet zu werden. So bald ſie merken, daſs die Fiſche auf dem Waſſer zu ſpielen anfangen, thun ſie hurtig einen Zug, und leeren alsbald das Netz in ihren Böten aus a). Die Isländer hingegen verachten dieſen Fiſch, und geben ſich keine Mühe um deſſen Fang b).

Die Mackrele hat ein wohlſchmeckendes Fleiſch, beſonders wenn ſie ſogleich, als ſie aus dem Waſſer kommt, genoſſen wird: aber ſie iſt auch, wegen ihres Fettes, ſchwer zu verdauen, und daher kränklichen und ſchwächlichen Perſonen nicht anzurathen. Sie wird wie der Lachs gekocht, gemeiniglich aber gebraten, und in Italien marinirt. In Norwegen und England ſalzt man ſie auch ein, und hier wird ſie, nachdem man die Eingeweide ausgenommen und vom Blute gereinigt hat, auf eine doppelte Art eingeſalzen. Entweder man füllet ſie mit Salz, bindet ſie dicht zu, und packet ſie ſchichtweiſe in Tonnen, da denn allezeit ein Lager Salz mit einer Schicht Fiſche abwechſelt: oder man legt ſie in einen Pöckel, worinn ſie ſo lange liegen bleibt, bis ſie von demſelben hinreichend durchdrungen iſt; alsdenn wird ſie auf eine ähnliche Art verpackt und verſchickt. Uebrigens beweiſet eine Stelle aus dem *Columella* und *Plinius*, daſs das Einſalzen der Fiſche ſehr alt, und ſchon den Römern bekannt geweſen c).

In Schottland behandelt man ſie wie die Heringe, und ſucht dazu die gröſsten aus, die alsdann von einem vorzüglich guten Geſchmack ſeyn ſollen d). Von dieſen Fiſchen bereiteten die Römer ebenfalls das berühmte Garum e), und zeichnete ſich beſonders dasjenige aus, welches zu Carthagena, wo die Mackrelen, wie *Strabo* verſichert, in Menge gefangen werden, gemacht wurde f). Dies Garum war, nach dem *Plinius*, ein ſehr ein-

---

a) *Adanſon*. Reiſe nach Senegal. S. 9.
b) *Anderſon*. Reiſe nach Island. S. 103.
c) *Plin*. Nat. hiſt. l. 31. c. 8.
d) *Bomare*. t. VI. p. 511.
e) Dieſe Sauce ſtand bey ihnen in ſehr groſsem Werth, wie aus dem *Martial*. lib. 13. v. 82. zu erſehen iſt, da er von ihr ſagt:

Nobile nunc ſitio luxurioſa garum.
f) Geograph. lib. 3. p. 151. heiſset es: De hinc Herculis Inſula eſt, ad Carthaginem ſpectans, quam à Scombrorum multitudine captorum Scombrariam vocant, ex quibus Garum conditur.

träglicher Handlungszweig für dieses Land; denn es ward nicht nur zur Zubereitung der Speisen a), sondern auch nach dem *Aelian* als ein Arzeneymittel bey den Verstopfungen der Leber und anderen Krankheiten gebraucht b).

Die Leber ist röthlich, ungetheilt und die Milz schwärzlicht; der Magen ist lang, sackförmig, und seine untere Oefnung mit einem Kreise vieler Anhängsel umgeben; der Darmkanal, welcher nur zwo Beugungen hat, ist ebenfalls damit versehen; der Milch, so wie die Eyersäcke, sind doppelt, und auf jeder Seite eilf Ribben, und im Rückgrad ein und dreißig lange und runde Wirbelbeine befindlich.

In Deutschland ist dieser Fisch unter dem Namen *Mackrele* bekannt; in Schweden wird er *Makrill*; in Dännemark, so lange er noch klein ist, *Geier*, der größere *Makrel*, und der stärkste *Stockaal*; in Holland *Makrill* und *Makrell*; in England *Mackrel*, *Macarel*; in Frankreich *Maquerau* und in Marseille besonders *Auriol*; in Venedig *Scombro*; in Rom *Macavello*; in Spanien *Cavallo* oder *Cavallo*; in der Türkey *Kolios-Baltick*; in Surinam von den Negern *Warapen*; in Japan *Saba* und in Jamaika *Guarapuca* genannt.

Es ist unrichtig, wenn *Aristoteles* sagt, daß die Mackrele sich im Februar begatte c).

Dem *Bellon* d) haben wir die erste Zeichnung zu verdanken: wenn er aber und nach ihm *Rondelet* e), *Schoneveld* f) und *Bomare* g) unserm Fische die Schuppen absprechen; so widerspricht ihnen die Erfahrung. Auch hält er unrichtig die Mackrele und den Colias, die *Rondelet* h) und *Salvian* i) genau unterscheiden, für einerley Fisch k).

---

a) l. 31. c. 8.
b) De animal. l. 12. c. 46.
c) Hist. anim. l. 6. c. 17.
d) Aquat. p. 202.
e) P. I. p. 34.
f) Ichth. p. 66.
g) t. VI. p. 511.
h) A. a. O. p. 236.
i) Aquat. p. 406.
k) A. a. O. p. 221.

Zweeter Abschnitt. Von den Mackrelen insbesondere.

DER THUNFISCH.
LVste Taf.

Die Seitenlinie glatt, ohnweit dem Kopfe nach dem Rücken zu gekrümmt.
Br. 22. B. 6. A. 13. S. 25. R. 15. 12.

2. Der Thunfisch.

Scomber linea laterali laevi, superius incurvata. P. XXII. V. VI. A. XIII. C. XXV. D. XV. XII.

Scomber Thynnus. S. pinnulis utrinque VIII. *Linn.* S. N. p. 493. n. 3.
— — *Müll.* Prodr. p. 47. n. 396.
— — pinnulis supra infraque octo, corpore plumbeo. *Brünn.* Pisc. Mass. p. 70. n. 86.
— pinnulis 8. s. 9. in extremo dorso ex sulco ad Pinnas ventrales. *Art.* gen. p. 25. n. 2. Syn. p. 49. n. 3.
Pelamys, pinna dorsali secunda rubro aut flavo colore infecta, pinnulis 8. vel 10. caudae gracilis pinna crescentis Lunae; juxta caudam cute in quadratum tenuata. *Klein.* Misc. Pisc. V. p. 12. n. 3.
Θύννος, *Arist.* Hist. nat. l. 2. c. 13. l. 4. c. 10. l. 5. c. 9. 10. 11. l. 6. c. 17. l. 8. c. 2. 12. 13. 15. 19. 30. l. 9. c. 2.
Tunnus. *Plin.* Nat. hist. l. 9. c. 15. l. 32. c. 11.

Orcinus. *Rond.* de Pisc. P. I. p. 249.
Thunnus vel Thynnus autorum.
— Germon. *Plümier* M. S.
— — *Osbecks* Reisen nach China. S. 90. 393. 405.
Guarapucu. *Marcg.* Iter Brass. p. 178.
— Piso Hist. Nat. Ind. utr. p. 59.
Tunteye. *Pontopp.* Dän. S. 188.
Iton. *Forskåål.* Fauna Orient. p. 18.
The Bonneto. *Browne.* Jamaica. p. 451.
Thunny-Fisch, or spanisch Makrell. *Willughb.* Ichth. p. 176. t. m. 1. f. 3.
The Tunny. *Penn.* Britt. Zool. III. p. 266. n. 133. pl. 52.
Le Thon, *Pernetti.* Hist. des Isles Malouin. t. 2. p. 78.
Der Springer, Thunfisch. *Schonev.* Ichth. p. 75.
Der Thunfisch. *Müll.* L. S. IV. S. 260. n. 3.

Man kennt diese Mackrelenart an der glatten, nach dem Rücken zu, oberwärts gebogenen Seitenlinie. In der Brustflosse sind zwey und zwanzig, in der Bauchflosse sechs, in der Afterflosse dreizehn, in der Schwanzflosse fünf und zwanzig, in der ersten Rückenflosse funfzehn und in der zwoten zwölf Strahlen befindlich.

Der Körper dieses Fisches ist spindelförmig gestaltet, am Rumpfe dick, und am Schwanze und Kopfe dünn. Der letztere ist klein, und läuft in eine stumpfe Spitze aus.

Die Mundöfnung ist weit, der Unterkiefer vor dem obern hervorstehend, und beide sind mit kleinen spitzigen Zähnen bewafnet. Die Zunge ist kurz und glatt. Die Nasenlöcher stehen dichte vor den Augen, welche grofs sind, und einen schwarzen Stern in einem silberfarbenen Ringe haben, der mit einer goldenen Einfassung versehen ist. Der Kopf hat so wie der Rumpf eine Silber - und die Stirn nebst dem Rücken eine stahlblaue Farbe; der Kiemendeckel bestehet aus zwey Blättchen, und die Kiemenöfnung ist weit; den Rumpf bedecken kleine dünne Schuppen, welche leicht abfallen; die Seiten sind nur ein wenig zusammengedrückt. Der Rücken ist rund, der Schwanz viereckigt, oben und unten mit sieben bis eilf Bastartflossen und auf den Seiten mit einer etwas hervorstehenden Haut, in Gestalt einer Fettflosse, besetzt. Die Flossen sind an der Brust lang und am Bauche kurz; jene haben eine gelbliche, und diese eine graue Farbe; die erste Rückenflosse ist bläulicht, und die zwote, so wie die After - und die Bastartflossen, gelblicht, die Schwanzflosse aber grauschwarz und mondförmig.

Wir treffen diesen Fisch nicht nur in der Nordsee und dem mittelländischen Meere, sondern auch in der Gegend von Guinea a) und Brasilien b), um den antillischen c), maluinischen d), chinesischen e) Inseln, imgleichen um Tabago f), Jamaika g), und Norwegen an. Gewöhnlicher weise wird er einen bis zween Fuſs lang; manchmal findet man ihn aber von ungewöhnlicher Größe; denn so trifft man an der Küste von Guinea welche in Mannslänge und Dicke h), an der brasilianischen Küste aber dergleichen von sieben Fuſs an; und *Pennant* beschreibt einen von sieben Fuſs zehn Zoll, welcher fünf Fuſs sieben Zoll im Umfange hatte i). *Schoneveld* gedenkt eines andern, welcher an der holsteinischen Küste gefangen wurde, und acht und einen halben Fuſs lang, und

---

a) Allgem. Reisen. 1. B. S. 333.
b) *Bomare*. Dict. d'Hist. Nat. t. 2. p. 316.
c) *Piſon*. M. S.
d) *Pernetti*. Hist. des Isles Maloulnes. t. 2. p. 78.
e) *Osbeck*. Reise nach China. S. 90.
f) Hamb. Magazin. 4. B. S. 212.
g) *Browne* Hist. of Jamaica. p. 451.
h) Allgem. Reisen. 4. B. S. 279.
i) Britt. Zool. III. p. 266.

sechs Fuſs im Umkreiſe hatte a). *Labat* verſichert ſogar, daſs es welche von zehn Fuſs Länge gebe b).

Da nun, nach der Beobachtung des Herrn *Brünniche*, ein Fiſch dieſer Art von zween Fuſs nur ſieben Pfund wäget c), und da der *Pennantſche*, welcher noch nicht acht Fuſs hatte, vier hundert und ſechszig Pfund ſchwer war d); ſo kann man einem von zehn Fuſs, wohl ſieben bis acht hundert Pfund geben. *Ariſtoteles* gedenket bereits eines, der fünfzehn Talenta gewogen e), welches Gewicht ſechs hundert zwey und fünfzig und ein halbes gemeine Pfunde ausmacht. Dieſer Fiſch iſt wahrſcheinlich der gröſste unter den eſsbaren Waſſerbewohnern, und dieſer ungewöhnlichen Gröſse iſt es zuzuſchreiben, daſs ihn mehrere Schriftſteller für eine Wallfiſchgattung gehalten haben.

Der Thunfiſch iſt einer der gefährlichſten Raubthiere unter den Seefiſchen, und gehet ſeine Gefräſsigkeit ſo weit, daſs er auch ſeiner eigenen Bruth nicht ſchont; daher *Oppian* ihn den Laſterhaften nennet f). Er lebt vorzüglich von gemeinen und fliegenden Heringen, derer man ſich auch bey ſeinem Fange mit Vortheil bedient; auch verfolgt er die Mackrele, und lauert denjenigen Heringen auf, welche den Fiſchern beym Einziehen ihrer Netze entgehen g). Seine Feinde ſind die Hayfiſche, vorzüglich aber der Schwerdtfiſch.

Nach einer gemeinen Sage, ſoll dieſer Fiſch von Norden aus, in das mittelländiſche Meer Reiſen unternehmen h), und ſeine Eyer an den ſpaniſchen und afrikaniſchen Küſten abſetzen. *Ariſtoteles* bemerkte bereits, daſs der Thunfiſch ſeine Eyer nicht wie andere, an

---

a) Ichth. p. 75.
b) Reiſe nach Spanien und Welſchland. 1. B. S. 77. In Danzig wird, wie *Richter* S. 576. erzählet, die Haut eines groſsen Thunfiſches aufbewahret, die 32 Fuſs lang iſt, welcher in daſiger Gegend im Jahr 1565 ſoll gefangen worden ſeyn; wahrſcheinlich aber war es ein Wallfiſch, der ſich in die Oſtſee verirret hatte.
c) Piſc. Maſſ. p. 70.
d) Britt. Zol. III. p. 268.

e) Hiſt. Anim. L 8. c. 30.
f) Aſt diro Thynno non eſt ſceleratior alter,
Et nullus piſcis tanta impietate notandus;
Offendit quicquid rapidam demergit in alvum,

Namque ſoluta parens partu, privata dolore,
Non parvis parcet natis ſaeviſſima mater.
g) *Penn.* A. a. O.
h) *Labat.* I. a. B. S. 75.

den Mündungen der Ströhme, sondern im Meere selbst ablege a). Dieser Fisch wird zu Zeiten so fett, dass ihm, wie er an einem andern Ort erzählt, die Haut aufplatzt b), und tiefe Furchen darinn zu sehen sind. Die Laichzeit fällt im Monat May und Jun, und seine Eyer sind, der Gröfse dieses Fisches ohngeachtet, nicht gröfser als Mohnsaamen. Um diese Zeit halten sie sich in grofsen Haufen von hundert bis tausenden bey einander, und ziehen in Form eines länglichen Vierecks, unter einem grofsen Geräusche, gegen die Küsten. Nach *Plutarchs* Bericht, sollen sie, wie *Gellius* erzählet, so dick über einander, wie die Heringe in mehreren Schichten ziehen; hierdurch läst sich einigermassen rechtfertigen, was *Plinius* von der Flotte Alexanders des Grofsen erzählt, dass nämlich, da die Schiffe nicht einzeln durch dieses Fischheer, welches man durch kein Geräusch zerstreuen konnte, durchzukommen vermogten, sie sich genöthiget sahen, ihnen in förmlicher Schlachtordnung, wie gegen einen Feind, entgegen zu ziehen e). Im Frühjahr kommen sie, nach dem *Aristoteles*, aus dem schwarzen in das mittelländische Meer, und sollen sich alsdenn auf dem rechten, wenn sie dieses aber wieder verlassen, an dem linken Ufer der Meerenge halten. Hieraus ziehet er die Folgerung d), welche ihm *Aelian* e), *Jovius* und *Plinius* f) nachschreiben, dass dieser Fisch auf dem rechten Auge besser, als auf dem linken sähe: allein da sie die Theile ihres Körpers auf beyden Seiten gleich stark brauchen; so müssen auch dieselben gleich starke Kräfte haben, und ist es vielmehr zu vermuthen, dass der Grund davon den verschiedenen Richtungen der Ströhme zuzuschreiben sey g), da die Fische, wie bereits beym Lachs angeführet ist, im Frühjahr gegen den Strohm, hernach aber mit demselben zu gehen pflegen. Noch verdient angemerkt zu werden, dass dieser Fisch, wenn er ruhen oder schlafen will, nach der Versicherung des *Aristoteles*, sich hinter Steine und Klippen begeben soll h): ein Umstand, den man auch in den neueren Zeiten bey dem Lachs bemerkt hat.

---

a) Hist. Anim. l. 4. c. 10.
b) — — l. 6. c. 17.
c) Nat. Hist. L 9. c. 3.
d) I. a. B. l. 8. c. 10.
e) l. 11. c. 17.
f) N. H. L 9. c. 17.

g) Von den Ströhmen in der Meerenge von Constantinopel sehe man *Stephan Schulz* Leitungen des Höchsten nach seinem Rath auf Reisen. 4ter Th. S. 99.
h) Hist. A. l. 4. c. 10.

Man fängt diesen Fisch mit starken Grundschnuren, welche mit vielen Angeln versehen sind, vorzüglich aber mit einem grosen sackförmigen Netze, welches in Frankreich unter dem Namen Mardrag, und in Sicilien Tonnaros bekannt ist; und so bald nur der erste vom Zuge in daselbe hineingerathen; so sind die Fischer eines reichen Fanges gewiss, indem die übrigen getrost ihrem Führer nachgehen. Bey den Sicilianern ist der Fang des Thunfisches in den Sommermonathen eine der vornehmsten Belustigungen und die Zubereitung und Versendung desselben auf fremde Märkte machet einen ihrer beträchtlichsten Handlungszweige aus. Die Fische zeigen sich nicht eher in dem sicilianischen Meere, als gegen das Ende des Maymonats, zu welcher Zeit die Tonnaros zu ihrem Empfange zubereitet werden. Dies ist eine Art von Wasserfestung, die mit grosen Kosten, aus starken Netzen errichtet wird; welche man mit Ankern und schweren bleyernen Gewichten auf dem Grunde des Meeres befestiget. Diese Tonnaros werden allemal in den Gängen zwischen den Felsen und Inseln errichtet, die von den Thunfischen am häufigsten besuchet werden. Man schliesset den Eingang in diese Gänge sorgfältig mit Netzen zu, bis auf eine kleine Oefnung, welche das äusere Thor des Tonnaro heisst; diese führet in das erste Zimmer, oder wie sie es nennen, in den Saal. So bald die Fische in den Saal gekommen sind, so schliessen die Fischer, welche zu der Zeit in ihren Nachen Schildwache halten, das äusere Thor zu; indem sie ein kleines Stück Netz hinunter lassen, welches die Thunfische verhindert, wieder zurück zu kehren; dann öfnen sie die innere Thür des Saales, die in das zweyte Zimmer führet, welches sie den Vorsaal nennen, und indem sie auf der Oberfläche des Wassers ein Geräusch machen, treiben sie die Thunfische ohne Mühe in denselben hinein. So bald sie alle in den Vorsaal gekommen sind, wird die innere Thür des Saals wieder zugeschlossen, und die äusere Thür desselben geöfnet, um mehr Gesellschaft hinein zu lassen. Einige Tonnaros haben eine grosse Menge von Zimmern oder Behältnissen, die alle ihre besondere Namen haben; einen Saal, ein Besuchzimmer u. s. w. Das letzte Zimmer heisset aber allezeit, die Kammer des Todes a), und diese bestehet aus

---

a) La camera della morte. S. *Brydons* Reise durch Sicil. 1. Th. S. 176.

ſtärkern Netzen und ſchwereren Ankern, als die andern. Sobald man eine hinlängliche Anzahl von Thunfiſchen zuſammengebracht hat, werden ſie aus allen andern Zimmern in die Todeskammer getrieben, wo die Schlacht angehet. Die Fiſcher, und zuweilen auch vornehmere Perſonen, ſind mit einer Art von Speer oder Wurfpfeil bewafnet, und fallen dieſe arme wehrloſe Thiere von allen Seiten an; dieſe, die ſich nun der Verzweiflung überlaſſen, ſchlagen mit groſser Stärke und Behändigkeit um ſich, werfen das Waſſer in die Höhe und auf die Boote, zerreiſsen die Netze in Stücken, und zerſchmettern oft ihr Gehirn an den Felſen oder Ankern, und zuweilen an den Fahrzeugen ihrer Feinde. Uebrigens bedienen ſich die Schiffer zum Fange dieſes Fiſches eines aus Zinn und Bley verfertigten fliegenden Herings, welchem ſie Floſſen von weiſsen Vogelfedern geben, und mittelſt einer Schnur an das Schiff befeſtigen. Endlich wird er auch mit Harpunen gefangen.

So furchtbar dieſer Fiſch auch wegen ſeiner ungeheuren Gröſse zu ſeyn ſcheinet, ſo wenig macht er doch, wegen ſeiner ihm eigenen Furchtſamkeit, wenn er einmal gefangen iſt, den Fiſchern zu ſchaffen; denn ſo bald ihm ſeine erſten Verſuche, ſich zu befreyen, misslungen ſind, ſcheint er ſich ſeinem Schickſale ohne Widerſtreben zu unterwerfen, indem er im Netze ruhig bleibt, und der Angel willig folget.

Dieſer Fiſch ſchwimmt ſehr ſchnell, und nach der Verſicherung des Ritters *Chimbaut*, ſoll ſein Schiff durch einen Troup von Braſilien aus, bis an die Meerenge von Gibraltar verfolget worden ſeyn, ohnerachtet die Reiſe über hundert Tage gedauert habe a).

Auch *Plinius* erzählt, daſs ſie öfters viele Tage lang Begleiter der Schiffe wären, und ſich durch kein Geräuſch von ſelbigen abhalten lieſsen b).

Es ſoll nach dem *Ariſtoteles* c) und *Plinius* d) der Thunfiſch in den Hundstagen von einem Inſekt, das die Gröſse einer Spinne und die Geſtalt eines Scorpions hat, und das ſich unter den Bruſtfloſſen einfriſst, dergeſtalt geplaget werden, daſs er wie wütend davon wird, und daſs er nach der Schilderung des *Opians* e , ſowol in die Schiffe als über das Ufer

---

a) *Bomare*. Dict. t. 11. p. 316.
b) H. N. l. 9. c. 15.
c) H. A. l. 8. c. 19.
d) A. a. O. l. 9. c. 15.

e) Hi torti ſtimulis incurſant navibus altis,
  E ſæpe in terram ſaliunt e gurgite vaſto,
  In tanto volvunt luctantia membra dolore.

springen soll. Die Ursach, warum das Insekt mehr an den Thunfisch, als an andere sich mache, soll in der weichen Haut liegen a), die dieser Fisch unter den Brustflossen hat.

Der Thunfisch hat ein rothes, derbes, nahrhaftes Fleisch, welches frisch dem Kalbfleische an Farbe und Geschmack ähnlich ist; besonders zart soll dasjenige seyn, welches an der Brust sitzt. Ich weiss nicht, was den *Richter* veranlasset hat, zu glauben, dass der Genuss dieses Fisches gefährlich sey, und Verzuckungen zuwege bringe b). Es wird entweder frisch oder eingesalzen genossen, und in jenem Falle, entweder gekocht, in Butter oder Provenceröhl gebraten und auch marinirt verspeiset.

Wenn dieser Fisch eingesalzen werden soll; so hängen die Fischer ihn beym Schwanze auf, öfnen den Bauch, und wenn sie das Eingeweide herausgenommen, und das Fleisch vom Rückgrade abgesondert haben; so zerlegen sie dasselbe in Stücke und pökeln es ein; es wird unter dem Namen Tonine verkauft, und besonders häufig nach Konstantinopel verschickt. Vormals war der Handel damit sehr ausgebreitet, denn er vertrat die Stelle der holländischen Heringe, des russischen Kaviars, der französischen Sardellen und Anjovis. Vorzüglich schätzte man sie in Italien sehr, und belegte man verschiedene Theile derselben mit besonderen Namen; so hiessen die nach der Länge geschnittene magere Stücke Tarentella, und die fettere Bauchstücke Ventresca und Surra. Der Thun stand vormals bey dieser Nation und den Spaniern, wegen der Vortheile, die ihnen sein Handel gewährte, in so grosser Achtung, dass man ihn, nach *Labats* Zeugniss, auf den spanischen c) und nach *Bellons* Versicherung auf den italiänischen Münzen d) abgebildet findet. Nach dem *Richter* war dieser Fisch ein Bild der ehelichen Treue, und auf den Hochzeiten musste etwas davon genossen werden e). Die Griechen hatten ihn der Diana geheiligt.

Die Leber dieses Fisches ist gross und röthlicht, und bestehet aus dreyen Lappen; die Milze ist dunkelblau, der Schlund weit und mit starken Falten versehen. Der Magen ist

---

a) *Salv.* Aquat. p. 126.
b) Ichth. S. 689.
c) Reisen. 1. B. S. 80.
d) Aquat. p. 106.
e) A. a. O. S. 523.

ein länglicher Sack, aus deſſen obern Theil der Darmkanal entſpringt, und in einer geringen Entfernung am Magen ſind zwey Anhängſel befindlich, deren jeder in zween Aeſte, und dieſe wieder in mehrere Zweige ſich vertheilen, ſo daſs man zuletz ſechszehn Enden derſelben zählet; der Darmkanal hat nur drey Beugungen, das, was aber in Anſehung der Eingeweide beſonders merkwürdig ſcheinet, iſt die Gallenblaſe, welche ſo lang als die Bauchhöhle und am Darmkanal befeſtiget iſt.

In Deutſchland heiſst dieſer Fiſch *Thunfiſch* und in Heiligeland auch *Springer*; in Dännemark *Tauteie*; in Norwegen und Lappland *Makrell-Störie*; in Holland *Thonyu*; in Frankreich *Thou*, die einjährigen aber *Chicora*; in Italien *Thonuo*; in Spanien *Albacore*; in Portugall *Cavala*; auf den antilliſchen Inſeln *Gerémou*; auf den maldiviſchen *Talling*; auf der Inſul Maltha *Ittou*, und in Braſilien *Guarapucu*.

Ariſtoteles hielt unrichtig den Breitfiſch a) für einen Thunfiſch, wenn er noch nicht ſechs Monat alt iſt, und den Bonnetfiſch b) für eben dieſen, wenn er älter iſt; er pflanzte dieſen Irrthum nicht nur auf die nachfolgende griechiſche und römiſche, ſondern auch auf verſchiedene deutſche Schriftſteller, als *Jonſton* c) und *Aldrovand* d) fort. *Bellon* bemerkte zuerſt, daſs der Bonnet vom jungen Thun, durch die ſchwarzen Streifen, welche dieſem fehlten, ſich unterſcheide e), und *Scaliger* beſtätigte dieſes durch die Erfahrung der marſeilliſchen Fiſcher, welche ihn verſicherten, daſs nie aus einem Pelamiten ein Thunfiſch würde f). *Willughby* trennete daher mit Recht dieſe beide Fiſche von einander g), dem auch *Ray* folgte h). Um ſo viel mehr iſt es zu verwundern, daſs der ſcharfſinnige *Artedi*, welcher übrigens dem *Willughby* zu folgen pflegte, den Bonnet für einen jungen Thun, und den Breitfiſch nur für eine Abänderung deſſelben ausgiebt i), da doch beyde ſich von jenem nicht nur durch die geringe Gröſse und die verſchiedene Anzahl der Strahlen und der Baſtartfloſſe, ſondern da auch der Bonnet durch die ſchwarze Streifen, und der Breit-

---

a) Scomber Cordyla. L.
b) — Pelamis. L.
c) De Piſc. p. 12.
d) — — p. 307.
e) Aquat. p. 106.

f) *Willughb*. Ichth. p. 180.
g) I. a. B. p. 176. 180.
h) Syn. Piſc. p. 57. n. 1.
i) Synon. p. 49. 50.

Zweeter Abschnitt. Von den Mackrelen insbesondere.

fisch durch die stachlichten Schilder, womit ein Theil der Seitenlinie besetzt ist, sich hinlänglich unterscheiden.

Aristoteles irrete eben sowol, wenn er glaubte, der Thun wachse so schnell, daſs sich die Zunahme täglich bemerken liesse a), als wenn er sagt, daſs er nicht mehr als zwey Jahr alt werde; der letztere Fehler ist um so auffallender, da ihm dessen ungeheure Gröſse nicht unbekannt geblieben ist b). Einen andern Fehler begehet er, wenn er vorgiebt, daſs diese Fischart sich im Februar begatte c), und erst im Jun ihre Eyer von sich gebe. Auch spricht er ihnen die Schuppen ab d).

Galenus e) und andere griechische Schriftsteller halten den Thun für einen jungen Wallfisch, worinn ihnen auch *Bellon* gefolget ist f), welcher letztere sogar hieraus schliesset, daſs es auch unter diesen Wasserthieren, eben so wie unter den vierfüſsigen Amphibien, so wol lebendig gebährende, als eyerlegende gebe.

Aristoteles irrt auch darinn g), wenn er, so wie auch in der Folge *Plinius* h), vorgiebt, daſs den Männchen die Afterflosse fehle.

Rondelet hat diese Meinung bereits durch seine Untersuchung widerleget i), ist aber dagegen in einen andern Fehler gefallen, indem er aus einem unerklärbaren Grunde behauptet, daſs die Männchen eine ungetheilte, die Weibchen aber eine getheilte Afterflosse hätten k), damit die letzteren desto leichter ihr Geschlecht fortpflanzen könnten.

Athaeneus l) und *Sostratus* m) irren, wenn sie glauben, daſs unser Fisch, wenn er klein sey, der Pelamis, gröſser der Thun, und noch gröſser Orcynus, und wenn er ganz groſs sey, ein Wallfisch werde.

Gronov irrt darinn, daſs er die in seinem Zoophylacium unter Nr. 305 beschriebene Mackrele mit dem Thunfisch für einerley hält; da doch die seinige nur sechs Strahlen in der ersten

---

a) l. 6. c. 17.
b) l. 8. c. 30.
c) l. 6. c. 17.
d) l. 2. c. 13.
e) De Alim. Class. 2. p. 53.
f) Aquat. p. 105.
g) l. 5. c. 9.
h) l. 9. c. 15.
i) De Pisc. P. I. p. 246.
k) A. a. O.
l) l. 7. p. 151.
m) beym *Willughb.* p. 177.

Rückenflosse hat, auch die Brustflossen nur kurz, und die Afterflosse mit zween Stacheln versehen ist. Der Ritter führt ihn daher unrichtig zum Thunfisch an a).

Wenn *Bomare* sagt, dass dieser Fisch sogleich abstehe, als er aus dem Wasser komme b); so widerspricht ihm Herr *Pernetti*, welcher versichert, dass er einen dergleichen Fisch, welchen er am Schwanze aufgehangen, noch eine Stunde leben gesehen; dass aber dieser Fisch durch das Bestreben sich loszumachen, das Herz durch ein Erbrechen von sich gegeben habe c), scheinet sich wohl nicht im Ernste behaupten zu lassen, da es unbegreiflich ist, wie das Herz, welches in der Brust sitzt, durch den Magen ausgebrochen werden könne.

Linné bestimmt den Thunfisch durch die acht kleine Flossen am Schwanze, allein dieses Kennzeichen ist unsicher; denn so sagt *Plümier* in seinem Manuscript, dass dieser Fisch sechs bis sieben, *Osbeck* acht d), *Artedi* acht bis neun e), *Bellon* f) und *Löffler* g) neun, *Klein* acht bis zehn h), Herr *Pennant* oben eilf und unten zehn i) Flossen habe.

DER STÖCKER.

LVIIste Taf.

3. Der Stöcker.

Die Seitenlinie stachlicht. Br. 20. B. 6. A. $\frac{2}{11}$. S. 20. R. 8. 34.
Scomber linea laterali aculeata. P. XX. V. VI. A. $\frac{2}{11}$. C. XX. D. VIII. XXXIV.

Scomber Trachurus. S. pinnulis unitis, spina dorsali recumbente, linea laterali loricata. *Linn.* S. N. p. 494. n. 6.
— — *Haselq.* Reisen. S. 407. n. 84.
— — *Müller.* Prodr. p. 47. n. 397.

Scomber linea laterali aculeata, pinna ani ossiculorum 30. *Arted.* gen. p. 31. n. 3. Syn. p. 50. n. 3.
— — curva, omnino loricata, cauda vix bifurcata. *Gron.* Zooph. p. 94. n. 308. M. I. p. 34. n. 80.

a) S. N. p. 493.
b) Dict. t. 2. p. 316.
c) Hist. des Isles Malouines. t. II. p. 80.
d) Reise nach China. S. 90.
e) Syn. p. 49. n. 3.
f) Aquat. p. 108.
g) *Linn.* S. N. p. 498.
h) Miss. Pisc. V. p. 12. n. 3.
i) Britt. Zool. III. p. 269.

Trachinus Trachiurus, linea laterali elevata ex-
asperata. Muſ. *Adolph. Fried.* p. 71. t. 32. f. 1.
Lacertorum genus. *Gesn.* Aquat. p. 467. 552.
Saurus. *Salv.* Aquat. p. 78. b.
Trachurus Autorum.
Curvata pinima. *Mareg.* Iter. Braſ. p. 150.
— — Piſo Ind. utriusq. p. 51.
Staurit-ballick. *Forskaöl.* Deſcr. Anim. p. 16.
Ara. *Kämpfer.* Reiſe nach Japan, 4ter Theil.
S. 154. t. 11. f. 5.
Pür. *Pontopp.* Norw. 2. Th. S. 264.

The Mother of Anjovis. *Charlet.* Onom. p. 143.
n. 26.
Scad, Horſe-mackrell. *Willughb.* Ichth. p. 290.
t. S. 12. S. 22.
— — *Ray.* Synopſ. p. 92. n. 8.
— *Penn.* Britt. Zool. III. p. 269. n. 134. pl. 51.
Bonite, *Rochefort*, Hiſt. de Isles Antill. p. 150.
Stoecker, Müſeken. *Schonev.* Ichth. p. 75.
Suverou, Macareo. *Brünnich.* Piſc. Maſſ. p. 71.
Die Baſtartmackrele. *Müller.* L. S. 4. Th. S. 264.
Rauber Mackrell. *Gesner.* Thierb. S. 56. b.

Zum Kennzeichen dieſer Mackrelenart können die Stacheln dienen, womit die Seitenlinie beſetzt iſt. In der Bruſtfloſſe befinden ſich zwanzig, in der Bauchfloſſe ſechs, in der Afterfloſſe ein und dreiſſig, in der Schwanzfloſſe zwanzig, in der erſten Rückenfloſſe acht und in der zwoten vier und dreiſſig Strahlen.

Der Körper dieſes Fiſches iſt geſtreckt und auf beiden Seiten zuſammengedrückt: da er in Abſicht auf die äuſsere Bildung mit der Mackrele die mehreſte Aehnlichkeit hat; ſo belegt man denſelben in Frankreich mit dem Namen Baſtartmackrele. Der Kopf iſt groſs und etwas abſchüſsig; die Mundöfnung von mitlerer Gröſse; von den Kinnladen die untere am längſten, nach oben zu gekrümmt, und beide ſind mit einer Reihe kleiner Zähne bewaffnet. Der Gaumen iſt rauh, und die Zunge glatt, breit und dünn; die Augen ſind groſs und haben einen ſchwarzen Stern. Der ihn umgebende Ring hat eine Silberfarbe, welche ins röthliche ſpielet; nach hinten zu ſind die Augen beinahe zur Hälfte mit einer Nickhaut bedeckt. Der Kopf, ſo wie die Seiten und der Bauch, ſind von einer Silber- und die Stirne mit dem Rücken von einer grünblauen Farbe. Der Rücken bildet einen flachen Bogen und iſt ſcharf, bis auf diejenige Furche, welche zur Aufnahme der erſten Floſſe beſtimmt iſt. Der Kiemendeckel beſteht aus zwey Plättchen, davon das obere mit einem ſchwarzen Fleck verſehen iſt. Die Kiemenhaut liegt unter dem Deckel, und die Kiemenöfnung iſt weit. Die Seitenlinie macht am Ende der Bruſtfloſſe eine Beugung nach dem Bauche zu, und läuft hiernächſt in gerader Richtung fort; ſie iſt mit acht und ſechszig

Schildern befetzt, welche wie Dachziegel über einander liegen, und deren jedes in der Mitte mit einer nach dem Schwanze zu gekrümmten Spitze verfehen ift. Sie raget am Schwanze ftark hervor, und theilet dadurch diefem eine viereckigte Geftalt mit. Jene Stacheln find es auch, welche diefen Fifchen den Plattdeutfchen Namen Stöcker gegeben haben. Den Rumpf bedecken dünne, runde und weiche Schuppen, dergleichen man auch zwifchen den Schildern wahrnimmt. Sämtliche Floffen find weifs, und nur die erften Strahlen in der zwoten Rückenfloffe fchwarz; die Strahlen in der erften Rückenfloffe find ftachlicht, wovon die erftere am kürzeften und vorwärts gebogen ift; die übrigen Strahlen find weich, ausgenommen die beiden erften in der Afterfloffe, welche ftachlicht find. Die Schwanzfloffe ift eben fo wie bey dem vorhergehenden mondförmig.

Diefer Fifch wird in der Gegend von Kiel nicht über eine Spanne a), in England von einem, und im mittelländifchen Meere bis zween Fufs lang angetroffen b).

Der Stöcker lebt in der Nord- und Oftfee, im Weltmeere an mehreren Stellen, und wird am häufigften in dem mittelländifchen Meere gefunden: demohngeachtet gedenket weder *Ariftoteles* noch *Plinius* feiner, fondern *Aelian* erwähnt deffelben zuerft c), und auch *Athaeneus* d), *Oppian* e) und *Galenus* f) gedenken feiner. *Bellon* hat ihn zuerft deutlich befchrieben und in einem Holzfchnitt abgebildet g). Ihm folgen *Roudelet* h) und *Salvian* i), jedoch ift in der Zeichnung des letzteren der Rücken unrichtig mit drey Floffen vorgeftellt.

Der Stöcker gehört zu den fleifchfreffenden Wafferbewohnern, und *Willughby* k) fand in feinem Magen den Sandaal l). Er ift ebenfalls einer von den Fifchen, welche im Frühjahr an den Geftaden des Meeres haufenweife erfcheinen; aus welchem Grunde ihn *Oppian* zu den Uferfifchen zählet m). Weil er mit der Mackrele zu gleicher Zeit laichet; fo wird er auch mit ihr fowol in Netzen, als mit Angeln gefangen. Er hat aber kein fo

---

a) *Schonev.* Ichthyol. p. 75.
b) *Rondel.* P. I. p. 233.
c) l. 2. c. 50.
d) l. 7. p. 162.
e) l. 1. p. 108. l. 3. p. 138.
f) De alim. Maff. 2. p. 30.
g) Aquat. p. 191.
h) De Pifc. P. I. p. 233.
i) Aquat. p. 78. b.
k) Ichth. p. 290.
l) Ammodytes Tobianus. L.
m) l. 1. p. 108.

Zweeter Abſchnitt. Von den Mackrelen insbeſondere. 107

fettes und zartes Fleiſch, als jene, und wird vom *Galen* zu den ſchwer zu verdauenden Speiſen gezählet a); jedoch hält man ihn in Kiel, wo er zur Herbſtzeit gefangen wird, für einen Leckerbiſſen b). In Italien hingegen achtet man ihn friſch nicht, nur ein geringer Theil davon wird gebraten verzehret, und in Rom, mit andern wohlfeilen Fiſchen, unter dem Namen Bratfiſch (Frittura) verkauft c). Der größte Theil wird wie der Hering eingeſalzen, und hat in England wegen des zarten Geſchmacks, den er alsdenn erhält, den Namen der Mutter des Anjovis bekommen d): ſonſt wird er auch zu einer wohlſchmeckenden Speiſe, wenn man ihn, nachdem er zuvor ein wenig gekocht worden, ein Paar Stunden in ſehr ſcharfen und ſtark gewürztem Weineſſig liegen läſst.

Die Leber des Stöckers iſt klein, und beſteht aus zween Lappen von verſchiedener Größe; die Milz iſt ſchwarz und länglicht, der Magen dreyeckigt und der Darmkanal hat zwo Beugungen und zwölf bis dreyzehn Anhängſel. Die Schwimmblaſe liegt längs dem Rücken.

In der Oſtſee wird er in der Gegend von Eckernfort *Stoecker*, ſonſt auch *Mitſeken* genannt; in Dännemark heiſst er *Stoikker*; in Norwegen *Piir*; in Frankreich *Maquerau batard*; in Marſeille beſonders *Souverou* und *Macaréo*, und in Montpeiller *Saurel* und *Sieurel*; in Venedig *Saurou*; in Rom *Suaro*; in Genua *Sou*; in Braſilien *Curvata pinima*, und bey den daſigen Portugieſen *Bointo*; in Japan *Ara*; in der Türkey *Staurit-Ballick*; in England *Scad*; in London beſonders *Horſemakrel* und in Holland *Marsbaucker*.

Bellou e), *Rondelet* f), *Salvian* g), *Aldrovand* h) und *Jonſton* i) haben dieſem Fiſche die Schuppen abgeſprochen, welche ihm jedoch *Willughby* zuerſt wieder beygelegt hat. *Aldrovand* beſchreibt ihn anfänglich nach dem *Rondelet*, deſſen Zeichnung er auch

O 2

---

a) De alim. Claſſ. 2. p. 30.
b) *Schonev.* Ichth. p. 75.
c) *Salv.* Aquat. p. 79. b.
d) *Charlet.* Onom. p. 143.
e) Aquat. p. 190.

f) De Piſc. p. 233.
g) Aquat. p. 79.
h) De Piſc. p. 267.
i) — — p. 95.

kopirt hat; in der Folge aber einen, welchen er felbft gefehen und abbilden laſſen: jedoch ſieht man ſowol aus ſeiner Beſchreibung als aus der Zeichnung, welche eine gerade und glatte Seitenlie, und drey Rückenfloſſen enthült, deutlich, daſs er einen ganz andern Fiſch vor ſich gehabt habe a).

Herr *Brünniche* zweifelt, ob unter dem vom *Salvian* auf der 78ſten Seite vorgeſtellten Fiſch, der unſrige zu verſtehen ſey b); jedoch ergiebt ſich aus der Vergleichung ſeiner Beſchreibung mit der unſrigen, daſs ſein Fiſch würklich der Stöcker geweſen, nur hat er es darinn verſehen, daſs er die zwote Rücken- und die Afterfloſſe getheilt hat.

Die Frage des *Gronov*: ob unter den Trachinus Trachyurus, der im königl. ſchwediſchen Muſaeo beſchrieben iſt c), unſer Fiſch zu verſtehen ſey d)? kann ich mit ja beantworten; wie ſolches ſowol aus der Zeichnung ſelbſt, als auch aus den Citaten im Texte p. 72. erhellet.

Wenn übrigens *Aelian* erzählet, daſs, wenn man dieſem Fiſch den Schwanz abhaue und lebendig in die See werfe, und erſteren hernach einem trächtigen Pferde anhänge, dieſes davon frühzeitig werfen würde e); ſo gehöret dieſes zu den Fabeln jener Zeiten.

Endlich kann ich die Frage des *Mortimer*: ob unter der Figur, welche beym *Willughby* auf der Tafel S. 12. abgezeichnet iſt, unſer Fiſch, oder die Horſe makrell der Engländer zu verſtehen ſey f)? auch mit ja beantworten.

---

a) De Piſc. p. 268.
b) Piſc. Maſſ. p. 70.
c) p. 71. t. 32. f. 1.
d) Zooph. p. 84. n. 308.
e) l. 2. c. 50.
f) Index. Piſc. in Ichth. Willughbeiana. Litera M.

XIII. GESCHLECHT.

Die Meerbarbe.

ERSTER ABSCHNITT.

Von den Meerbarben überhaupt.

Der Kopf fo wie der ganze Rumpf mit leicht abfallenden grofsen Schuppen bedeckt.

Mullus etiam capite squamis deciduis magnis tecto.

Mullus. *Linn.* S. N. gen. 171. p. 495.	Trigla. *Arted.* gen. 32. p. 42.
— *Klein.* Miff. Pifc. V. p. 22.	Le Rouget. *Golian.* Hift. de Poiff. gen. 18.
— *Willughb.* Ichth. p. 285.	p. 104. 145.
— *Ray.* Synopf. Pifc. p. 90.	Surmulet. *Penn.* Britt. Zool. III. gen. 30. p. 271.
— *Gronov.* Zooph. p. 85.	Meerbarben. *Müll.* L. S. 4. Th. S. 269.

Die leicht abfallende Schuppen fowol am Kopfe, als auch am Rumpfe kann man als ein Merkmal betrachten, die Fifche diefes Gefchlechts zu beftimmen.

Der Körper ift geftreckt und rundlicht, der Kopf fehr abfchüfsig, die Mundöfnung klein und die Kinnladen, fo wie der Gaumen, find mit überaus kleinen Zähnen befetzt; die Zunge ift kurz, fchmal, glatt und unbeweglich; die Augen find länglicht, rund, flach, ftehen am Scheitel nahe beyfammen, und haben eine Nickhaut; die Nafenlöcher find doppelt, und dabey überaus klein. Die Kiemendeckel beftehen aus drey zart geftreiften Blättchen; die Kiemenöfnung ift von mittlerer Gröfse, und die Kiemenhaut, welche fchmal ift, nur mit drey Strahlen verfehen. Der Rücken und der Schwanz find rundlicht und die Seiten ein wenig zufammengedrückt. Diefe Fifche haben übrigens acht Floffen, davon zwo an der Bruſt, eben ſo viel am Bauche, eine am After, eine am Schwanze und zwo am Rücken ſitzen und iſt beſonders die erſte Rückenfloſſe mit Stacheln bewaffnet.

Die Fiſche dieſes Geſchlechts leben von der Brut anderer Waſſerbewohner und von Seekräutern. Zum Aufenthalt iſt ihnen die Nord - und Oſtſee, auch andere Theile des Weltmeeres angewieſen; vorzüglich gehören ſie im mittelländiſchen Meere zu Hauſe. Da ſie mit einer ſehr ſchönen rothen Farbe prangen; ſo iſt es kein Wunder, wenn ſie bereits die Aufmerkſamkeit der Griechen und Römer auf ſich gezogen, und beſonders bey den letzteren in einem hohen Werth geſtanden haben. *Plinius* kannte bereits diejenigen zwo Arten, welche mit Bartfaſern verſehen ſind, die er aber nur allein dadurch unterſcheidet, daſs die eine vom Fleiſch, die andere aber von Muſcheln und Seekräutern leben ſolle a). Dieſe Kennzeichen liegen aber keinesweges in der Natur des Fiſches, da ſie beide einen gleichförmigen Bau des Mundes haben, und alſo einerley Nahrung genieſsen müſſen. *Salvian,* der ſie unter dem Namen Mullus und Mullus major beſchreibt, ſondert ſie durch die Größe und Farben von einander ab b), dem auch *Charleton* folgte c). *Marggraf* machte uns im Jahr 1648 mit einem ſchwarz gefleckten Fiſch dieſer Art bekannt, welchen er Pirametara nennt d), den auch bald darauf (1654) *Piſo* beſchrieb e), und der beym *Rochefort* unter der unbeſtimmten Benennung, *un autre Poiſſon de Roche,* vorkommt f). In der Folge lehrte uns *Willughby* (1686) den Kahlbart kennen g), und ſetzte zugleich die Kennzeichen feſt, wodurch die beiden Rothbärte ſich unterſcheiden h). Dieſe zwey handelt er zuſammen in einem, und den Kahlbart in einem beſondern Kapitel ab. Den Marggraffſchen hält er für eine Abänderung des Rothbarts, deſſen aber *Ray, Artedi* und *Linné* gar nicht erwähnen. Die drey Gattungen, welche *Artedi* kannte, geſellete er den Knorrhähnen bey i), ohngeachtet ſie von jenen unterſchieden ſind, und auch beym *Willughby* von einander getrennet

---

a) N. H. l. 9. c. 17.
b) Aquat. p. 236.
c) Onomaſt. p. 138.
d) Hiſt. Nat. Braſſ. p. 181.
e) Ind. utriusque. p. 60.
f) Hiſt. des Isles Antill. p. 150.
g) Mullus imberbis. *Linn.*
h) Ichth. p. 286.
i) Syn. p. 7. n. 1 — 3.

Erster Abschnitt. Von den Meerbarben überhaupt.

waren. *Klein* ordnete fie mit Recht, wie *Willughby*, in ein eigenes Gefchlecht, und brachte zu den drey bekannten nicht nur den erwähnten, fondern auch noch einen aus dem *Marggraf* a), welchen ich aber in diefem Schriftfteller nicht finde. *Linné* unterfcheidet zwar die Meerbarben von den Knorrhähnen, er fchränkt fich aber fo wie jene Schriftfteller auf die drey längft bekannten ein b). *Gronov* fiehet zwar anfänglich feine Meerbarben ebenfalls für Knorrhähne an c), jedoch trennt er fie in der Folge von einander d), und hält den geftreiften für eine Abänderung, Herr *Brünniche* aber beide Rothbärte nur für eine Gattung e). Herr *Pennant* handelte fie als zwo befondere Gattungen ab f); jedoch zweifelt er, ob fie auch würklich verfchieden find.

Bey diefen getheilten Meinungen kann uns nur ein aufmerkfamer italienifcher Naturkündiger Gewifsheit geben, ob würklich zwo verfchiedene Gattungen vorhanden find, oder ob die gelbgeftreifte der Milcher und die andere der Rogner fey; denn ausgemacht ift es, dafs fo wie bey den Vögeln, alfo auch bey den Fifchen die Farben der Männchen gemeiniglich fchöner ausfallen als bey den Weibchen.

In den fpätern Zeiten hat uns *Forskaöl* zwo neue Arten aus Arabien bekannt gemacht g); von diefen fechs Arten gehöret der geftreifte Rothbart allein in unferer Gegend zu Haufe, deffen Befchreibung ich fogleich mittheilen werde.

ZWEETER ABSCHNITT.
Von den Meerbarben insbefondere.

DER GESTREIFTE ROTHBART.
LVIIIfte Taf.

D er Körper roth und gelb geftreift. K. 3. Br. 15. B. 6. A. 7. S. 22. R. 7. 9.   1. Der
Mullus corpore rubro ftriis luteis. B. III. P. XV. V. VI. A. VII. C. XXII. D. VII. IX.   Rothbart.

a) Miff. Pifc. V. p. 23.
b) *Linn.* S. N. p. 495.
c) Muf. I. p. 99.
d) Zooph. p. 85.
e) Pifc. Maff. p. 72.
f) Britt. Zool. III. p. 271.
g) *Mull.* Auriftamma und vittatus, Defcript. Anim. p. 30. n. 19. 20.

Mullus furmuletus, M. cirris geminis, lineis luteis longitudinalibus. *Linn.* S. N. p. 496. n. 2.
Trigla capite glabro, lineis utrinque 4 luteis
 longitudinalibus paralelis. *Art.* gen. p. 43.
 n. 2. Syn. p. 42. n. 2.
Mullus barbatus, pinnis dorfalibus colore flavo
 et miniato pictis; oculorum iride miniato,
 fuper fquamis craffioribus quater lineatus.
 Klein. Mifc. Pifc. V. p. 22. n. 2.
Mullus cirris geminis, in apice maxillae inferioris. *Gron.* Zooph. p. 25.
 n. 286. Muf. I. p. 43. n. 199.
— — — corpore argenteo, luteo
 longitudinaliter lineato, de-
 fquamato rubro. *Brünn.*
 Pifc. Maff. p. 71. n. 88.
Η' Τϱίγλα, *Arift.* l. 2. c. 17. l. 4. c. 11. l. 5.
 c. 9. l. 6. c. 17. l. 8. c. 2. 13. l. 9. c. 2. 37.
Τϱίγλα, *Aelian.* l. 2. c. 41. l. 9. c. 51. 65.
 l. 10. c. 2.
— *Athaen.* l. 7. p. 324. 325.
— *Oppian.* l. 1. p. 65.

Mullus. *Galen.* de Aliment. Claff. 2.
— *Ovid.* Haliet. v. 123.
— *Plin.* H. N. l. 9. c. 17. 18. 51. l. 32.
 c. 10. 11.
— *Senec.* Natur. quaeft. l. 7. epift. 96.
— *Ciceron.* Parad. p. 48.
— *Horat.* Sermon. l. 2.
— *Juvenal.* Sat. 4.
— major. *Salv.* Aquat. p. 236.
— — *Aldr.* de Pifc. p. 123.
— — *Jonft.* p. 61. t. 17. f. 7.
— — *Willughb.* Ichth. p. 285. t. S. 7. f. 1.
— — *Ray.* Synopf. Pifc. p. 91. n. 2.
— barbatus. *Rond.* P. I. p. 290.
Tekyr. *Forskaöl.* Defc. anim. p. 16.
Surmulet. *Bellon.* Aquat. p. 176.
— *Penn.* Britt. Zool. III. p. 271. n. 135. pl. 53.
Das Petermännchen, Golddecken. *Schonev.*
 Ichth. p. 47.
Der Riefenbarbe. *Müll.* L. S. 4. Th. S. 270.

Die rothe Farbe und die gelben nach der Länge laufenden Streifen, unterfcheiden diefen Fifch hinlänglich von den übrigen feines Gefchlechts. In der Kiemenhaut befinden fich drey, in der Bruftfloffe funfzehn, in der Bauchfloffe fechs, in der Afterfloffe fieben, in der Schwanzfloffe zwey und zwanzig, in der erften Rückenfloffe fieben und in der zwoten neun Strahlen.

Der Kopf ift bey diefem Fifche grofs, und ebenfalls mit gelben Streifen befetzt, die auf einem Silbergrunde ftehen, durch welchen die rothe Farbe durchfchimmert. Die Mundöfnung ift klein, und von den Kinnladen raget die obere hervor. Die Augen, welche nahe am Scheitel ftehen, find grofs, rund und haben einen blauen, roth eingefafsten und mit einem filbernen Ringe umgebenen Stern. Von den drey Blättchen, woraus der Kiemendeckel besteht, ist das untere schmal und lang, und das obere gehet in eine weiche und stumpfe Spitze aus; die Kiemenöfnung ist weit, und die Kiemenhaut schmal; der Rumpf, welcher vorn breit ist, wird gegen das Schwanzende schmal, und ist, so wie der Rücken, rund. Lezterer hat vorn eine Furche, welche dazu dienet, die Rückenflosse, wenn sie der Fisch einziehet, aufzunehmen und zu verbergen. Die Seitenlinie läuft mit dem Rücken parallel, weicht jedoch gegen den Schwanze zu von demselben ab, in dessen Mitte sie sich verlieret. Der Körper ist, so wie der Kopf, roth, und die goldgelben Streifen verlieren sich, da sie nur auf der Oberfläche der Schuppen sitzen, sogleich, als diese abfallen: die rothe Farbe aber, welche durch die durchsichtigen Schuppen angenehm durchscheinet, wird dadurch erhöhet, wenn diese Blättchen abgefallen sind. Sämtliche Flossen sind gelb, und die Strahlen derselben fallen in eine rothe Farbe, die Rückenflosse ausgenommen. Die Strahlen der vordern Rückenflossen sind hart und einfach, die übrigen aber weich.

Wir treffen diesen Fisch in der Nord- und Ostsee, im mittelländischen Meere und bey den antillischen Inseln a) von verschiedener Größe an. So wird er in der Ostsee selten über eine Spanne b), in der Nordsee von vierzehn Zoll, und im mittelländischen Meere, wo er vorzüglich zu Hause gehört, nach der Versicherung des *Plinius*, hin und wieder einen Fuss lang c). *Juvenal* gedenkt eines von sechs Pfunden d), und da er diesen ein Ungeheuer nennt; so muss wohl der beym *Plinius*, welcher im rothen Meere gefangen worden, und achtzig Pfund gewogen hat e), ein anderer Fisch gewesen seyn.

Dieser Rothbart hat bey seiner schönen Farbe auch ein weisses, derbes und blättriges Fleisch, welches, da es nicht sonderlich fett ist, eine leicht zu verdauende Speise giebt. Er stand bey den Griechen und Römern in überaus grossem Wehrt; diejenigen, welche sich mit seinem Fange abgaben, machten ihn lieber zu Gelde, als dass sie ihn verzehrt hätten, nach dem noch heut zu Tage in Italien üblichen Sprüchworte:

---

a) P. *Plin.* Msc.
b) *Schonev.* Ichth. p. 74.
c) N. H. l. 9. c. 12.
d) Mullum sex millibus emit

e) l. 9. c. 18.

Aequantem sane paribus sestertia libris.
Sat. IV.

P

derjenige genieſſet das nicht, was er gewinnet a). Wie hoch nun die Verſchwendung bey dieſer Nation damals geſtiegen, kann man auch daraus ſehen, daſs man nach dem *Juvenal*, ihn mit ſo viel Silber bezahlte, als er ſchwer war. Als *Galen* einsmals jemanden frug, warum er einen ſolchen Fiſch, der wegen ſeiner Gröſse ein unverdauliches Fleiſch habe, ſo theuer erkaufte; ſo antwortete ihm dieſer, wegen zweyer Leckerbiſſen, nemlich der Leber und des Kopfes b). Jener Dichter wirft daher mit Recht dem Calliodor vor, daſs er die 1200 Seſtertien, welche er für ſeine Sklaven gelöſet, an einem Abend in vier Rothbärten verſchmauſet habe c). Wie *Seneca* meldet, ſo ließ der Kaiſer Tiberius einen dergleichen Fiſch von vier Pfunden, der ihm geſchenkt war, verkaufen, welcher dem Octavius für 5000 Seſtertien nicht zu theuer war d). Nach des *Plinius* Verſicherung bezahlte der Conſul Celer einen mit 8000 Seſtertien e); und nach dem *Sueton* ſind unter der Regierung des nemlichen Kaiſers drey Stück mit 30,000 Seſtertien f) bezahlet worden g). Den hohen Werth, welchen die Römer dieſem Fiſch beylegten, ſcheint man indeſſen nicht bloſs ſeinem leckern Geſchmack, ſondern auch den ſchönen Farben, womit dieſer Fiſch pranget, zuſchreiben zu müſſen; denn nach dem *Varro* diente er auch denenſelben in ihren Fiſchbehältern zu einer Augenweide h); daher *Cicero* ſeinen Landesleuten den Vorwurf macht, daſs ſie glaubten über alles erhaben zu ſeyn, wenn ſie nur Rothbärte in ihren Fiſchbehältern aufweiſen könnten i). Auch dieſes war ihnen nicht genung, ſondern ſie ließen ſie auch, wie *Seneca* berichtet, auf ihren Gaſtmalen in den Händen abſterben, um ſich an der Verän-

---

a) Non mangia la triglia, chi la piglia.
b) De alim. facult. Claſſ. 2. p. 29.
c) Addixti ſervum Nummis here mille ducentis.
Ut bene cuenares, Calliodore, ſemel:
Nec bene caenaſti. Mullus tibi quatuor emptus. S. *Aldrov*. de Piſc. p. 118.
d) Epiſt. 96.
e) l 9. c. 17.
f) Dieſe Summe würde nach dem jetzigen Reichsfuſs 1000 Rthlr. machen; denn nach der Berechnung des *Arbutnot*, *Cumberland*, *Graves* und *Hooper*, wäre eine Seſtertie zu Zeiten des Kaiſers Tiberius 9¾ Pfennig werth geweſen.
g) S. *Aldrov*. A. a. O.
h) De re ruſtica. l. 3. c. 17.
i) Noſtri autem principes digito ſe coelum putant attingere, ſi Mulli barbati in piſcinis ſunt, qui ad manum accedant. Epiſt. ad Attic. l. 2. paradox. 16.

Zweeter Abschnitt. Von den Meerbarben insbesondere.

derung der Farben, die alsdann nach und nach zum Vorschein kommen, zu ergötzen a). Die Griechen hatten ihn der Diana geheiligt, und zwar, nach dem *Plutarch*, deswegen, weil er auf den Seewolf, als den gröſsten Feind der Menschen, Jagd mache und ihn tödte b).

Der Rothbart gehört zu den Rauhfischen, und soll nach dem *Aelian* alles freſſen was ihm vorkommt, und nach dem Fleiſch der in Fäulung gehenden Menſchen und Thiere begierig ſeyn c); gewöhnlich lebt er von kleinen Fiſchen, kleinen Krebſen und Muſcheln; von dieſen ſoll er nach dem Vorgeben des *Plinius* einen angenehmen d), von den Krebſen aber, nach der Behauptung des *Galen*, einen widrigen Geruch bekommen e). Ueberhaupt ſcheinet dieſer Arzt kein Freund von unſerm Fiſche geweſen zu ſeyn, da er verſichert, daſs er keinen vorzüglichen Geſchmack, und die groſsen ein hartes und unverdauliches Fleiſch hätten; dem *Ariſtoteles* zufolge, ſoll das Fleiſch dieſes Fiſches im Herbſte am ſchmackhafteſten ſeyn f).

Es gehöret der Rothbart ebenfalls zu denjenigen Fiſchen, welche ſich in Haufen zuſammen halten; er kömmt im Frühjahr aus den Tiefen hervor, und ſezt ſeinen Laich in den Mündungen der Flüſſe und Ströhme ab: jedoch ſoll er, nach dem *Ariſtoteles*, der einzige ſeyn, welcher ſein Geſchlecht dreymal im Jahre fortpflanzt und auch am ſpäteſten laichet g).

Man fängt dieſen Fiſch mit Netzen, Reuſen und der Angel, wenn an letzterer Krebsſchwänze befeſtiget ſind. Er wird gewöhnlich in Salzwaſſer gekocht, oder auf dem Roſt gebraten, und alsdenn mit Oehl und Citronenſaft genoſſen. Einen vorzüglichen Ge-

---

a) Quanto crudeliora ſunt opera luxuriae, quoties naturam aut mentitur, aut vincit? in cubili natant piſces et ſub ipſa menſa capitur, qui ſtatim transfertur in menſam. Parum videtur recens Mullus, niſi qui in convivae manu moritur. Vitreis ollis incluſi offeruntur et obſervatur morentium color, quem in multas mutationes mors luctante ſpiritu vertit. *Seneca.* queſt. nat. l. 3. c. 17.

b) beym *Salv.* Aquat. p. 237.
c) l. 12. c. 21.
d) l. 9. c. 17.
e) De Alim. Claſſ. 2. p. 29.
f) l. 9. c. 37.
g) l. 5. c. 9.

schmack erhält er, wenn er gebraten, einige Stunden in wohlgewürzten Weineſſig gelegt wird; oder wenn man die Leber in Wein zertchmelzen läſst, und nachdem etwas Gewürze hinzugethan worden, das Fleiſch darinn tunkt. Damit dieſer Fiſch durch die Verſendung von den Ufern bis nach den groſsen Städten nicht verderbe; ſo wird er, ſo bald er gefangen iſt, in Seewaſſer gekocht, mit Mehl beſtreuet und in Teig eingehüllet, um den Zutritt der Luft zu verhindern a).

Dieſer Fiſch heiſst im Hollſteinſchen bey Kiel *Petermännchen* und *Goldecken*, bey Eckernförde *Schmerbutten* und *Bagzutken*; in Dännemark *Mulle*, *Barbe*; in England *Surmulet* und *Striped Surmulet*; in Frankreich *Surmulet* und *Barbarin*; in Venedig *Ronget barbé* und *Surmulet* und in der Türkey *Tekyr*.

Die Leber iſt röthlich und die daran befindliche Gallenblaſe, ſo wie auch die ſchwärzliche Milz und der runde Magen ſind klein; der Darmkanal iſt kurz und bey ſeinem Anfange mit ſechs und zwanzig Blinddärmen umgeben.

Wenn *Ariſtoteles* behauptet b), auch *Plinius* c) und *Aelian* d) ihm dieſes getreulich nachſagen, daſs dieſe Fiſche dreymal im Jahre laichen; ſo iſt er ohnſtreitig durch das Streichen derſelben, welches ſie nach dem verſchiedenen Alter, zu drey verſchiedenen Zeiten, ſo wie die übrigen Fiſche verrichten, zu dieſer Meinung verleitet worden.

Wenn *Athenaeus* erzählet, daſs in der Mutter des Rothbarts, nachdem ſie dreymal geboren, ſich Würmer erzeugen, welche den Saamen verzehren und ſie unfruchtbar machen, und daſs der Wein, worinn man dieſe Fiſche hat ſterben laſſen, die Eigenſchaft beſitze, die Männer unfähig und die Frauenzimmer unfruchtbar zu machen e); ſo gehört dieſes eben ſowol zu den Vorurtheilen jener Zeiten, als wenn *Dioſcorides* ſaget, daſs der häufige Genuſs das Geſicht und die Nerven ſchwäche und roh aufgebunden die Gelbſucht heile f).

---

a) *Rondel.* de Piſc. P. I. p. 291.
b) l. 5. c. 9.
c) l. 9. c. 17.
d) l. 12. c. 21.
e) l. 7. p. 16.
f) De ſimpl. l. 2. c. 21.

Zweeter Abschnitt. Von den Meerbarben insbesondere. 117

Bellon a), *Rondelet* b) und *Salvian* c) irren, wenn sie unserm Fische die Zähne absprechen; und *Athenaeus* verdienet daher den Vorwurf nicht, welchen letzterer ihm macht, dass er diesem Fisch fälschlich Zähne zugeeignet habe d). Die vier gelben Streifen, welche *Linné* e) und *Artedi* f) als ein Kennzeichen dieses Fisches angeben, sind ein unzuverlässiges Merkmal, indem bald mehr, bald weniger vorhanden sind. So finde ich ihn im *Plumier* mit fünf und beym *Pennant* mit zwo Streifen. Der meinige kommt mit der Zeichnung des *Salvian* überein, welcher nur drey Streifen hat. Wenn *Artedi* anmerkt g), dass *Salvian* der erste sey, welcher diesen Fisch beschrieben; so irret er, da bereits *Plinius* h) die beyden Rothbärte unterschieden hat; und wenn *Juvenal* ihm ein Gewicht von sechs i), *Seneca* von vier k), *Horaz* von drey l), *Bellon* von zwey Pfunden beylegen m) und *Athenaeus* ihm Flecke giebt n); so müssen sie wohl den unsrigen und nicht den kleinen Rothbart darunter verstanden haben.

Dem *Bellon* haben wir die erste Zeichnung dieses Fisches zu verdanken o), welche aber nicht mit der Natur übereinkömmt, da der Mund zu gross ist, und die Bartfasern am Winkel desselben sitzen.

Richter führt unrichtig unsern Fisch unter den Benennungen, Petermännchen und grosser Rothbart, als zwo verschiedene Gattungen auf p).

Gronov hält unrichtig den Barbus major des *Ray* für unsern Fisch q): jener gehört gar nicht in diese Abtheilung, sondern zu den Kehlflossern, und wie sich aus der dazu gehörigen Zeichnung ergiebet, ist er eine Schellfischgattung r).

---

a) Aquat. p. 173.
b) D. Pisc. P. I. p. 290.
c) Aquat. p. 236.
d) A. a. O.
e) S. N. p. 496.
f) Gen. p. 43. n. 2.
g) Syn. p. 72.
h) N. H. l. 9. c. 17.
i) Sat. IV.
k) lib. 7. epist. 96.
l) Serm. l. 2. v. 33.
m) Aquat. p. 176.
n) l. 7. p. 162.
o) A. a. O.
p) Ichth. S. 655.
q) Zooph. p. 85.
r) Gadus Luscus. L.

XIV. GESCHLECHT.
Die Seehähne.

ERSTER ABSCHNITT.

Von den Seehähnen überhaupt.

An den Brustflossen gegliederte Anhängsel.
Trigla appendicibus articulatis ad pinnas pectorales.

Trigla. *Linn.* S. N. gen. 172. p. 496.
— *Art.* gen. 32. p. 43.
— *Gron.* Muf. I. p. 42. Zooph. p. 84.
Cataphractus, Corryftion. *Klein.* Miff. Pifc. IV. p. 42. 45.

Cuculus, *Willughb.* Ichth. p. 278.
— *Ray.* Synopf. Pifc. p. 87.
Gurnard, *Penn.* Britt. Zool. III. gen. 32. p. 276.
Milan, *Gouan.* Hift. de Poiff. gen. 19. p. 104.
Seehähne, *Müller.* L. S. 4. Th. S. 272.

Die Fische, welche in dieses Geschlecht gehören, erkennet man an den gegliederten Anhängseln, die vor den Brustflossen sitzen, und mit diesen an einem gemeinschaftlichen Knochen befestiget sind. Diese Anhängsel sind von einander abgesondert, und nur bey den fliegenden durch eine Zwischenhaut verbunden. Sie bestehen aus mehreren kleinen Gelenken, und behalten eine jede Beugung, in welche man sie verfetzet, bey. Sie verdienen daher den Namen der Finger, welcher ihnen von mehreren Schriftstellern beygelegt worden ist. Ohnstreitig dienen diese Werkzeuge, ihnen, so wie die Bartfasern bey andern Fischen, zum Anlocken der Beute.

Der Körper dieser Fische ist keilförmig, der Kopf gross und der Schwanz schmal. Der erstere ist mit einem starken Knochen, gleich als mit einem Panzer, umgeben, welcher sich bey den mehresten am Genick und an den Seiten in zwo Spitzen endigt; dergleichen kleinere Spitzen sind auch bey verschiedenen an dem Vordertheile vorhanden, und an allen Fischen dieses Geschlechts erblickt man über den Augenhöhlen nach hinten zu gebogene Höcker. Die mit einer Nickhaut versehenen Augen sind grofs, rund und stehen in einer weiten Entfernung von der Mundöfnung nahe am Scheitel. Da der Knochen an den Augenhöhlen oben hervorstehet, so wird dadurch eine Furche gebildet; die Mundöfnung ist grofs, und die Kinnladen nebst dem Gaumen sind mit kleinen spizigen Zähnen bewafnet. Die Nasenlöcher sind doppelt und stehen nahe an den Augen; die Kiemendeckel bestehen aus einem einzigen gestrahlten und mit Stacheln versehenen Plättchen. Die Kiemenöfnung ist weit, und in der Kiemenhaut erblickt man sieben Strahlen. Der Rumpf ist mit kleinen Schuppen bedeckt und hat acht Flossen, davon zwo von schwarzer Farbe gewöhnlich an der Brust, eben so viel am Bauche und am Rücken, und eine am After und Schwanze sitzen. Von diesen sind die Bauch- und Brustflossen grofs, und die erste Rückenflosse stachlicht. Der Rücken ist gerade, und der Länge nach mit einer Furche versehen, welche auf beyden Seiten eine stachlichte Einfassung hat; die Seiten sind etwas zusammengedrückt, und die Seitenlinie, welche dem Rücken näher ist, als dem Bauche, gehet in einer geraden Richtung fort. Der Bauch ist dick und der After steht zwischen dem Kopf und Schwanze in der Mitte.

Diese Fische bewohnen die Nord- und Ostsee, ingleichen das mittelländische Meer und verschiedene Gegenden des Oceans, und gehören zu den fleischfressenden Wasserthieren. Wenn man sie angreift, so heben sie ihre Rückenflossen in die Höhe, und suchen mit den Stacheln denjenigen der sie hält zu verletzen und da sie zu gleicher Zeit den Bauch stark zusammenziehen; so sprizen sie das eingesogene Wasser und die Luft von sich, wodurch der knurrende Ton entsteht, welcher zur Benennung des Fisches Gelegenheit gegeben hat.

Dem *Aristoteles* waren bereits drey Arten bekannt, nemlich der fliegende a), der rothe Seehahn b) und die Seeleyer c). *Plinius* beschrieb zuerst die Seeleuchte d).

---

a) Trigla Volitans. L.
b) T. Cuculus. L.

c) T. Lyra. L.
d) T. Lucerna. L.

Athenaeus gedenkt zuerſt der Meerſchwalbe a), und *Bellon* beſchrieb den grauen Seehahn b) unter dem Namen Coccyx alter: *Rondelet* aber den zweyfingrigen c) und den liniirten d), welchen leztern in der Folge auch *Ray* e) und Herr *Pennant* f) beſchrieben haben. *Willughby* brachte dieſe Arten in ein Geſchlecht zuſammen g), verſah es aber darinn, daſs er ſie bis auf zehn vervielfältigte und dennoch den liniirten des *Rondelet* auslieſs. *Artedi* ordnete ſie ohne Grund mit den Meerbarben unter ein Geſchlecht, und nahm richtiger nur ſieben Arten an h), lieſs aber auch, wie ſein Vorgänger der *Willughby*, den liniirten aus: dieſes thut auch ſein Nachfolger der Ritter. *Klein* trennete ſie hierauf und rechnet ſie theils zu ſeinen geharniſchten, theils zu ſeinen Helmfiſchen i). Zu jenen gehören ſeine vierte, ſechſte bis eilfte, und zu letzteren die erſte bis ſechſte Species, welche insgeſamt dreyzehn Arten ausmachen. Er begieng einen doppelten Fehler, daſs er eines Theils dieſe Anzahl ohne Grund vermehrte, und andern Theils, daſs er diejenigen zu den Cataphractis zählt, welche nichts weniger als ganz geharniſcht ſind. *Linné* brachte ſie mit Recht, wie *Willughby*, in ein eigenes Geſchlecht, unter welchem er die angeführten zuſammenfaſste und dieſen noch den vierfingrigen k), und den kleinen fliegenden Seehahn hinzufügte, den *Browne* zuerſt durch eine Zeichnung bekannt gemacht l), an deren Stelle ich in der Folge eine ungleich beſſere aus dem *Plümier* geben werde.

Bey dem Karpfen-, Lachs- und Schollengeſchlecht habe ich bereits der Verwirrung gedacht, die in Anſehung ihrer bey den älteren Ichthyologen herrſcht: bey dieſem Geſchlecht iſt ſie noch ungleich gröſſer, indem verſchiedene Schriftſteller entweder mehrere Arten, als eine, oder eine als verſchiedene aufführen. Zu erſteren gehören *Jonſton* und *Gronov*, zu letzteren *Gesner*, *Aldrovand*, *Willughby* und *Klein*, wie ich ſolches bey der Beſchreibung der Gattungen durch Beyſpiele darthun werde. Auch Herr *Brünniche*, welcher zu Marſeille Ge-

---

a) T. Hirundo. L.
b) T. Gurnardus. L.
c) Lyra altera. P. I. p. 299. Cataphractus. L.
d) Mullus imberbis. l. c. p. 295.
e) Synopſ. Piſc. p. 165.
f) Britt. Zool. III. p. 281. n. 141.
g) Ichth. p. 278.
h) gen. p. 42.
i) Miſſ. Piſc. IV. p. 42. 45.
k) Aſiatica. S. N. p. 497. n. 7.
l) Nat. Hiſt. of Jamaica. p. 453. t. 47. n. 3.

legenheit hatte, verschiedene Arten an Ort und Stelle zu unterfuchen, bekennet, daſs er nicht wiſſe, ob er ſie richtig nach den Schriftſtellern beſtimmt habe a).

Ich habe mich indeſſen aus dieſer Verwirrung ſo viel als möglich herauszuhelfen geſucht, und hoffe ich die Schriftſteller durch die Originale, welche ich vor mir habe, berichtigen zu können.

In Anſehung der Griechen und Römer, welche die Fiſche weder genau beſchrieben, noch durch Zeichnungen kenntbar machen konnten, läſst ſich mit keiner Zuverläſsigkeit beſtimmen, ob ſie auch die Fiſche unter den bey den folgenden Schriftſtellern vorkommenden Benennungen aufgeführt haben; und da ſie uns auſserdem von der Naturgeſchichte dieſer Fiſche nichts beträchtliches hinterlaſſen haben; ſo iſt auch nicht viel dabey verloren, wenn man ſich in den Namen irren ſollte.

ZWEETER ABSCHNITT.
Von den Seehähnen insbeſondere.
DER GRAUE SEEHAHN.
LVIIIſte Taf.

Die Seiten ſchwarz und weiſs punktirt, die Seitenlinie breit und ſtachlicht. K. 7. Br. 10. B. 6. A. 17. S. 9. R. 7 — 19.

1. Der graue Seehahn.

Trigla lateribus nigris albisque punctatis, linea laterali lata aculeataque. Br. *VII.* P. *X.* V. *VI.* A. *XVII.* C. *IX.* D. *VII* — *XIX.*

Trigla gurnardus, T. digitis ternis, dorſo maculis nigris, rubrisque. *Linn.* S. N. p. 497. n. 3.
— — digitis ternis, linea laterali pinnata, radio dorſali primo untice ſerrato, pinnis pectoralibus ſubtus nigris. *Brünn.* Piſc. Maſſ. p. 74. n. 90.
Trigla varia, roſtro diacantho, aculeis geminis ad utrumque oculum. *Art.* gen. p. 46. n. 8. Syn. p. 74. n. 8.

Trigla dorſo ad pinnas carinato, ſcabro: linea laterali aſpera, in cauda truncata bifida: pinnis pectoralibus albeſcentibus. *Gron.* Zooph. p. 84. n. 283. Muſ. I. p. 44. n. 101.
Coryſtion gracilis; griſeus; pinna ventrali carens; duabus pinnis gutturalibus totidemque branchialibus gaudens. *Klein.* Miſſ. Piſc. IV. p. 40. n. 5. t. 14. f. 3.
Coccyx alter. *Bellon.* Aquat. p. 204.
Cuculus. *Charlet.* Onom. p. 139. n. 3.

---

a) Piſc. Maſſ. p. 78.

The Grey Gurnard.	*Willughb.* Ichth. p. 279.	The Grey Gurnard. *Penn.* B. Z. III. p. 276. n. 137.
— — —	t. S. 2. f. 1.	Kirlanidfj - Balük. *Forskaöl.*Defcr.Anim.p.16.n.32.
— — —	*Ray.* Synopf. Pifc. p 86.	Der Kirrhahn. *Müller.* L. S. 4. Th. S. 274.

Die breite, rauhe Seitenlinie, und der fchwarze mit weifsen Punkten verfehene Rücken und Seiten unterfcheiden diefen Fifch von den übrigen feines Gefchlechts. In der Kiemenhaut befinden fich fieben, in der Bruftfloffe zehn, in der Bauchfloffe fechs, in der Afterfloffe fiebenzehn, in der Schwanzfloffe neun, in der erften Rückenfloffe fieben und in der zwoten neunzehn Strahlen.

Der Körper diefer Gattung ift geftreekt und der Kopf gröfser als bey den übrigen. Der Knochen über der Oberlippe hat vorn einen Einfchnitt, auf deffen beiden Seiten drey bis vier Spitzen befindlich find. Die Mundöfnung ift grofs und eine jede Kinnlade mit kleinen fpizigen Zähnen befetzt. Auf den Backen erblickt man filberfarbige Strahlen, zwifchen welchen die röthliche Farbe durchfcheinet. Der Kiemendeckel endigt fich, fo wie der Bruftknochen, in eine Spitze. Die Augen find grofs, ihr Stern fchwarz und mit einem filberfarbigen Ringe umgeben; zwifchen diefen und den Nafenlöchern bemerkt man eine längliche Furche. Den Rumpf bedecken kleine weifse Schuppen, mit einer fchwarzen Einfaffung, und die Seitenlinie beftehet aus grofsen, dicken, ftachlichten Schuppen, welche in der Mitte fchwarz und am Rande weifs find. Die Farbe des Bauches ift röthlich und der After dem Kopfe näher, als der Schwanzfloffe. Von den Floffen find die an der Bruft und am Schwanze fchwärzlicht, am Bauche weifs und am Rücken und After grau, ins röthliche fpielend. Die erfte Rückenfloffe hat einige weifse Flecke und die Strahlen in fämtlichen Floffen find länger als die Haut, welche fie verbindet.

Wir finden diefen Fifch in der Nord - und Oftfee, im mittelländifchen Meere und an den englifchen Küften. Ich habe ihn aus Hamburg und auch aus Lübeck von meinem würdigen Freund, dem Herrn Dr. *Walbaum* erhalten, wo er gewöhnlich einen und einen halben Fufs lang angetroffen wird; in England hingegen ift er faft noch einmal fo grofs.

Er hält fich gemeiniglich in der Tiefe auf, wo er Krebfe und Mufcheln auffucht. Seine Laichzeit fällt in den May und Jun, zu welcher Zeit er fich an die Küften begiebt und dafelbft fein Gefchlecht fortpflanzt. Er laichet mehrentheils an den flacheren Stellen und da er sich außer dieser Zeit, wie erwähnt, gewöhnlich in der Tiefe aufhält; so bemächtiget man sich seiner mit der Grundschnur, und wird derselbe durch ein Stück Fisch, oder einen rothen Lappen angelockt. Er läßt sich indessen auch manchmal an der Oberfläche des Wassers sehen, wo man ihn denn mit Netzen fängt. Dieser Fisch hat ein derbes, wohlschmeckendes Fleisch, welches mit einer Butterbrühe, oder mit Senf und zergangener Butter, genossen wird.

Im Hollsteinschen, in der Gegend von Kiel wird er *Schmiedeknecht*, von Heiligeland aber *Seehahn*, *Kurre* und *Kurrefisch*; in Holland *Knoorhaan*; in England *Gurned* und *Grey Gurned*; in Frankreich *Gurneau* und auf der Insel Malta *i Tigiega* genannt.

Die Leber ist blaß- die Milz dunkelroth und der Magen dickhäutig. Der Darmkanal hat viele Beugungen und am Anfange mehrere Anhängsel; die Gallenblase ist klein, gelblicht und durchsichtig.

Bellon beschrieb diesen Fisch, wie erwähnt, zuerst; in der Folge gedachte *Charleton* seiner, jedoch nur mit wenigen Worten, unter dem Namen Cuculus a) und der englischen Benennung Gurned und Grey gurned; hierauf beschrieb ihn *Willughby* genau b) und lieferte davon eine Zeichnung, worauf aber die Bauch- und Afterflossen fehlen. Hierdurch wurde *Klein* verleitet, zu sagen: daß dieser Fisch keine Bauchflossen habe c), ohngeachtet *Willughby* die Anzahl, Gestalt und Lage der Flossen eben so, wie bey den übrigen Seehähnen, angiebt. Nach dem *Linné* bewohnet dieser Fisch das brittannische Meer d), und wie oben erwähnt, so findet man ihn auch in der Ostsee ohnweit Lübeck, in der Nordsee bey Heiligeland und im mittelländischen Meere um Marseille e), und wenn er die rothen Flecke mit zum Merkmale macht; so muß ich bekennen, daß ich sie an dem meinigen nicht wahrgenommen habe.

Wenn *Artedi* diesen Fisch durch den zweyeckigten Schnabel und durch die zwo Stacheln am Auge zu bestimmen suchet f); so sind diese Merkmale unzulänglich, da sie bey noch anderen statt finden.

---

a) Onom. p. 139.
b) Ichth. p. 279. t. S. 2. f. 1.
c) Miss. Pis. IV. p. 46. n. 5.
d) S. N. p. 197. n. 3.
e) Brünn. Pisc. Mass. p. 74. n. 90.
f) Syn. p. 74. n. 8.

DER ROTHE SEEHAHN.

LIXſte Taf.

2. Der rothe Seehahn.

Der Körper roth, ein ſchwarzer Fleck in der erſten Rückenfloſſe. K. 7. Br. 10. B. 6. A. 12. S. 15. R. 10 — 18.

Trigla corpore rubro, macula nigra in pinna dorſali prima. Br. VII. P. X. V. VI. A. XII. C. XV. D. X — XVIII.

Trigla Cuculus, T. digitis ternis, linea laterali mutica. *Linn.* S. N. p. 497. n. 4.
— tota rubens, roſtro parum bicorni, operculis branchiarum ſtriatis. *Art.* gen. p. 43. n. 7. Syn. p. 74. n. 7.
Coryſtion capite conico; in cujus apice truncato, os parvum quaſi tubuloſum, appendicibus tribus utrinque; duabus pinnis gutturalibus totidemque dorſalibus gaudens, nigra macula in antecedenti; unica pinna ventrali, poſt anum. *Klein.* M. P. IV. p. 46. n. 6. t. 4. f. 4.
Ο'Χοχχυξ, *Ariſt.* H. A. l. 4. c. 9. l. 8. c. 13.
Ο'Χοχχυξ, *Aelian.* l. 10. c. 11.
Coccyx, ſive cuculus. *Bellon.* Aquat. p. 104.
Cuculus. *Rond.* de Piſc. P. I. p. 287.
— *Gesn.* Aquat. p. 305. Thierb. S. 17. b. Icon. anim. p. 31.
— *Jonſt.* de Piſc. p. 64. t. 17. f. 11.
Red Gurnard or Rotchet. *Willughb.* Ichth. p. 281.
— — — *Ray.* Synopſ. Piſc. p. 89.
— — — *Penn.* B. Z. III. p. 278. n. 138. pl. 57.
Rouget ou Morrude, Cours d'Hiſt. Nat. t. V. p. 149.
Galline, Gallinette vel Linette. *Brünn.* P. M. p. 77.
Der Seekuckuck. *Müller.* L. S. 4. Th. S. 275.

Die ſchöne rothe Farbe, womit dieſer Fiſch pranget, und der ſchwarze Fleck in der erſten Rückenfloſſe unterſcheiden ihn hinlänglich von den übrigen ſeines Geſchlechts. In der Kiemenhaut befinden ſich ſieben, in der Bruſtfloſſe zehn, in der Bauchfloſſe ſechs, in der Afterfloſſe achtzehn, in der Schwanzfloſſe funfzehn, in der erſten Rückenfloſſe zehn und in der zwoten achtzehn Strahlen.

Er hat, ſo wie der vorhergehende, einen ſchlanken Körper: jedoch iſt der Kopf und die Mundöfnung kleiner, der Einſchnitt vorne weniger tief, und die vier Spitzen ſind kürzer als bey jenem. Die Naſenlöcher ſind doppelt, ſtehen nahe am Munde und der ſchwarze Augenſtern iſt mit einem ſilberfarbenen Ringe umgeben. Der Rumpf iſt am Rücken und auf den Seiten roth und weiſs punktirt; der Bauch ſilberfarbig und der ganze Rumpf mit kleinen Schuppen bedeckt. Die Seitenlinie beſteht aus ſtarken, breiten und ſilberfarbigen ſchwarz eingefaſsten Schuppen; die Bruſt- und gabelförmige Schwanzfloſſe ſind röthlicht, die Bauch- und Afterfloſſe weiſs, die Rückenfloſſe ebenfalls weiſs und orange gefleckt und die Seiten durchaus roth.

Wir treffen dieſen Fiſch mit dem vorhergehenden in einerley Gewäſſern und auch am Vorgebürge der guten Hofnung, ſo, wie auch an anderen Stellen des Weltmeeres an. Er wird nicht über einen Fuſs lang; ſeine Farbe iſt ungemein anmuthig, da ſein rother Rücken gegen den ſilberfarbigen Bauch ſehr gut abſticht. Dies machte daher einen um ſo ſtärkern Eindruck auf mich, da er in dieſem reizenden Gewand aus dem Rachen eines groſsen Fiſches a), welchen ich aus Hamburg erhielt, ganz unverſehrt herausgenommen wurde.

Dieſer Fiſch gehöret unter die Räuber und verzehret alles was ihm entgegen kommt. Im Frühjahr erſcheinet er an den Küſten, um ſeinen Laich abzuſetzen: da er aber auſſer dieſer Zeit in der hohen See ſich aufhält; ſo war *Ariſtoteles* zweifelhaft, ob er ihn zu den Uferfiſchen, oder zu denen, welche in der hohen See bleiben, zählen ſollte b). Man fängt ihn gleichfalls häufig mit der Grundſchnur und nur ſelten mit dem Netze. Sein Fleiſch iſt weit zarter und derber, als das Fleiſch des vorhergehenden, und ſoll der Fiſch davon den Namen Capone, welchen er in Rom führet, erhalten haben c); es wird jedoch vom *Galeu* zu den harten und unverdaulichen Speiſen gerechnet d). In Italien wird er gewöhnlich, nachdem er längs dem Rücken geſpalten iſt, auf einem Roſt gebraten und mit Citronenſaft beſprengt, genoſſen. Dieſe Methode war, wie *Athenaeus* erzählt, ſchon bey den Griechen im Gebrauch e), welche von ihnen ohnſtreitig auf die Römer gekommen; ſonſt wird er auch aus Salzwaſſer gekocht, und mit zergangener Butter oder friſchem Oehl verzehret.

Die inneren Theile ſind von eben der Beſchaffenheit, als bey dem vorhergehenden.

In Deutſchland heiſt dieſer Fiſch *der rothe Seehahn*; in Holland *Hunche*; in England *the red Gurnard* und *Rotchet*, in Frankreich *Rouget* und *Morrude*, in Languedoc *Perlon*; in Montpellier *Perlon* und *Rondelle*; in Marſeille beſonders *Linette*, *Galline* und *Gallinette*; in Rom *Capone*; in Genua *Organo*; in Neapel und in Sicilien *Cocco* und *Cochon*; in Venedig *Lucerna* und auf der Inſul Malta *Triglia*.

Bellon hat dieſen Seehahn zuerſt beſchrieben und eine Zeichnung davon geliefert f); aber eben ſo wie ſeine Nachfolger die Bauchfloſſe unangezeigt gelaſſen.

---

a) Gadus Merlangus. L.
b) Hiſt. Anim. l. 8. c. 13.
c) *Bellon.* Aquat. p. 206.
d) De Alim. l. 2.
e) l. 7.
f) Aquat. p. 206.

DIE SEESCHWALBE.

LXſte Taf.

3. Die See-
ſchwalbe.

Die Bruſtfloſſe breit. K. 7. Br. 10. B. 6. A. 14. S. 16. R. 8. 15.
Trigla pinnis pectoralibus latis. Br. *VII.* P. *X.* V. *VI.* A. *XIV.* C. *XVI.* D. *VIII.* XV.

Trigla Hirundo. T. digitis ternis, linea laterali
    aculeata. *Linn.* S. N. p. 497. n. 6.
— — *Müller.* Prodr. p. 47. n. 400.
— capite aculeato, appendicibus utrinque tri-
    bus ad pinnas pectorales. *Arted.* gen.
    p. 44. n. 4. Syn. p. 73. n. 4.
— dorſo ad pinnas carinato ſcabro; linea la-
    terali laevi, in cauda truncata bifida, pinnis
    pectoralibus amplis, nigricantibus. *Gronov.*
    Zooph. p. 84. n. 284. Muſ. I. p. 44. n. 10.
Coryſtion ventricoſus; ore ſimplici, denticu-
    lato; praeter alas, duabus pinnis guttura-
    libus, cum appendicibus trium digitorum,
    ventrali pinna longa poſt habita et duabus
    dorſalibus inſtructus. *Klein.* M. P. IV. p. 45. n. 3.

Corvus. *Plin.* Hiſt. Nat. l. 32. c. 11.
— *Salv.* Aquat. p. 194.
Hirundo prior. *Aldr.* de Piſc. p. 135.
Corax. *Rondeletii. Gesn.* Aquat. p. 299. Thierb. S. 21.
— ſeu Corvus. *Jonſt.* p. 98. t. 22. f. 1.
The Tub - Fiſh. *Willughb.* Ichth. p. 280.
The Tub - Fiſh. *Ray.* Synopſ. Piſc. p. 88.
— Sapphirine Gurnard. *Penn.* Britt. Zool. III.
    p. 280. n. 140. Pl. 56.
La Cabote. *Rondel.* de Piſc. P. I. p. 396.
i Tigiega. *Forskaöl.* Deſcr. Anim. p. 18.
Söhane, Soekok. *Pontopp.* Dän. S. 189.
Knorrhane, Knoding, Knot, **Schmed.** Fauna
    Suec. p. 120. n. 340.
Die Meerſchwalbe. *Müller.* L. S. 4. Th. S. 277.

    Dieſer ſchöne Seehahn unterſcheidet ſich durch ſeine eben ſo lange als breite Bruſt-
floſſen. In der Kiemenhaut ſind ſieben, in der Bruſtfloſſe zehn, in der Bauchfloſſe ſechs,
in der Afterfloſſe vierzehn, in der Schwanzfloſſe ſechzehn, in der erſten Rückenfloſſe acht
und in der zwoten funfzehn Strahlen befindlich.

    Der Kopf iſt groſs und endigt ſich vorn und hinten in kurze Spitzen; jedoch iſt der
Ausſchnitt zwiſchen den Stacheln vorn etwas breiter als beym vorhergehenden, mit welchem
er im übrigen in Anſehung der Bildung des Kopfes übereinkommt. Der Augenſtern iſt
ſchwarz, der Ring um ſelbigen ſilberfarbig und ſchielet ins rothe. Den Rumpf decken ſehr
kleine Schuppen. Der Rücken und die Seiten ſind braun, ſpielen ins violette, und der
Bauch hat eine Silberfarbe. Der After ſteht dem Kopfe näher, als bey dem vorhergehenden;
ſo wie auch bey dieſem die Seitenlinie und die beyden rauhen Linien am Rücken ſchmäler
ſind. Die Bruſtfloſſen ſind bey dem Fiſch, welchen ich vor mir habe, von violetter Farbe,

und reichen bis an die zwote Rückenfloſſe, und ihre Strahlen endigen ſich, eben ſo wie die in der Bauchfloſſe, in vier Spitzen; dahingegen ſie bey dem vorigen gabelförmig waren. Die Schwanzfloſſe iſt bräunlich, nur wenig ausgeſchnitten und hat vielzweigige Strahlen. Die übrigen Floſſen ſind weiſs und haben einfache und weiche Strahlen: nur die in der erſten Rückenfloſſe ſind hart.

Wir treffen dieſen Fiſch in der Nord- und Oſtſee, ſo wie auch in dem mittelländiſchen Meere nur einzeln, bey Jüttland hingegen häufiger an. Denjenigen, wovon ich hier eine Zeichnung liefere, erhielt ich aus Hamburg, unter der allgemeinen Benennung Knurrhahn. Er wird zwey bis drey Pfund ſchwer, hält ſich in den Tiefen der hohen See auf, lebt von Fiſchen, Krebſen, Muſcheln und Schnecken, und ſchwimmt überaus ſchnell, wobey ihm ſeine groſſe Bruſtfloſſen ungemein zu ſtatten kommen müſſen.

Dieſer Fiſch wird mit der Grundſchnur gefangen, und auf verſchiedene Arten zur Speiſe zubereitet. In Dännemark wird er eingeſalzen, an der Luft getrocknet und zur Schiffsproviſion gebraucht. Jedoch iſt ſein Fleiſch härter als das von dem vorhergehenden. Wenn man ihn angreift; ſo giebt er einen Ton von ſich, welcher veranlaſſet hat, daſs ihm die Alten den Namen Raabe (Corvus) beylegten. Beym Abſterben ſoll er, nach der Beobachtung des Ritters, eine krampfhafte oder zitternde Bewegung machen a).

In Deutſchland wird dieſer Fiſch *Knurrhahn*; in Dännemark *Soe-Hane*, *Knurrhane*; in Norwegen *Riot*, *Omkar-Riot*, *Knorr*, *Soehane*, *Soekok*; in Schweden *Knorrhane*, *Knoding*, *Knot*, *Schmed*; in England *Tub-Fiſch* und *Sapphirine Gurnard*; in Frankreich *Cabote* und in Bourdeaux beſonders *Perlon*; in Rom *Capone* und auf der Inſul Malta *i Tigiega* genannt.

Die inneren Theile ſind mit denen vom grauen Seehahn von einerley Bildung.

Salvian und *Rondelet* haben ihn zu gleicher Zeit beſchrieben und abgebildet, erſterer unter dem Namen Corvus b) und lezterer unter der Benennung Corax c).

Willughby führt unſern Fiſch als zwo verſchiedene Gattungen auf, erſtlich als Corax des *Rondelet* und hernach als Hirundo des *Aldrovand* d); jedoch wird man bey einer näheren Vergleichung der Zeichnungen, mit der Beſchreibung des lezteren, leicht gewahr, daſs

---

a) Fauna Suec. p. 120. n. 340.
b) Aquat. p. 194.
c) De Piſc. P. I. p. 396.
d) Ichth. p. 280.

beyde auf einen Fisch gehen. Die Stacheln am Kopfe und die drey Anhängsel bey den Brustflossen, wodurch *Artedi* diesen Fisch bezeichnen will a), sind für ein Unterscheidungsmerkmal viel zu allgemein. Eben so unzureichend ist das Kennzeichen der flachlichten Seitenlinie und der drey Finger, welche *Linné* angiebt b), weil auch mehrere Seehühne dieses mit ihm gemein haben. Diese beyden grossen Ichthyologen führen die Seeschwalbe des *Jonston* auf der 17ten Tafel Fig. 8. 9. unrichtig zu unserm Fisch an c); denn jener ist der fliegende Hering, wie man solches aus seinem glatten und kleinen Kopfe, der einzigen Rückenflosse und dem Stand der Bauchflosse erkennet. Nach dem *Pontoppidan* soll dieser Fisch bey vorstehender stürmischen Witterung über das Wasser in die Höhe springen und wie ein Hahn krähen d); ein Umstand, den man unstreitig als eine blosse Fischernachricht anzusehen hat. Ob die vom Herrn *Brünniche* beschriebene Seeschwalbe mit der unsrigen einerley sey e), kann ich nicht mit Gewißheit bestimmen, weil bey seinem Fische der Rücken und die Brustflosse roth sind. Herr *Pennant* giebt die blasgrüne und dunkelblaugefleckte Brustflosse als einen Charakter an f), welcher mir aber sehr unsicher vorkommt. *Gronov* hält unsern Fisch und die Seeleuchte nur für eine Gattung g), worinn er nicht unrichtig geurtheilet zu haben scheinet, und eine genauere Untersuchung der Natur mehrere Gewißheit geben muß, da man solche bey den Schriftstellern vergeblich suchet.

---

a) Syn. p. 73. n. 4.
b) S. N. p. 497. n. 6.
c) Faun. Suec. p. 120. *Arted.* l. c.
d) Dän. p. 189. n. 23.
e) Pisc. Mass. p. 77. n. 93.
f) Britt. Zool. III, p. 281.
g) Zooph. p. 84.

DRITTE ABTHEILUNG.
Kehlflosser, *Jugulares.* *)

Diejenigen Fische, deren Bauchflossen an der Kehle und folglich der Mundöfnung näher als die Brustflossen sitzen, sind unter dem Namen *Kehlflosser* bekannt.

Diese Abtheilung bestehet nur aus fünf Geschlechtern, welche nach dem Ritter nicht mehr als fünf und dreissig Arten enthalten, und die, bis auf einige wenige, Bewohner der Salzwasser sind. Die mehresten davon leben in den europäischen Gewässern. Die Nord- und Ostsee enthält obngefehr sechzehn Arten, wovon mir bishero nur zwölfe zu Theil geworden sind, welche ich hier abhandeln werde.

---

*) So gern ich auch die einmal angenommene Benennungen beybehalte; so glaube ich doch von der im Müllerschen *Linné* abgehen zu müssen; da bey den Fischen der Kopf unmittelbar am Rumpfe sitzt und ihnen der verengerte Theil, welchen man Hals nennet, gänzlich fehlet. Ich halte demnach diese Benennung für schicklicher, als den Namen *Halsflosser.*

XV. GESCHLECHT.

Die Petermännchen.

ERSTER ABSCHNITT.

Von den Petermännchen überhaupt.

Der After nahe an der Bruft. *Anus prope pectus.*

Trachinus. *Linn.* S. N. gen. 153 p. 435.
— *Art.* gen. 31. p. 41.
— *Gron.* Muf. I. p. 42. Zooph. p. 80.
Draco. *Willughb.* Ichth. p. 288.
— *Ray.* Synopf. Pifc. p. 91.

Coryftion. *Klein.* Miff. Pifc. IV. p. 46.
La Vive. *Gottan.* Hift. de Poiff. gen. IV. p. 102. 117.
Weever. *Penn.* Britt. Zool. III. gen. 18. p. 169.
Petermännchen. *Müller.* L. S. 4. Th. S. 75.

  Den in der Nähe der Bruft befindlichen After kann man als ein ficheres Merkmal betrachten, die Fifche diefes Gefchlechts von den übrigen diefer Abtheilung zu unterfcheiden.

  Der Körper ift geftreckt, auf beyden Seiten ftark zufammengedrückt und mit kleinen rundlichen Schuppen bedeckt, welche leicht abfallen. Der Rumpf ift mit acht Floffen verfehen, wovon am Rücken, an der Bruft und dem Bauche zwo und am After und Schwanze eine befindlich find; der Rücken ift gerade und mit ihm läuft die Seitenlinie in einer parallelen Richtung fort.

  Ariftoteles gedenkt bereits des Petermännchens a) und *Plinius* auch der Seefpinne b). *Salvian* befchrieb zwo Arten von Petermännchen und gab davon eine Zeichnung c). *Rondelet,*

---

a) H. A. l. 8. c. 13.   b) N. H. l. 9. c. 48.   c) Aquat. p. 71.

welcher zu gleicher Zeit schrieb, gedenkt indessen nur des Petermännchens a); *Salvian* aber zweener b), dem auch *Gesner* c) folgte. *Aldrovand* vervielfältigte sie ohne Grund auf vier d) und *Willughby* e) nimmt auch den Liqui des *Marggraf*, den ich aber wegen des Standes der Bauchflossen lieber mit dem *Piso* f) für eine Heringsart halte, mit auf. *Ray* nimt nicht nur die drey des *Willughby*, sondern führet auch den Draco der Alten als zwo besondere Gattungen an g); *Artedi*, der nur eine und eine Nebengattung annimt h), bringt sie mit dem Himmelschauer i) unter ein Geschlecht; *Linné* aber hat nur eine Gattung von Petermännchen und bringt mit Recht sowol diese, als den Himmelschauer, in zwey besondere Geschlechter k); darauf folgte Herr *Brünniche* l) dem *Artedi* und Herr *Pennant* m) dem *Linné*. Da ich indessen nicht mehr als einen einzigen Fisch dieser Art besitze; so werde ich mein Urtheil so lange zurückhalten, bis ich Gelegenheit habe, die übrigen kennen zu lernen.

ZWEETER ABSCHNITT.
Von den Petermännchen insbesondere.

DAS PETERMÄNNCHEN.

LXIste Taf.

Die untere Kinnlade hervorstehend, fünf Stacheln in der ersten Rückenflosse. K. 6. Br. 16. B. 6. A. 25. S. 15. R. 5. 24.

1. Das Petermännchen.

Trachinus maxilla inferiore longiore, radiis V. in pinna dorsali prima. Br. VI. P. XVI. V. VI. A. XXV. C. XV. D. V. XXIV.

R 2

---

a) De Pisc. P. I. p. 300.
b) Aquat. p. 71.
c) Aquat. p. 78.
d) De Pisc. p. 91. 256.
e) Ichth. p. 289.
f) H. N. Ind. Utriusq. p. 60.

g) Synops. Pisc. p. 91. n. 4. 8.
h) Syn. p. 71.
i) Uranoscopus. L.
k) S. N. gen. 152. 153.
l) Pisc. Mass. p. 20.
m) Britt. Zool. III. p. 171.

Trachinus Draco. *Linn.* S. N. p. 435. n. 1.
— — *Müller.* Prodr. p. 41. n. 309.
— maxilla inferiore longiore, cirris deftituta. *Art.* gen. p. 42. n. 1. Syn. p. 70. n. 1.
— *Gron.* Muf. I. p. 42. n. 97. Zooph. p. 80. n. 274.
— Draco, capitis lateribus compreffis; vertice fcabro depreffo, ano capiti vicino. *Brünn.* Pifc. Maff. p. 19. n. 30.
Coryftion fimplici galea in unicum cufpidem retrorfum excunte utrinque; cirris carens. *Klein.* Miff. Pifc. IV. p. 46. n. 9.
ὁ Δρἀκων, *Arift.* Hift. Anim. l. 8. c. 13.
Draco marinus. *Plin.* Nat. Hift. l. 9. c. 27. Araneus. l. 9. c. 48.
— — *Bell.* Aquat. p. 215.
— — *Salv.* — p. 71.

Draco marinus. *Rondel.* de Pifc. P. I. p. 301.
— five Araneus. *Gesn.* Aquat. p. 77. 78. 89. Icon. Anim. p. 83. Draco major et minor. Thierb. S. 43.
— marinus. *Jonfton.* de Pifc. p. 91. t. 21. f. 2. 3. 5.
— — *Charlet.* Onom. p. 146.
— — *Aldrov.* de Pifc. p. 256. 258.
Fiärfing. *Pontopp.* Dän. S. 186.
La Vive ou Dragon de mer, Cours d'Hift. Nat. t. V. p. 154.
The Wever. *Penn.* Britt. Zool. III. p. 169. n. 71. pl. 28.
— — *Willughb.* Ichth. p. 288. t. S. 10. f. 1.
Otter-Pirk. *Ray.* Synopf. Pifc. p. 91. n. 4. 5.
Das Petermännchen. *Schonev.* Ichth. S. 17.
— — *Müller.* L. S. 4. Th. S. 75.

Der hervorftehende Unterkiefer und die fünf Strahlen in der erften Rückenfloffe dienen diefem Fifch zum charakteriftifchen Kennzeichen. In der Kiemenhaut find fechs, in der Bruftfloffe fechszehn, in der Bauchfloffe fechs, in der Afterfloffe fünf und zwanzig, in der Schwanzfloffe funfzehn, in der erften Rückenfloffe fünf und in der zwoten vier und zwanzig Strahlen.

Der Kopf ift von mitlerer Gröfse, die Mundöfnung weit und ftehet fchief; beyde Kinnladen find mit fpitzigen Zähnen befetzt und die Zunge zugefpitzt. Die Augen ftehen am Scheitel ohnweit der Mundöfnung nahe beyfammen, und zwifchen ihnen erblicket man oberwärts eine Furche. Der Stern ift fchwarz und der Ring gelb und fchwarz punktirt. Am Kiemendeckel fällt eine Stachel fehr deutlich in die Augen. Die Kiemenöfnung ift weit, der Rücken gerade, gelbbraun gefärbt und die Seiten, welche unter der Linie und am Bauche filberfarbig find, find mit fchicflaufenden bräunlichen Linien gezieret. Die erfte Rückenfloffe ift fchwarz und mit fünf fteifen Stacheln verfehen, an welchen man fich leicht verletzen kann; ob fie aber eine giftige Eigenfchaft haben, wie *Plinius* vorgiebt a) und mehrere Ichthyologen behaupten, ift um fo mehr zu bezweifeln, da die vorgefchlagene Gegenmittel eben diejenigen find, welche man bey einer jeden andern von einem fpitzigen Körper entftandenen Verletzung zu gebrauchen pfleget, dafs man nemlich, um einer Entzündung vorzubeugen, den verletzten Theil erweitert. Die englifchen Fifcher pflegen den verwundeten Theil mit warmen Harn zu benetzen und naffen Seefand umzufchlagen b); die franzöfifchen hingegen bedienen fich der grünen Blätter des Liebftengels c). Die Berichte, die der Ritter über diefe Eigenfchaft eingezogen, entfcheiden nichts d). Sämtliche Floffen find bis auf die Bruft- und Schwanzfloffen klein und haben vielzweigigte Strahlen. Da diefer Fifch ein überaus zähes Leben hat und, wenn er gegriffen wird, fich ftark fträubet; fo mufs man fich wohl in Acht nehmen, dafs man von den fteifen Stacheln nicht geftochen wird, welche auch nach dem Tode des Fifches noch verletzen können. Dies hat in Frankreich zu ein Polizeygefetz Anlafs gegeben, vermöge deffen diefe Fifche nicht mit dem Stachel verkauft werden dürfen e).

Diefer Fifch, welcher nicht über einen Fufs lang wird, ift in der Oft- und Nordfee und vorzüglich häufig um Holland und Oftfriefsland, auch im mittelländifchen Meere und in verfchiedenen Gegenden des Oceans zu Haufe; gewöhnlich hält er fich in der Tiefe auf und kömmt zur Laichzeit im Jun an die flachen Stellen. *Ariftoteles* gefellet ihn daher mit Recht den Uferfifchen zu f). In diefem, fo wie auch im folgenden Monat wird er, befonders in Holland, mit Netzen und Reufen häufig gefangen.

Das Petermännchen hat ein fehr wohlfchmeckendes Fleifch, welches leicht zu verdauen ift und von den Holländern für einen Leckerbiffen gehalten wird. Man kocht denfelben, nachdem ihm zuvor der Kopf und die nahe fitzenden Stacheln abgefchnitten worden, gewöhnlich in Salzwaffer und verfpeifet ihn entweder mit einer holländifchen oder Sardel-

---

a) Seine Worte find: Peftiferum animal fit Araneus, fpinae in dorfo aculeo noxius. l. 9. c. 48.
b) *Penn.* Britt. Zool. III. p. 170.
c) Folia lenifci. *Rondel.* de Pifc. P. I. p. 304.
d) W. Goth. Reife. S. 203.
e) *Bomare.* Dict. t. IV. p. 123.
f) Hift. Anim. l. 8. c. 13.

lenbrühe. Dieser Fisch lebt von Wasserinsekten und der Bruth anderer Fische, von Schnecken und Krebsen; seine Feinde sind, wenn er noch jung ist, alle übrige fleischfressende Wasserbewohner.

Der Magen ist weit, die Gallenblase grofs und der Darmkanal kurz und hat an seinem Anfange acht Anhängsel.

In Deutschland heifst dieser Fisch *Petermännchen* und bey den Heiligeländer Fischern *Schwerdtfisch*; in Dännemark *Fiaerfsng*, *Snerd-Fisk*, *Steen-Bikker*, *Muller*; in Norwegen *Petermand*, *Söe-Drage*; in Schweden *Fiärsing*, *Fiassing*; in Frankreich *la Vive* oder *Dragon de mer*; in Marseille besonders *Arango*; in Italien *Trascina* und *Pesce Ragno*; in Rom besonders *Tragina*; in Spanien *Pesce Arana*; in England *Weever*, *Sea-dragon*, *Otter-Pick* und in Holland *Pietermann*.

Gronov führt den Himmelschauer des *Rondelet* und des *Gesner* unrichtig zu unserm Fisch an a); und dafs *Aldrovand* und *Ray* aus demselben mehrere Arten machen, ist bereits oben erinnert worden.

Der Verfasser des Cours d'Histoire Naturelle irret, wenn er die gedachten furchtbaren Stacheln an die Nasenlöcher versetzt b). Wenn *Aelian* vorgiebt, dafs dieser Fisch beym Verwunden mit seinen Stacheln ein Gift von sich gebe, so widerspricht ihm wie gedacht die Erfahrung; und wenn er sagt, dafs dieser Fisch, wenn man ihn mit der rechten Hand aus dem Wasser ziehen wolle, einen grofsen Widerstand leiste, der linken aber sehr leicht nachgebe c), so gehört dieses eben sowol zu den Unrichtigkeiten jener Zeit, als wenn *Gellius* behauptet, dafs wenn man während der Laichzeit von diesem Fische gestochen würde, sich in der Wunde kleine Fische erzeugeten d). Auch möchte wohl der Knochen dieses Fisches, wenn man das Zahnfleisch bey Zahnschmerzen damit aufritzet, nicht mehr als ein jedes anderes schneidendes Werkzeug lindern, wie uns jenes *Plinius* versichert e). *Salvian* spricht unrichtig unserm Fisch die Schuppen ab f).

a) Zooph. p. 80. n. 274.
b) t. V. p. 155.
c) l. 5. c. 28.
d) Beym *Aldrov.* de Pisc. p. 257.
e) Nat. Hist. l. 32. c. 7.
f) Aquat. p. 72. b.

XVI. GESCHLECHT.
Die Schellfische.

ERSTER ABSCHNITT.
Von den Schellfischen überhaupt.

Die Bauchflossen in eine Spitze auslaufend.

Gadus pinnis ventralibus in acumen attenuatis.

Gadus. *Linn.* S. N. gen. 154. p. 435.
—— *Art.* gen. 16. p. 19.
—— *Gronov.* Muf. I. p. 20. Muf. II. p. 14. Zooph p. 97.
Enchelyopus. *Klein.* Miff. Pifc. IV. p. 57. Callarias. Mff. Pifc. V. p. 4.
Afellus. *Willughb.* Ichth. p. 165. Muftela. p. 121.

Afellus. *Ray.* Synopf. Pifc. p. 53. Muftela. p. 67.
Le Merlan. *Goüan.* Hift. de Poiff. p. 106. 179.
La Morhue. *Duhamel.* Traité des l'êches. t. 11. p. 36.
The Cod-Fifh. *Penn.* Britt. Zool. III. gen. 19. p. 172.
Cabeljaue. *Müller.* L. S. 4. Th. S. 78.

Die Fische dieses Geschlecht unterscheiden sich durch die schmale in eine dünne Spitze auslaufende Bauchflossen von den übrigen dieser Ordnung.

Der Körper ist länglich, dick, mit kleinen glatten leicht abfallenden Schuppen bedeckt und auf beyden Seiten etwas zusammengedrückt. Der Kopf ist länglich, keilförmig und mit einer breiten Stirn versehen; die Mundöfnung ist weit und beyde Kinnladen sind mit kleinen spitzigen einwärts gebogenen Zähnen besetzt, und die untere bey einigen mit Bartfasern versehen. Die Zunge ist breit, glatt, der Gaumen aber von kleinen Zähnen rauh, und bemerket man an diesem im Schlunde verschiedene Knochen, welche ebenfalls rauh sind.

Die Augen stehen nahe am Scheitel, sind rund, grofs und mit einer Nickhaut verschen. Die Nasenlöcher sind doppelt und nahe an den Augen befindlich. Die Kiemenöfnung ist grofs, so wie der Kiemendeckel, und dieser ist aus drey Blättchen zusammengesetzt, davon das unterste mit einer Haut eingefafst ist; die Kiemenhaut ist stark und wird von sieben bis acht Strahlen unterstützt; am Rumpfe sind sieben bis zehn Flossen befindlich, davon zwo an der Brust, eben so viel an der Kehle, und hinter dem After, eine am Schwanze und drey am Rücken sitzen. In allen diesen Flossen sind die Strahlen weich. Der After stehet beynahe in der Mitte des Körpers.

Diese Fische werden nicht nur in der Nord - und Ostsee, sondern auch einige von ihnen im mittelländischen und anderen Meeren angetroffen. Sie sind, bis auf einem, Bewohner der Meere und gehen nicht in die Flüsse.

Die griechischen Schriftsteller gedenken blofs des Stockfisches a), *Plinius* auch des Zwergdorsches b); was aber für eine Art unter seinem Bachus zu verstehen sey, getraue ich mich nicht zu bestimmen c): wahrscheinlich ist es dagegen, dafs *Bellon* den Köhler d), den Stockfisch, den Zwergdorsch e), den Schellfisch f), den Cabeljau g), die Quappe h) und die Meerquappe i) gekannt habe k). *Roudelet* beschrieb darauf eine Quappenart, welcher er aber, wie *Gesner* erinnert l), statt einer Bartfaser am Kinn unrichtig zwo gegeben hat m) und in der Folge vom *Ray* n), *Pennant* o) und Hr. *Brünniche* p) ist beschrieben worden. Es haben sie jedoch *Willughby*, *Artedi* und *Linné* in ihr System nicht aufgenommen. Hiebey liefsen es die folgenden Ichthyologen bewenden, bis uns *Schoneveld* den Pollac q), den Dorsch r),

---

a) Gadus Merluccius. L.
b) — Minutus. L.
c) Seine Worte sind: Asellorum duo genera, Callariae minoris et bacchi. Hist. Nat. l. 9. c. 17.
d) Gadus Carbonarius. L.
e) — Minutus. L.
f) — Aeglefinus. L.
g) — Morhua. L.
h) — Lota. L.

i) Gadus Mustela. L.
k) Aquat. p. 122. 135.
l) Aquat. p. 90.
m) De Pisc. P. I. p. 282.
n) Synops. Pisc. p. 164.
o) Britt. Zool. III. p. 201. n. 87.
p) Pisc. Mass. p. 22.
q) Gadus Pollachius. L.
r) — Callarias. L.

den Leng a) und den grünen Schellfisch b) kennen lehrte und *Charleton* gedenkt hierauf des Steinbocks c). Von diesen zehn Arten, welche bey den gedachten Schriftstellern unter den verschiedenen Benennungen Asellus, Mustela u. f. w. vorkommen, machte *Willughby* ein Geschlecht d) und gesellete die Quappen den Mustelis bey e). Er nannte dasselbe Asellus und theilte es in solche, deren Rücken mit drey, und die, deren Rücken mit zwo Flossen besetzt sind; er fügete zu den bereits bekannt gewesenen das Blödauge hinzu f), und *Ray* folgte hierinn dem *Willughby* g). *Artedi* bringt sie unter das einzige Geschlecht Gadus beysammen h), hält den grünen Schellfisch und den Pollac nur für eine Art i) und läst auch die angeführte Quappenart mit den drey Bartfasern aus. *Klein* beschreibt diese Fische unter dem Geschlechtsnamen Dorsch k) und bringt sie in zwo Abtheilungen, je nachdem sie mit oder ohne Bartfasern sind l) und zählt in beyden vierzehn Arten, davon jedoch die curvata pinima m) nicht hieher gehöret. Den Zwergdorsch führet er als zwo verschiedene Arten auf.

Eben diese Bewandnis hat es auch mit dem Dorsch und der Graspomuchel: ob aber unter seinem Hornbogen (n. 8.) eine eigene Art zu verstehen sey, ist ungewiss, weil derjenige Fisch, den ich unter diesem Namen aus der Ostsee bey Rügenwalde durch den Herrn Oberamtmann *Göden* erhielt, der gewöhnliche Dorsch war; er beschreibt sie übrigens in zwo Abtheilungen, je nachdem der Rücken mit zwo oder drey Flossen besetzt ist, die Quappen hingegen bringt er unter seine aalförmigen Fische n).

In der Folge machte uns *Strussenfeld* mit dem Schnurrbart o), *Garden* mit dem Krötenfisch p) und *Linné* mit einem aus dem mittelländischen Meere bekannt q).

---

a) Gadus Molva. L.
b) — Virens. L.
c) — Barbatus. L.
d) Ichth. p. 165.
e) I. a. B. p. 120.
f) Gadus Luscus. L.
g) Syn. Pisc. p. 53. und 67.
h) Gen. p. 19.
i) Syn. p. 35. n. 3.

k) Callarias.
l) Misc. Pisc. V. p. 4. 8.
m) Welches unser Stöcker oder der Scomber Trichurus des *Linné* ist.
n) Enchelyopus. Misc. Pisc. IV. p. 57.
o) Gadus Cimbrius. L
p) — Tau. L.
q) — Mediterraneus.

Der Ritter nahm diese siebenzehn Arten in sein System auf a) und brachte sie unter vier Abtheilungen, davon diejenigen, welche aufser den dreyen Rückenflossen auch Bartfasern haben in die erste, die, welchen das letztere Kennzeichen fehlet, in die zwote, die mit zwo Rückenflossen in die dritte und endlich die mit einer Rückenflosse in die vierte Abtheilung gehören.

Hierauf machte uns Herr *Brünniche* b) mit einem der zwo Rückenflossen, und bald darauf Herr *Pallas* c) mit einem der drey Rückenflossen hat, beyde unter einem Namen d) und als Bewohner des mittelländischen Meeres, so wie Herr *Pennant* mit einem aus dem Nordmeere e) bekannt. Auch *Ström* f) und *Ascanius* g) haben diese Zahl ein jeder mit einem nordischen vermehret, welche zusammen drey und zwanzig Gattungen ausmachen, wovon mir zehn zu Theil geworden sind, und von welchen ich hier eine Beschreibung mittheilen werde.

ZWEETER ABSCHNITT.
Von den Schellfischen insbesondere.
DER SCHELLFISCH.
LXIIste Taf.

1. Der Schellfisch. Am Kinn eine Bartfaser, die Seitenlinie schwarz. K. 7. Br. 19. B. 6. A. 22. 21. S. 27. R. 16. 20. 19.

Gadus cirro unico, linea laterali nigra. Br. VII. P. XIX. V. VI. A. XXII. XXI. C. XXVII. D. XVI. XX. XIX.

Gadus Aeglefinus, G. tripterygius, cirratus, albicans, cauda biloba, maxilla superiore longiore. *Linn.* S. N. p. 436. n. 1.

Gadus Aeglefinus. *Müller.* Prodr. p. 42. n. 348.
— dorso tripterygio; ore cirrato, corpore albicante, maxilla superiore longiore,

---

a) Syst. Nat. p. 435 — 441.
b) Pisc. Mass. p. 24. n. 34.
c) Spec. Zool. fasc. 8. p. 47. t. 5. f. 2.
d) Gadus Blennoides.
e) Trifurcated Hacke. B. Z. III. p. 196. n. 84.
f) Suntmer. I. p. 272. t. 1. f. 19.
g) Gadus Brosme. Icones. t. 17.

cauda parum bifurca. *Art.* gen. p. 20. n. 5. Syn. p. 36. n. 7. Spec. p. 64.

Gadus dorso tripterygio; maxilla inferiore breviore, cirro solitario; cauda lunulata, linea laterali atra. *Gron.* Zooph. p. 99. n. 321. Muſ. I. p. 21. n. 59.

Callarias barbatus, ex terreo albicans, in lateribus macula nigra, cauda parum divisa, mandibulis minutis, sed acutissimi dentibus asperis. *Klein.* Miſſ. Piſc. V. p. 6. n. 2.

Eglefinus. *Gesn.* Aquat. p. 86. 100. Thierb. S. 40.

Aſellus major. *Aldrov.* p. 282.

Onos sive Asinus antiquorum. *Willughb.* Ichth. p. 170. t. L. membr. 1. n. 2.

— — — *Ray.* Syn. P. p. 55. n. 7.

Callarias, Galerida et Galaxia. *Charlet.* Onom. p. 121. n. 4.

— Aſellus minor. *Jonſt.* de Piſc. p. 1. t. 1. f. 1.

Miſarkornak, Ekalluak. *Otto Fabr.* Faun. Grönl. p. 142. n. 100.

Schellfiſch, Koller. *Pontopp.* Dän. p. 186.

— *Schonev.* Ichth. p. 18.

— *Anderſon.* Isl. S. 79.

Aeglefin ou Aegrefin. *Bell.* Aquat. p. 127.

Anon. *Duhamel.* de monceau traité des pêches. t. II. p. 153. Pl. 23. f. 1.

The Hadock. *Penn.* Britt. Zool. III. p. 179.

Schellfiſch. *Müll.* L. S. 4. Th. S. 79.

Die ſchwarze Seitenlinie und die Bartfaſer am Kinn, unterſcheiden dieſen Fiſch von den übrigen ſeines Geſchlechts. In der Kiemenhaut befinden ſich ſieben, in der Bruſtfloſſe neunzehn, in der Bauchfloſſe ſechs, in der erſten Afterfloſſe zwey und zwanzig und in der zwoten ein und zwanzig, in der Schwanzfloſſe ſieben und zwanzig, in der erſten Rückenfloſſe ſechszehn, in der zwoten zwanzig und in der dritten neunzehn Strahlen.

Der Kopf iſt keilförmig, die obere Kinnlade länger als die untere, an welcher die eben gedachte Bartfaſer ſichtbar iſt; die Mundöfnung iſt kleiner als bey den übrigen und die groſſen Augen haben eine ſchwarze Pupille und einen ſilberfarbenen Ring. Die Schuppen dieſes Fiſches ſind klein, rundlicht und ſitzen feſter in der Haut als bey den übrigen. Der Rücken iſt bräunlich, wenig gebogen und, ſo wie der Bauch, dick; die Seiten haben wie dieſer eine Silberfarbe und die Seitenlinie ſtehet dem Rücken am nächſten. Sämtliche Floſſen ſind bläulicht; die erſte Rückenfloſſe hat drey Ecken und die am Schwanze einen kleinen Ausſchnitt.

Dieſer Fiſch bewohnet die Nordſee, wo er beſonders im Herbſt ohnweit Heiligeland in groſſer Menge gefangen und nach Hamburg verfahren wird. Merkwürdig iſt es, daſs der Schellfiſch eben ſo wenig durch den Sund in die Oſtſee, als der Dorſch, aus dieſer in jenen übergehet; da ſie doch in dieſen Meeren häufig angetroffen werden. Man findet ihn auch um Holland, Oſtfriesland und im Kanal, am häufigſten aber um England, wo er in ganzen Schaaren erſcheinet und gewöhnlich eine Küſte nach der andern beſuchet; und zwar hält er ſich nur in einer Breite von etwa drey Viertel und in der Länge von ſechs und mehreren Meilen beyſammen, dergeſtalt daſs die Fiſcher, wenn ſie über dieſen Bezirk ihre Schnüre auswerfen, nichts fangen a). Sie erſcheinen öfters in ſo groſsen Schaaren, daſs, nach der Verſicherung des Herrn *Pennant*, drey Fiſcher in einem Raum von einer engliſchen Meile zweymal des Tages ihre Böte damit anfüllen, da ſie denn jedesmal auf eine halbe Laſt erhalten. Sie ſind aus dieſem Grunde ſo wohlfeil, daſs man zwanzig Stück der gröſsten für fünf bis acht Groſchen und die kleineren für acht Pfennige, auch zu mancher Zeit für die Hälfte dieſes Preiſes, einkaufen kann b). Die gröſsten ſieht man gewöhnlich vom November bis im Januar, und von dieſer Zeit an bis im May kommen die kleineren zum Vorſchein c). In Grönland halten ſie ſich mehrentheils in der Tiefe auf, und kommen gegen Abend, beſonders wenn das Waſſer ſtark beweget wird, an die Oberfläche, wo ihnen dann die Fiſcher auflauern; zuweilen machen ſie auch Sprünge über das Waſſer, da ſie denn den ihnen nachſtellenden Seehunden nicht ſelten zur Beute werden, welche ſie auch öfters mit ihren Pfoten in den Eisſpalten ergreifen d).

Die Gröſse dieſes Fiſches beträgt gewöhnlich einen Fuſs und er wiegt alsdann anderthalb Pfund; manchmal findet man auch welche von zwey bis drey Fuſs und drüber und von vierzehn Pfunden am Gewicht e). Seine Laichzeit fällt im Februar, wo die Weibchen in ganzen Schaaren ihren Laich ohnweit des Ufers am Seetanger f) abſetzen. Hierauf finden ſich daſelbſt die Männchen einzeln ein und befruchten die Eyer g).

Die Nahrung des Schellfiſches ſind Krebſe und andere Waſſerinſekten; beſonders verfolget er den Hering, durch deſſen Genuſs er den Sommer hindurch fett wird, dahinge-

---

a) *Penn.* B. Z. III. p. 181.
b) A. a. O.
c) I. a. B. p. 80.
d) *O. Fabric.* Faun. Grönl. p. 143.
e) *Penn.* I. a. B. p. 82.
f) Fucus. L.

g) *O. F.* Faun. Grönl. p. 143. Auch dieſer Umſtand beſtätiget meine Behauptung, 1. Theil. S. 116. daſs die Befruchtung der Eyer bey den Fiſchen auſserhalb der Mutter geſchehe, worüber einige Gelehrte in Brieſen an mich Zweifel geäuſsert haben.

gen er in der spätern Jahreszeit, weil er von den Seewürmern lebt, welche die Fischer Schellfischwürmer a) nennen, mager ist. Bey stürmischer Witterung verbirgt er sich im Sande oder zwischen den Seekräutern, wo er so lange stille liegt, bis das Wetter wieder ruhig wird. Daſs dieses sich so verhalte, sieht man daraus, weil die Fischer zu dieser Zeit keine fangen, und weil sie an denen, welche sie unmittelbar darauf bekommen, verschiedene Unreinigkeiten und Kräuter bemerken, die diesen seinen Aufenthalt verrathen. Er hat ein weisses, derbes und wohlschmeckendes Fleisch, welches blätterich und leicht zu verdauen ist. Seine Feinde sind, auſser dem Seehunde, auch andere gröſsere fleischfressende Seethiere.

Man fängt ihn vorzüglich mit Grundschnüren. Die friesländischen Fischer werfen mehrere derselben, von einigen Ruthen Länge, gegen Abend aus und nehmen kleine Fische zur Lockspeise. Wenn sie selbige des Morgens wiederum einziehen; so sizt zu Zeiten an jedem Haaken, besonders bey klarem Himmel, ein Schellfisch: es gehet daher alsdann nicht selten ein Fischer mit einer Beute von hundert und mehreren nach Hause, je nachdem er mehr oder weniger Schnüre auszuwerfen befugt ist. Als ein löblicher Gebrauch verdienet hiebey angemerkt zu werden, daſs jeder Fischer verpflichtet ist, eine Grundschnur für die Fischerwittwen des Dorfes auszuwerfen und ihnen den Fang ins Haus zu schicken b). Die Grönländer greifen sie mit den Händen c), in den Wuhnen, welche sie ins Eis hauen und woselbſt die Fische sich haufenweise hindrängen, vermuthlich um Luft zu schöpfen.

Man genieſset diesen Fisch aus dem Salzwasser gekocht, mit brauner Butter und Senf, wobey die Engländer und Holländer Ertoffeln schmackhaft finden: auch wird er mit Oehl und Essig, oder mit einer Austerbrühe verspeiset.

Dieser Fisch hat eine weiſsliche Leber, welche aus zween Lappen von verschiedener Länge bestehet; die dreyeckigte Milz liegt unter dem Magen, welcher lang, dickhäutig und mit einem Kreise vieler kurzer Anhängsel umgeben ist. Der Darmkanal hat drey Beugungen, ist mit dem Magen so lang als der ganze Fisch und unten sehr weit; die

---

a) Eine Art von Röhrschnecken. Serpula Linn.
b) *Müll.* L. S. 4. Th. S. 80.
c) *Otto Fabr.* Faun. Grönl. p. 144.

Schwimmblafe ift lang, einfach und mit einem klebrigten Wefen überzogen; die Nieren find fo wie die Harnblafe doppelt; der Milch ift eben fo wie die gelben Eyer in zween langen Säcken eingefchloffen.

In Dännemark heifset diefer Fifch *Kuller*; in Norwegen *Kollie*, *Hyfe*; in Island *Ifa*; in Lappland *Diuckfo*; in Schweden *Kaljor*; in England *Hadock*; in Frankreich *Egrefin* und *Eglefin*, eingefalzen *Hadou* und *Hadox*, in der Normandie *Anou*; in Holland *Schellvifg*; in Flandern *Doguet* und *Guellekins* und in Grönland *Misarkornak*, *Ekallnak*.

Dem *Bellon* haben wir die erfte Zeichnung und eine genaue Befchreibung diefes Fifches zu verdanken a), und wenn *Schoneveld* unferm Fifche nur rauhe Kinnladen giebt b); fo fcheinen ihm feine kleinen und fpitzigen Zähne dazu verleitet zu haben.

Klein irret meines Erachtens, wenn er unter dem Callaris des *Plinius* c) unfern Fifch verftehet d), da er nur in den nördlichen Gegenden Europens zu Haufe gehört; fo hat er wahrfcheinlicher Weife dem *Plinius* unbekannt bleiben müffen.

Bomare hält unrichtig den Schellfifch und den Zwergdorfch für eine Art e).

Beym *Artedi* mufs ftehen ftatt *Jonfton* t. 1. f. 1; t. 1. f. 2. f)

DER DORSCH.

LXIIIfte Taf.

a. Der Dorfch.

Die Seitenlinie breit, gebogen und gefleckt. K. 7. Br. 17. B. 6. A. 18. 17. S. 26. R. 15. 16. 18.

Gadus linea laterali lata, curva maculataque. Br. VII. P. XVII. V. VI. A. XVIII. XVII. C. XXVI. D. XV. XVI. XVIII.

Gadus Callarias, G. tripterygius cirratus varius, cauda integra, maxilla fuperiore longiore. Linn. S. N. p. 436. n. 2.

Gadus dorfo tripterygio, ore cirrato, colore vario, maxilla fuperiore longiore, cauda aequali. *Art.* gen. p. 16. n. 4. Syn. p. 35. n. 4. Spec. p. 63.

---

a) Aquat. p. 127.
b) Ichth. p. 18.
c) Hift. Nat. l. 9. c. 17.
d) Miff. Pifc. V. p. 6. n. 2.
e) Dict. d'Hift. Nat. t. VII. p. 168.
f) Syn. p. 36.

Gadus dorso tripterygio, colore vario, maxillis subaequalibus, inferiore cirro unico, cauda subquadrangula aequali. *Gron.* Zooph. p. 99. n. 319. Muf. I. p. 21. n. 58.

Callarias barbatus, lituris maculisque fuscis varius, gula ventreque albicantibus, iride flavicante nigro mixta; pinnis fuscis. *Klein.* Miff. Pisc. V. p. 6. n. 5. Callarias maculis ex rufo in aurantium colorem vergentibus. p. 7. n. 7.

Asellus varius vel striatus. *Willughb.* Ichth. p. 172. t. L. Membr. 1. f. 1.

— — — — *Ray.* Synops. Pis. p. 54. n. 5.

— — — — *Jonst.* t. 46. f. 4.

Tare-Torsk, Rüd-Torsk. *Leem.* Lappl. S. 165.

Tittling. *Ascan.* Icon. p. 85. t. 5.

Sharaudlick. *Otto Fabr.* Faun. Grönl. p. 144. n. 101.

Graa, guulagtig. *Müller.* Prodr. p. 42. n. 348.

Torsk, Tarretorsk. *Pontopp.* Dän. S. 186.

Dorsch. Menza, Durska, Tursk. *Fischer.* Naturg. von Liefl. S. 115. 198.

— *Anderf.* Nachr. von Isl. S. 99.

— *Linné.* Reise durch Oeland. S. 99.

Pamuchlen. *Wulff.* Ichth. p. 22. n. 27.

— Dorsch. *Schonev.* Ichth. p. 19.

Der Dorsch. *Müller.* L. S. 4. Th. S. 80.

Die breite, gebogene und gefleckte Seitenlinie, ist das Unterscheidungszeichen dieser Fischgattung. In der Kiemenhaut zählt man sieben, in der Brustfloffe siebenzehn, in der Bauchfloffe sechs, in der ersten Afterfloffe achtzehn und in der zwoten siebenzehn, in der Schwanzfloffe sechs und zwanzig und in der ersten Rückenfloffe funfzehn, in der zwoten sechszehn und in der dritten achtzehn Strahlen.

Der Kopf ist kleiner als beym Schellfisch, hat eine graue Farbe, auf welcher im Sommer braune und im Winter schwarze Flecke sichtbar sind. Die Mundöfnung ist groſs, von beyden Kinnladen die obere am längsten, und mit mehreren Reihen, die untere aber, an welcher eine Bartfaser befindlich ist, nur mit einer Reihe Zähne versehen, und auch der Gaumen ist bewafnet. Die Augen sind rund, die Pupille ist schwarz und der Ring um dieselbe weisgelblicht; den Rumpf, welcher grau und bis am Bauche braun gefleckt ist, bedecken dünne, kleine, weiche Schuppen. Die Flecken des Rumpfes haben bey einigen annoch jungen, eine rothe, helle, ins orange fallende Farbe. Die Seitenlinie läuft nahe am Rücken weg und macht in der Gegend der ersten Afterfloffe eine Beugung unterwärts. Der Bauch ist dick, von weiſser Farbe und braun gesprengt; bey einigen ist er auch röthlicht, und sämtliche Floffen haben eine bräunliche, manchmal aber auch eine röthliche Farbe.

Wir treffen diesen Fisch, welcher in Preußen unter dem Namen Pamuchel, sonst aber unter dem Namen Dorsch bekannt ist, häufig in der Ostsee an, wo er allein zu Hause zu seyn scheinet; und er gehet in die Flüsse, so weit mit dem Wasser derselben noch das Meerwasser vermischt ist. Man fängt ihn in Pommern bey Rügenwalde das ganze Jahr hindurch, am häufigsten aber im Jun, imgleichen bey Travemünde, Oehland, Gothland, Bornholm, ohnweit Lübeck, in Preußen und in Liefland, wo er in Menge erscheinet; bey den Grönländern ist der Herbst und das Frühjahr die beste Fangzeit; weiter nach Norden zu in den finnischen Meerbusen hinein und gegen Petersburg verlieret er sich fast gänzlich.

Der Dorsch wird in den Buchten, an den Küsten und in den Mündungen der Strühme, nicht nur mit Schnüren, welche man gewöhnlich des Abends auswirft, sondern auch mit Netzen, gefangen und durch allerley kleine Fische angelocket. Die Grönländer bedienen sich hierzu im Herbste und im Frühjahr des Seescorpions; im Winter hauen sie Löcher ins Eis und locken ihn durch glänzende Bleystücke und Glaskugeln an a). Ihre Angelschnüre verfertigen sie aus gespaltenem Fischbein oder aus dem Fell des härtigen Seekalbes b).

Dieser Fisch hat ein weises überaus zartes Fleisch, welches schmackhafter ist, als das Fleisch aller übrigen dieses Geschlechts und wird von kränklichen und schwächlichen Personen ohne Nachtheil genossen. Er lebt von andern Fischen, Wasserinsekten und Würmern, und Herr *Otto Fabricius* traf in seinem Magen Seescorpione c), Sandaale d), Krebse und verschiedene Seewürmer an. Gewöhnlich ist er nur ein bis zwey Pfund schwer, jedoch trifft man bey Rügenwalde welche von sieben bis acht, auch manchmal von vierzehn Pfunden an. *Schoneveld* gedenkt eines Dorsches, der vier Fuß lang war e). Seine Laichzeit fällt in den Jänner und Hornung.

Der Dorsch wird im Salzwasser gekocht und mit Senf und brauner Butter, auch mit Essig, Citronensäure und Provenceröhl genossen; desgleichen giebt er auch gebraten eine gute Speise. Bey den Isländern wird er eingesalzen, getrocknet und alsdann Titteling genannt f).

---

a) *O. Fabric.* Faun. Grönl. p. 144.
b) Phoca Barbata. i. a. B. p. 15.
c) Cottus Sorpio. L.
d) Ammodites Tobianus. L.
e) Ichth. S. 20.
f) *Anders.* Reise nach Isl. S. 100.

Die inneren Theile sind wie bey den vorhergehenden gebildet, aufser dafs der Darmkanal nur zwo Beugungen hat; auf jeder Seite sind achtzehn Ribben und im Rückgrad drey und funfzig Wirbelbeine befindlich.

In Deutschland wird dieser Fisch *Dorsch*; in Preufsen *Pamuchel*; die grofsen in Hamburg *Scheibendorsch*; in Schweden *Torsk*; in Dännemark *Graa, Guulagtig, Torsk, Tavretorsk*; in Curland *Dorsch*, von den Letten *Menza* und *Dirska*, von den Ehstländern *Tursk*; in Norwegen *Tare-Torsk, Titling*; in Lappland *Tare-Torsk* und *Röd-Torsk*; in Grönland *Saraulidk* und in Island *Titling, Tyrsklingur* genannt.

Gronov führt sowol die erste Gattung des *Klein* als des *Ray*, wo sie den Kabeljau beschreiben, unrichtig zu unserm Fisch an a); sollte er aber wirklich den Kabeljau vor sich gehabt haben; so wäre doch der *Artedi* unrichtig citirt, da dieser den Dorsch beschreibet. Beym *Klein* kommt der Dorsch als zwo verschiedene Arten vor, einmal als Steinpamuchel und das anderemal als Graspamuchel b), und habe ich die schöne Orangefarbe des letztern ebenfalls bey einigen wahrgenommen. Herr Konferenzrath *Müller* ist ungewifs, ob der Tare-Torsk der Norweger unser Fisch sey c). Herr *Otto Fabricius*, welcher diesen Fisch in Grönland mit Kenneraugen untersuchte, hält ihn für solchen d).

Artedi giebt unrichtig den Cod-Fish der Engländer, welches der Kabeljau ist, für unsern Fisch aus e).

DER KABELJAU.

LXIVste Taf.

Die Schuppen gröfser als bey den übrigen. K. 7. Br. 16. B. 6. A. 17. 16. S. 30. R. 15. 19. 21.

3. Der Kabeljau.

Gadus squamis majoribus. Br. VII. P. XVI. V. VI. A. XVII. XVI. C. XXX. D. XV. XIX. XXI.

---

a) Zooph. p. 99.
b) Miss. Pisc. V. p. 6. n. 5. 7.
c) Zool. Danic. p. 2. n. 348.
d) Faun. Grönl. p. 144. n. 105.
e) Syn. p. 35. n. 4.

Gadus Morhua, G. tripterygius, cirratus cauda
  subaequali, radio primo anali
  spinoso. *Linn.* S. N. p. 436. n. 3.
—   —   *Müller*. Prodr. p. 42. n. 349.
— dorso tripterygio, ore cirrato, cauda aequali
 fere cum radio primo spinoso. *Art.* Syn.
 p. 35. n. 6.
Callarias, sordide olivaceus; maculis flavicantibus
 variis, linea laterali alba. *Klein.* Miss. Pisc. V.
 p. 5. n. 1.
Morhua vulgaris. *Bell.* Aquat. p. 128.
Molva. *Rond.* de Pisc. P. I. p. 280.
— vel Morhua. *Gesn.* Aquat. p. 88. Molva
  minor. Icon. Anim. p. 71. Stockfisch. Thierb. S. 40. b.
—   —   — *Jonst.* de Pisc. p. 8. t. 2. f. 1.
Morhua sive Molva altera. *Aldrov.* de Pisc.
 p. 289.
Asellus major. *Schonev.* Ichth. p. 18. n. 3.
—   — *Charlet.* Onom. p. 121. n. 1.

Cod-Fish, or Keeling. *Willughb.* Ichth. p. 165.
—   —   — *Ray.* Synops. Pisc. p. 53.
 n. 1.
Klubbe-Torsk, Bolck, *Pontopp.* Norw. 2. Th.
 S. 293.
Vaar-Torsk, Skrey. *Leem.* Nachricht v. d. Lapp.
  S. 164.
—   — *Ascan.* Icon. t. 27.
Cabblia. Faun. Suec. p. 111. n. 308.
Thorskur. *Olaf.* Reise nach Isl. S. 357. 991.
Kablau. *Anders.* Isl. S. 79.
Saraudlirksoak, Ekalluarksoak. *Otto Fabr.* Faun.
 Grönl. p. 146.
La Morue. *Duhamel.* Trait. de pêches. t. 2. p. 37.
 Pl. 4. f. S.
—   — Cours d'Hist. Nat. t. V. p. 301.
The Common Cod-Fish. *Penn.* B. Z. III. p. 172.
 n. 73.
Der gemeine Kabeljau. *Müller.* L. S. 4. Th.
 S. 81.

  Die verhältnismäsig gröſsere Schuppen zeichnen den Kabeljau von den übrigen Fischen dieses Geschlechts aus. In der Kiemenhaut befinden sich sieben, in der Brustfloſse sechszehn, in der Bauchfloſse sechs, in der ersten Afterfloſse siebenzehn, in der zwoten sechszehn, in der Schwanzfloſse dreyſsig, in der ersten Rückenfloſse funfzehn, in der zwoten neunzehn und in der dritten ein und zwanzig Strahlen.

  Der Kopf, Rücken und die Seiten sind grau und mit gelblichen Flecken besprengt; bey noch jungen Fischen dieser Art, wenn sie sich auf Felsengrund aufhalten, hat der Bauch eine röthliche Farbe, mit orangegelben Flecken, welche Farbe aber sich alsdann wenn sie älter werden, und diesen Aufenthalt verlassen, in ihre gewöhnliche verändert. Die Mundöfnung ist groſs, die obere Kinnlade hervorstehend und an der untern eine kleine Bartfaser befindlich; die Pupille ist schwarz, der Ring gelblich und der Bauch hat eine weiſse Farbe; die Rückenflossen sind so wie die Schwanzflosse gelb gesprengt, die Bauch - und

Zweeter Abschnitt. Von den Schellfischen insbesondere. 147

Afterfloſſe grau und die Bruſtfloſſen von einer gelblichen Farbe. Sämtliche Strahlen ſind weich und vielzweigigt; der After ſitzet dem Kopfe näher als dem Schwanze.

Dieſer Fiſch iſt ein Bewohner des Weltmeeres, wo er ſich zwiſchen dem vier und vierzigſten und ſechs und ſechszigſten Grad nördlicher Breite aufhält. Man findet ihn zwar noch in höheren Breiten, als in Grönland; jedoch von ſchlechter Beſchaffenheit und in geringerer Anzahl. Sehr häufig trift man ihn bey Terreneuve, Capbreton, Neuſchottland, Neuengland, an den norwegiſchen und isländiſchen Küſten, auch auf der Doggersbank und um den orkadiſchen Inſeln an. Er iſt für viele Nationen ein überaus wichtiger Nahrungs- und Handelszweig, beſonders iſt er eine ergiebige Quelle des Reichthums für die Engländer; er ernähret die Isländer, bringt den Norwegern jährlich einige Tonnen Goldes ein und beſchäftiget eine groſe Anzahl holländiſcher und franzöſiſcher Seeleute, wie wir dies in der Folge ſehen werden.

Dieſer Fiſch wird gewöhnlich von zween bis drey Fuſs Länge und einem Gewicht von vierzehn bis zwanzig Pfunden angetroffen, jedoch findet man ſie auch viel gröſſer: denn bey England wurde ohnlängſt einer gefangen, welcher fünf Fuſs acht Zoll lang war, am ſtärkſten Theil fünf Fuſs im Umfange hatte und acht und ſiebenzig Pfund ſchwer war. Er hält ſich gewöhnlich in den Tiefen des hohen Meeres auf und kommt zur Laichzeit an den Küſten und Bänken zum Vorſchein. Seine Nahrung ſind Krebſe, der Tintenfiſch, Hering und andere Fiſcharten und er iſt ſo gierig, daſs er auch nicht einmal ſeiner eigenen Gattung ſchonet. Er beſitzet die Eigenſchaft der Raubvögel, daſs er ſich der unverdaulichen Körper durchs Erbrechen entledigen kann. Nach dem Zeugniſs des *Auderſon* ſoll ſein Magen eine ſolche geſchwinde Verdauungskraft beſitzen, daſs die heiligeländer Fiſcher, die ihm zur Lockſpeiſe gegebenen Schellfiſche, nach Verlauf von ſechs Stunden, in ſeinem Magen ſchon verdauet finden a).

Die Laichzeit richtet ſich ſo wie bey den übrigen Fiſchen nach dem Alter, dem mehr oder weniger kalten Grund und der Beſchaffenheit der Luft und Witterung. In England

---

a) Nachr. v. Island. S. 85.

laichen die grofsen bereits im Jänner, und erscheinen alsdenn bis in den nächstfolgenden Monath an den Küsten, hierauf verschwinden sie und es kommen kleinere an die Stelle, welche bis zum Ende des Aprils laichen, als so lange man noch Rogen in ihnen bemerkt; in Island erscheinen sie erst im Februar und auf der grofsen Kabeljaubank bey Terreneuve oder Neufoundland im April. Sie setzen die Eyer in dem rauhen Grunde zwischen den Steinen ab. Es verhält sich bey der Fischerey mit der Angel auf dem Meere zur Laichzeit ganz anders als bey der Fischerey im süfsen Wasser mit den Netzen und Reusen. Hier gehet der Fisch, vom Geschlechtstriebe gereizet, ohne Scheu, in die ihm aufgestellten Fallstricke, und ist daher diese die günstigste Zeit für die Fischer: dahingegen eben dieser Trieb sie vom Fressen abhält und sie also durch die Lockspeise nicht verführet werden. Desto begieriger fällt er nach der Befriedigung jenes Triebes, durch den Hunger genöthiget, auf eine jede Lockspeise und er haschet alsdann sogar nach allerley glänzenden Körpern, als Haken und glänzenden Steinen, dergleichen man um diese Zeit in seinem Magen häufig antrifft; die Isländer bedienen sich daher zum Köder der Muschelstücke und Glasperlen mit gutem Erfolge.

Angelschnüre sind das vornehmste Werkzeug, welches man in Norwegen zum Fang dieses Fisches gebraucht. Sie sind von zweyerley Art: die eine ist die Grundschnur a) und die andere die Angelschnur b). Jene bestehet aus einem Seil von zwey hundert Klafter Länge, woran ohngefähr hundert Angeln hängen; dieses wird in einer Tiefe von zwey bis drey hundert Klaftern, durch ein Gewicht, welches an jedem Ende des Strickes befestigt ist, niedergelassen und an demselben sind in einem Abstande von einer Klafter dünne, und einer halben Klafter lange Schnüre befindlich. Ein oder mehrere Bretter oder Tonnen c) dienen den Fischern zum Merkmal, wo sie ihr Werkzeug wieder suchen sollen; jedes Boot ist mit zweyen dergleichen versehen, damit die Fischer, wenn sie die eine eingezogen haben, sogleich die andere auswerfen können.

Die Angelschnüre hängen nur sieben bis acht Klafter aus dem Boot, und in diesem sind zween Fischer befindlich, davon der eine rudert und der andere Achtung giebt, wenn ein Fisch angebissen hat. Mit diesen Werkzeugen wird das Boot in einem Tage öfters zwey

---

a) Linieva. b) Schnörerne. c) Boyn.

Zweeter Abschnitt. Von den Schellfischen insbesondere. 149

bis dreymal angefüllt. Weil dieser Fisch zur Laichzeit nicht leicht anbeisset; so werfen die Norweger und andere Nationen, an denen Stellen wo sie am dichtesten bey einander liegen, dreyzackigte Haken unter sie aus; da es denn geschiehet, dass sie daran einen oder mehrere aufgespiesset herausziehen. In Norwegen bedienet man sich in den neuern Zeiten an einigen Küsten auch der Stechnetze. Diese sind gewöhnlich zwanzig Klafter lang, eine hoch und bestehen aus Maschen von drey Zollen ins Gevierte und man läst sie in eine Tiefe von siebenzig Klaftern ein. Ein Boot mit sechs Mann sezt bey stürmischer Witterung achtzehn, bey einer ruhigen aber vier und zwanzig aus: jedoch gehet nicht selten eins oder das andere dabey verloren, indem nemlich der Sturm oder grosse Seethiere sie samt den Fischen mit sich fortführen. Diese Netze werden des Abends aufgestellet und des Morgens gewöhnlich mit einer Beute von drey bis fünf hundert Stück eingezogen. So grossen Vortheil anfänglich die Netzfischerey gewährte, so nachtheilig befand man sie in der Folge, indem sich der Fisch an diesen Stellen gänzlich verlor; so dass an vielen Orten die Einwohner darben und andere die Küsten gar verlassen müssen. So war, zum Beyspiel, bey Tränen, im Kirchspiel Röden vordem ein so starkes Fischlager, dass man von vielen nördlichen Gegenden der Fischerey wegen dahin kam und dass ein mit vier Mann besetztes Boot, während der Fangzeit, vier bis sechs tausend Fische gewann: dahingegen man jetzo kaum sechs bis sieben hundert zusammenbringt a). Die Ursache dieser Verminderung liegt ohnstreitig darinn, dass die Fische in der Laichzeit gestöhret werden, und dass bey der Netzfischerey zugleich mit ihm Millionen seiner Nachkommenschaft ausgerottet wurden. Den Schaden, welchen die engen Netze bey der Heringsfischerey in Schweden und Preussen anrichteten b), erfahren auch die Norweger bey ihren Kabeljaufang. Bey der Angelfischerey hingegen kann der Fisch sein Geschlecht ungestört fortpflanzen.

Die Schiffe, deren man sich zu dieser Fischerey bedienet, sind von verschiedener Grösse; die Küstenbewohner gebrauchen Boote, worauf gewöhnlich drey bis vier Mann zu seyn pflegen: diejenigen aber, welche aus entfernten Gegenden zu dieser Fischerey kommen, haben Fahrzeuge von vierzig bis hundert und funfzig Lasten, wozu funfzehn bis dreissig Mann

T 3

---
a) Schwéd. Abhandl. 32. Band. S. 297. 303. u. f.   b) S. 1. Th. S. 193.

gehören, welche sich nach der verschiedenen Entfernung der Länder, von welchen sie ausgehen, auf zwey bis acht Monat mit Lebensmitteln, imgleichen mit einem hinlänglichen Vorrath von Seesalz zum Einsalzen, mit Tonnen zum Einlegen der Fische, und zum Aufbewahren der Leber, auch mit kleinen Fäßern zum Einlegen des Rogens, der Schwimmblase und der Zunge und mit Hölzern zur Zubereitung des Klippfisches versehen. Ein Schiff von neunzig Lasten führt neunzehn, eins von hundert und funfzig aber fünf und zwanzig bis dreyſsig Personen. Die französischen und holländischen sind gewöhnlich von sechzig bis hundert und zwanzig Tonnen, ihre Angelschnüre kürzer und nicht so stark als diejenigen, deren sich die Norweger bedienen; jene bereiten sie von feinem Hanf, damit sie Festigkeit erhalten und zum Einziehen nicht zu schwer seyn mögen. Wenn die Haken der Angeln von Stahl gemacht sind; so greifen sie leichter in den Fisch, aber sie zerspringen auch um so viel leichter, wenn sie auf einen Felsengrund fallen; sie werden daher nur verstählet.

Als Köder gebrauchet man allerley kleine Fische, besonders den Hering, Schellfisch und auf Terreneuve den Capelan. In Ermangelung des frischen Köders nimmt man eingesalzene Heringe, Mackrelen und Hornhechte; jedoch thut man wohl, wenn man sie vorher auswässert: auch nutzet man dazu das auf den Schiffen verdorbene Fleisch. Am liebsten beiſset der Kabeljau an frische Fische oder Muschelschalen, an Krebse und Stücke von Hummern und Krabben; die Engländer halten daher jederzeit auf Terreneuve einige Boote zum Fang des frischen Köders, auch werden die kleinen Kabeljaue, ihres geringen Werths wegen, dazu verwendet. Beym Mangel des Köders bedienet man sich der von Bley gegossenen Fische, des rothen Tuches und der halb verdaueten Fische, welche in den Mägen der gefangenen angetroffen werden. Wenn der Fang nicht glücklich von statten gehen will; so muſs man zu diesem Ende einige Kabeljaue aufopfern, weil dieser Fisch nach frischem und noch blutendem Fleische sehr begierig ist. Die Isländer bedienen sich auch des Herzens der geschossenen Wasservögel und die Norweger des Seestints a) und Blackfisches b): denn wenn der Seestint nach den Ufern, um zu laichen, ziehet; so folgt ihm jederzeit ein ganzes Heer von Kabeljauen nach. Eben so verhält sichs auch in Amerika, wenn der Capelan in dieser

---

a) Salmo Eperlano-marinus. S. I. Th. S. 182.   b) Sepia officinalis. L.

Abficht erfcheinet, und in beyden Welttheilen fuchet er den Hering auf; daher auch diefer zur Lockfpeife gebraucht wird. Ift nun ein Boot mit gutem Köder hinlänglich verfehen und gelanget es bey ruhigem Wetter auf eine fifchreiche Stelle, welches vorzüglich diejenigen Bänke find, wo man viel Mufcheln und Krebfe antrifft; fo kann ein folches, welches mit vier Mann verfehen ift, fich binnen vier und zwanzig Stunden einer Beute von vier bis fechs hundert Fifchen erfreuen und man kann bey anhaltender Witterung innerhalb zwey bis drey Wochen auf eine ganze Ladung von fünf bis fechs taufend Stück Rechnung machen. Man fängt diefen Fifch fowol in Norwegen, als in England und Amerika beynahe das ganze Jahr hindurch: die eigentliche Zeit aber, wo er am häufigften erhalten wird, ift an den norwegifchen und isländifchen Küften, vom Hornung an bis zum Ende des Märzes, auch wohl bis mitten im April. In den amerikanifchen Gewäffern ift der Hauptfang in den Monathen May und Jun; vom Jul an verfchwindet er hier und kommt im September wieder zum Vorfchein: da aber um diefe Zeit die dortigen Gewäffer mit Eis belegt werden, fo ift die Fifcherey für die Europäer unficher.

In den nordifchen Gewäffern verfammlen fich zur Fangzeit vier bis fünf taufend Menfchen, die aus Normännern, Dänen, Schweden, Hamburgern, Holländern und Franzofen beftehen. Von diefen allen ziehen die Holländer den gröfsten Vortheil davon: denn weil fie mehr Sorgfalt auf die Zubereitung und Verpackung in die Fäfser verwenden, fo find ihre Fifche allezeit im höhern Werth. Da es ihnen aber fo wenig als den übrigen Nationen erlaubt ift, die Fifche auf dem Lande zu trocknen; fo falzen fie den gröfsten Theil ein, und hängen nur einen geringern Theil auf Stangen zum Dörren auf.

Was die Zubereitung diefes Fifches zur Dauer anbetrifft; fo gefchiehet felbige theils durch das Dörren an der Luft, theils durch das Einfalzen, theils durch beydes zufammen. Durch die erfte Art wird der *Stockfifch*, durch die zwote der *Labberdan* und durch die dritte der *Klippfifch* erhalten. Die Isländer, bey denen diefe Fifche beynahe das einzige Nahrungsmittel find, fuchen den Ueberflufs derfelben, um künftigem Mangel vorzubeugen, dadurch zu erhalten, dafs fie fie dörren, und diefe geben den unter dem allgemeinen Namen bekannten Stockfifch. Es giebt zweyerley Arten deffelben, davon die eine Flackfifch und die andere Hängefifch heifst. Mit der Zubereitung derfelben verfähret man folgendergeftalt. Wenn die Männer mit ihrem Fange ans Land gekommen find; fo werfen fie ihn auf den Strand; die Weiber fchneiden hierauf den Fifchen die Köpfe ab, ritzen den Bauch auf, und nachdem die Eingeweide heraus genommen worden, fpalten fie den Rücken von innen auf, und nehmen den Rückgrad bis auf die drey letzten Wirbelbeine heraus. Sie bereiten hierauf die Köpfe zur Mahlzeit, und die Kiemen werden von den Männern zum Köder an der Angel genutzet; die Gräten werden gedörret, und theils zur Feurung, theils zur Fütterung des Viehes gebraucht. Die Lebern werden befonders gefammlet und aus ihnen ein Trahn bereitet.

Wenn nun die Mannsperfonen unterdeffen ausgeruhet und fich durch den Genufs des Brandweins gelabet; fo tragen fie die folchergeftalt gefpaltenen Fifche auf felfigte Oerter, wo fie denn ausgebreitet werden und fo lange liegen bleiben, bis der Wind fie völlig ausgedörret hat, welches innerhalb drey bis vier Wochen, bey ftarkem und trocknem Nordwinde aber in eben fo viel Tagen zu gefchehen pflegt. In folchen Gegenden, wo keine Felfen vorhanden find und etwa der Boden fandigt ift, machen fie aus zufammengetragenen Steinen für diefelben ein Unterlager, und legen fie jederzeit auf die innere Seite, damit bey einfallendem Regenwetter das Fleifch nicht nafs werde und verderbe. Die folchergeftalt getrockneten Fifche werden alsdenn in grofsen Haufen über einander gethürmet und fo lange in freyer Luft gelaffen, bis fie Gelegenheit erhalten felbige zu verhandeln. Der Hängefifch wird eben fo zubereitet, jedoch mit dem Unterfchiede, dafs bey ihm der Rücken von hinten aufgefchnitten, mithin ganz gefpalten und auf den Seiten eine Oefnung gemacht wird, durch welche er auf Stangen gereihet und über Steinhütten gehangen wird. Da nun die Steine zu den Wänden derfelben lofe über einander gelegt werden, fo kann der Wind durch die Zwifchenräume derfelben frey hindurch ftreichen. Ein Dach von Brettern oder Rafen, womit diefe Hütten bedeckt werden, fichert die Fifche vor dem Regen.

Da die Schwimmblafe bey diefem Fifche fehr klebricht ift; fo verfertigen die Isländer daraus einen Leim, der der ruffifchen Haufenblafe an Güte ziemlich nahe kömmt. Sie verfahren dabey auf folgende Weife: nachdem der ausgefchnittene Rückgrad mit der daran fitzenden Schwimmblafe fo lange in Haufen gelegen hat, bis fie der Fäulung nahe find, fo werden fie auf einen Block gebracht und die Wirbelknochen fo lange geklopfet, bis fich die

Blafe mit den Bändern, welche von ihnen Tafchen genannt werden, und womit fie zwifchen den Wirbelbeinen befeftiget find, davon abziehen läfst. Hierauf werden die Blafen aufgefchnitten, auf einen Block oder Tifch gelegt, an welchen eine fteife Bürfte genagelt ift, woran das fägeförmige Meffer gereiniget wird, womit fie die äufsere Haut von den Blafen und Bändern abkratzen. Die nunmehro von dem Schleim gefäuberte Blafe legen fie alsdenn auf eine kurze Zeit in Kalkwaffer, damit die noch darinn befindlichen fettigen Theile aufgelöfet werden und, wenn fie hiernächft in reinem Waffer abgefpület worden, fo legen fie felbige auf das Netz um fie zu trocknen. Auch auf Terreneuve hat man Verfuche damit gemacht, weil es aber dafelbft zu einer folchen Zubereitung an Zeit und Raum zu fehlen pflegt; fo werden fie eingefalzen und fo bis zu einer fchicklichen Gelegenheit aufbewahret, oder auch verfpeifet. Wenn man von ihnen Leim verfertigen will; fo mufs denfelben zuvor das Salz durch das Auswäffern benommen werden. Zu diefem Leim fchicken fich die dicken Schwimmblafen am beften, ob fie gleich nicht einen folchen klaren Leim geben, als die dünneren a).

Von der Verfahrungsart in der Zubereitung der Fifche weichen die Norweger von den Isländern darin ab, dafs fie Salz dazu nehmen. Nachdem ihnen nemlich die Köpfe abgefchnitten und die Eingeweide herausgenommen worden, werden fie in ein grofses Fafs geleget, mit franzöfifchem Salze beftreuet und nach acht Tagen in Haufen auf einen Roft gebracht, damit die Laake und das Blut ablaufen könne. Man reibt fie hiernächft mit fpanifchem Salze ein, packet diefelben entweder in Tonnen feft, da fie denn unter dem Namen *Laberdan* verkauft werden, oder man trocknet fie auf Felfen und diefe heifsen aus dem Grunde *Klippfifche*. Die grofsen werden deswegen gefpalten, damit das Salz fie defto mehr durchdringen könne, die kleineren aber nur am Bauche aufgeritzet; diefe heifsen *Rundfifche* und jene *Plattfifche*: auch dörren fie diefelben an Stangen und diefe nennet man *Rothfifche* b). Alle diefe Sorten werden nach Bergen gebracht, wo man fie denn weit herum in Europa verfendet; die abgefchnittenen Köpfe braucht man in der Wirthfchaft für die

---

a) Siehe Herrn *Humphrey Jackfon* Nachricht von der Verfertigung der Hausblafen in den Philofoph. Transact. vom Jahr 1773.   b) Roskiär.

Menschen und in den Gegenden, wo es an Fütterung fehlt, auch fürs Vieh. So dörren die Nordländer am Seeſtrande die Köpfe und kochen dieſelben zu ihrer Zeit mit Seekräutern a), und es geben die Kühe bey dieſer Fütterung ungleich mehr Milch, als von Heu und Stroh b). Aus der Leber machen die Norweger ſo wie die Isländer und andere Nationen Trahn: denn wenn dieſelbe zu einem gewiſſen Grad der Fäulung übergegangen iſt; ſo laufen die öhligten Theile nach und nach von ſelbſt heraus. Dieſer Trahn wird dem vom Wallfiſch vorgezogen, weil er das Leder länger ſchmeidig erhält und abgeklärt weniger Dampf im Brennen von ſich giebt. Der Rogen wird ſorgfältig geſammlet, eingeſalzen, in kleine Fäſer geſchlagen und an die Holländer und Franzoſen verkauft, welchen lezteren er, ſo wie den Spaniern, zum Fang der Sardellen und des Anjovis unentbehrlich iſt; da die zu dem Fang dieſer Fiſche beſtimmte Netze zur Lockſpeiſe damit beſtreuet werden. Aus Bergen werden jährlich allein vierzehn bis ſechszehn Schiffsladungen, oder zwanzig bis zwey und zwanzig tauſend Fäſgen mit Rogen ausgeſchiffet c), wovon ein jedes Faſs für 2 Rthlr. 9 Gr. verkauft wird. Auch die Schwimmblaſen werden von den Norwegern theils friſch gegeſſen, theils getrocknet verkaufet; ſie nennen ſelbige *geſunde Mägen* d), weil ſie glauben, daſs ſie dem Magen zuträglicher ſeyn. In Terreneuve nuzet man auſſer dieſen auch noch die Zunge, welche theils friſch genoſſen, theils als ein Leckerbiſſen eingeſalzen mit zu Hauſe gebracht wird.

Die Schiffe, welche nach Norwegen und Terreneuve gehen, laufen gewöhnlich im März aus, auch früher und ſpäter, nach der Verſchiedenheit ihrer Entfernung, und ſie kommen gegen das Ende des Septembers wieder nach Hauſe. So bald ſie auf den Ort des Fanges angelanget ſind, machen ſie eine Gallerie auf dem Schiffe, die vom groſsen Maſt an bis ans Hintertheil und manchmal von einem Ende des Schiffes bis zum andern geht. Dieſe äuſsere Gallerie iſt mit Fäſtern beſetzt, wovon der oberſte Boden ausgeſchlagen iſt; in dieſe ſetzen ſich die Matroſen und ihr Kopf iſt vor der böſen Witterung mit einem gepichten Dache, das an dieſen Fäſsern befeſtigt iſt, geſchützt. So wie ſie einen Kabeljau fangen, ſchneiden ſie ihm die Zunge aus, nachher geben ſie ihn einem Schiffsjungen,

---

a) Seetang. Fucus.
b) Schwed. Abhandl. 32. B. S. 298.
c) *Pontopp.* Norw. 2. Th. S. 298.
d) Sunde - Maver.

der ihn dem Ausweider bringt. Diefer fchneidet den Kopf ab, reifst ihm Leber und Eingeweide aus dem Leibe und läfst ihn alsdann durch eine Lucke in das falfche Verdeck fallen, wo der Bereiter den Rückgrad bis an die Mitte herausnimmt, ihn dann durch eine andere Lucke in den Raum fchafft, wo er gefalzen und in Stöfsen gelegt wird. Der Einfalzer giebt Achtung, dafs zwifchen den Schichten, woraus ein folcher Stofs befteht, genug Salz liege, damit die Fifche fich nicht berühren: aber dafs auch nicht mehr dazwifchen komme, als nöthig ift. Zu viel oder zu wenig Salz, beydes ift gefährlich; beydes vermindert die Güte und den Werth des Kabeljaus a).

Nicht nur in den neuern Zeiten, fondern auch in den ältern giengen fremde Nationen auf den Kabeljaufang nach den norwegifchen und isländifchen Küften: auch die Stadt Amfterdam hat fchon im vierzehnten Jahrhunderte (1368) von der Krone Schweden die Erlaubnifs erhalten, in diefer Abficht auf der Infel Schonen ein Etabliffement zu errichten b). Auch müffen die Engländer zeitig dahin gekommen feyn, weil Heinrich V. im Jahr 1415 dem Könige von Dännemark wegen einiger an feinen Unterthanen dafelbft ausgeübten Gewaltthätigkeiten Genugthuung verfchaffte. Nach der Zeit hatten zwar die Engländer das Recht in diefen Gewäffern zu fifchen verloren; denn wir finden, dafs Elifabeth ihren Unterthanen von der Krone Dännemark die Erlaubnifs, dafelbft wieder zu fifchen, von neuem verfchaffte: als aber ihr Nachfolger fich mit einer dänifchen Prinzeffin vermählte; fo machten fie von diefer Freyheit einen folchen Gebrauch, dafs fie jährlich an 150 Schiffe dahin fendeten. Auch die Franzofen und Holländer fchicken jährlich mehrere Schiffe dahin, und dennoch bleibt für jene Nation noch fo viel übrig, dafs die Isländer den gröfsten Theil ihres Unterhalts diefem Fifche zu verdanken haben c), und dafs die Norweger, wie erwähnt, dadurch jährlich einige Tonnen Goldes gewinnen. So ergiebig übrigens auch die Fifcherey in diefen Gewäffern feyn mag, fo ift fie doch mit derjenigen nicht zu vergleichen, welche das nördliche Amerika und vorzüglich die grofse Bank von Terreneuve d) den Franzofen und

---

a) *Mauvillon* Gefchichte d. Hand. 6.Th. S. 292.
b) Der Reichthum von Holland. I. S. 102.
c) *Anderf.* Nachricht von Isl. S. 82.

d) Diefe Bank ift 160 Meilen lang, 90 breit, und liegt zwifchen dem 43ften und 45ften Grade nördlicher Breite: die eigentliche fifch-

Engländern gewähret. Wie wichtig sie für diese sey, ergiebt sich daraus, dass dadurch an 15 a) bis 20000 b) tüchtige Seeleute unterhalten werden; diejenigen vielen tausend Menschen nicht mitgerechnet, welche der Schiffbau, die Verfertigung der Werkzeuge u. s. w. beschäftigen. Auſser diesen gewinnen sie durch den Abſatz, welchen sie in Portugal, Spanien und Italien machen, ansehnliche Summen Geldes.

Aus einer Bittschrift, welche die englischen Kaufleute im Jahr 1763 der Regierung übergaben, erhellet der blühende Zuſtand der damaligen Fiſcherey. Ihr zufolge, wurden dazu 150 Schiffe, von eben ſo viel Tonnen ein jedes und 1500 kleinere gebraucht; die 300 Kauffahrteyschiffe, welche den Fiſch und das Oehl wegführten, nicht mitgerechnet. Ein Schoner von 50 bis 70 Tonnen fängt 850, eine Schaluppe 300 und die kleinſten Fahrzeuge 200 Centner. Man kann also annehmen, daſs ein jedes dieser Schiffe im Durchschnitt 450 Centner fängt. Der Centner koſtet auf der Stelle, von dem beſten oder Kauffiſch, 3 Rthlr. 14 Gr. c), die Mittelgattung 2 Rthlr. 9 Gr. 6 Pf. d) und der Ausschuſs 1 Rthlr. 15 Gr. 6 Pf. e). Nun liefert der Fang $\frac{2}{5}$tel groſse, eben ſo viel mittlere und $\frac{2}{5}$tel kleine. Der Mittelpreis des ganzen Fiſches iſt 3 Rthlr. f).

Hiernach wäre also der Werth von 1500 kleinen Schiffen   - -   2,020,000 Rthlr.

Die Lebern von 100 Centner Fiſchen geben eine Pipe (Faſs) Oehl, deſſen Werth man gewöhnlich auf 31 Rthlr. schätzet; folglich geben 1500 Schiffe zu 450 Centner 6750 Fäſſer Trahn: macht   - -   208,250 Rthlr.

Die Ladung eines Schiffes von 150 Tonnen gilt gewöhnlich 18000 Rthlr. g); also der Werth von 150 dergleichen   - -   2,700,000 Rthlr.

Also überhaupt h)   - - - - -   4,928,250 Rthlr.

---

reiche Banke aber 100 Meilen lang und 60 breit. Die Tiefe wechſelt ab, von 15 bis zu 60 Klaftern; der Grund iſt felſigt, und das Waſſer von den in verſchiedener Richtung hineinſtrömenden Flüſſen, in einer beſtändig wallenden Bewegung, über dem Dünſte emporſteigen, welche machen, daſs der Himmel daſelbſt nur ſelten heiter iſt.

a) *Penn.* III. p. 176.
b) *Mauvillon* Geſch. des Hand. 7. Th. S. 291.
c) 12 Schilling.
d) 8 Schilling.
e) $5\frac{1}{4}$ Schilling.
f) $9\frac{2}{5}$ Schilling.
g) 3000 Pfund Sterl. *Mauv.* a. a. O.
h) Wenn nicht beſondere Verträge ein ande-

Zweeter Abschnitt. Von den Schellfischen insbesondere.

Giebt man nun im Durchschnitt den kleineren Schiffen zehn und den grofsen zwanzig Mann; so kommt eine Zahl von 18000 Seeleuten heraus und wenn man diejenigen mit in Rechnung bringt, welche zu den 300 Seefahrern gebraucht werden; so kann man 20000 Mann annehmen, welche bey dem Fischfange Dienste leisten. Dererjenigen Vortheile nicht zu erwähnen, die sie durch den Fang dieses Fisches an ihren Küsten ziehen, welcher ebenfalls sehr beträchtlich ist.

Dies war ohngefähr der Zustand des Kabeljaufangs in Amerika vor dem Ausbruch des Krieges mit den Colonien: da diese aber nunmehro einen eigenen Staat ausmachen, und nicht nur ihnen eine freye Fischerey auf Terreneuve zugestanden ist, sondern auch den Franzosen zu diesem Ende ein Strich Landes daselbst eingeräumet worden; so dürfte dieser Handlungszweig für England nicht so ergiebig bleiben.

Auch für die Franzosen ist der Fischfang auf Terreneuve von grofsem Belang. Im Jahre 1768 schickten sie 114 Schiffe dahin, die zusammen 15590 Tonnen betrugen, jedes Schiff enthielt 6000 Fische, und belief sich daher der ganze Fang auf 24 Millionen und 66000 Stück, oder 1,92,528 Centner. Wenn nun der Centner nach dem mittleren Preis zu 4 Rthlr. 8 Gr. 7 Pf. a) in Frankreich verkauft wird; so beläuft sich der Werth des Ganzen auf 8.38.000 Rthlr. b). Wenn diese nun 1925 Fässer Oehl liefern müssen; so macht das Fass zu 31 Rthlr. gerechnet, der Werth derselben 60.750 Rthlr. c). Und da die Franzosen auch ausserdem an den isländischen Küsten und im Kanale fischen; so siehet man, wie wohlthätig dieser Fisch auch für dieses Reich ist. Bey dem allen sind doch diese Fische nicht zureichend, dasselbe zur Fastenzeit hinlänglich zu versehen und machen daher ausserdem noch die Holländer daselbst einen starken Absatz.

res bestimmen; so gehöret das Oehl dem Schiffsvolk, so wie der vierte Theil des ganzen Ertrages den Einwohnern dasiger Gegend. Wenn man nun den Vortheil Englands davon berechnen will; so müssen selbige von obiger Summe in Abzug gebracht werden. Da man aber bishero die Colonien als einen Theil der englischen Nation ansehen musste; so kann der Gewinnst immer als eine Bereicherung der Nation im ganzen betrachtet werden.

a) 16 Liv. 9¾ Sous.
b) 3,174,305 Livres 8 Sous.
c) 231,000 Liv. *Mauv.* 6. Th. S. 301.

Dem *Anderson* zufolge sollen die Franzosen im Jahr 1536 das erste Schiff zur Fischerey nach Terreneuve geschickt haben, und im Jahr 1578 gieng schon eine sehr grofse Anzahl derselben dahin. Aus Spanien fanden sich daselbst 100 von 5 bis 6000 Tonnen; aus Portugal 50 zu 3000; aus Frankreich 150 zu 7000 und aus England 30 zu 50 Tonnen ein a). Nachdem aber die Engländer sich immer mehr und mehr in den nördlichen Provinzen der neuen Welt ausbreiteten; so verdrängten sie nach gerade die übrigen Nationen von dieser Fischerey und brachten es dahin, dafs auch sogar Spanien, welchem diese Fische wegen der Menge seiner Klöster unentbehrlich sind, sich des Rechts daselbst zu fischen gänzlich begeben mufste: nur allein den Franzosen gestanden sie dasselbe noch zu. Weil sie aber ihre Fische nur an wenigen Stellen auf dem Lande trocknen konnten; so sahen sie sich genöthiget, um selbige vor der Fäulung zu bewahren, noch einmal so viel Salz als die Engländer zu nehmen und ist daher der ihrige ungleich schlechter ausgefallen. Da die Engländer ihre Fische einige Tage in einer starken Lauge liegen lassen und sie hernach auf dem Lande und an der Luft trocknen; so sind sie bey halb so vielem Salze vollkommen so dauerhaft, als die französischen.

Man erstaunt mit Recht über die ungeheure Menge, welche seit mehreren Jahrhunderten jährlich von den Menschen getödtet werden; ohnstreitig eben so grofs und vielleicht noch gröfser ist die Niederlage, welche die gröfsern Raubthiere und auch sie selbst unter ihnen anrichten. Denn so fanden die Isländer, nach der Erzählung des *Horrebows*, in dem Magen eines Wallfisches, aufser andern Thieren, 600 lebendige Kabeljaue b). Wenn wir aber die ungeheure Menge Eyer betrachten, welche der Schöpfer diesem Fische verliehen; so dürfen wir eben keinen Mangel derselben befürchten, so lange man bey der Angelfischerey bleiben wird. Denn so berechnete *Loeuwenhoeck* den Eyerstock eines mittelmäfsigen Kabeljaues auf 9,344,000 Eyer c), und wenn *Bradley* nur vier Millionen d) angiebt, so sind auch die hinreichend diese Fischart zu erhalten, wenn man die grofse Menge derjenigen in Erwegung ziehet, welche jährlich laichen.

Der Kabeljau hat ein weichliches Leben und stirbt so bald er aus seinem salzigen Element kommt, oder in süfses Wasser geräth. Weil sein Geschmack ungleich besser ist wenn

---

a) *Penn.* III. S. 175.
b) Nachricht von Isl. p. 215
c) *Linn.* Syst. Nat. p. 437. n. 3.
d) Entwurf einer ökonomisch. Zoolog. S. 123.

man ihn frisch erhalten kann; so suchen ihn die holländischen Fischer, mittelst durchlöcherter Schiffe, nach den grofsen Seestädten zu bringen. Die englischen Schiffer wissen durch einen Nadelstich der Schwimmblase die Luft zu benehmen, wodurch der Fisch genöthiget wird, im Grunde des durchlöcherten Schiffes zu bleiben, da er alsdenn länger beym Leben erhalten wird.

Der Kabeljau wird frisch, so wie der Dorsch und Schellfisch, zubereitet genossen. Den Klippfisch läfset man nach Verschiedenheit seiner Gröfse ein oder mehrere Tage in kaltem Wasser, welches einigemal erneuert wird, liegen. Wenn er nun darinn hinlänglich erweichet ist; so wird er eine halbe bis ganze Stunde gekocht und man geniefset ihn alsdann mit zergangener Butter, klein gehackter Petersilie, oder mit einer aus frischem Oehl oder Butter, etwas Pfeffer und ein wenig Essig, bereiteten Brühe. Die Köche machen ihn auch dadurch schmackhaft, dafs sie den gekochten Fisch mit verschiedenen Kräutern klein hacken, ihn mit in Milch geweichter Semmel, Eyern und etwas Gewürze in einen Teich zusammenkneten, ihm hiernächst die Gestalt eines Fisches geben, der denn mit einer säuerlichen Brühe genossen wird. Der Stockfisch besonders, welchen man wegen seiner Härte so genannt hat, wird erst geklopfet, alsdann zweymal vier und zwanzig Stunden in einer gelinden Lauge eingeweichet, darauf bey einem schwachen Feuer mit Butter, Salz und gehackter Petersilie zurechte gemacht.

In Deutschland und Dännemark heifst dieser Fisch *Kabeljau*, getrocknet *Stockfisch*, eingesalzen *Laberdan*, eingesalzen und getrocknet *Klippfisch*; in Norwegen *Klubbe-Torsk* und *Bolch*; in Island *Thorskur* und *Kablau*; in Grönland *Saraudlirksoak*, *Ekalluarksoak*; in Lappland *Voas-Torsk*, *Skrey*; in Schweden *Cabblia*; in Holland *Cabbiljau*; in Flandern *Cabilland* und *Bacaillou*; in England *Codfish*, in einigen Gegenden auch *Keeling*, in andern *Melwel*, getrocknet *Stokfish*, eingesalzen *Haberdine*, *Greenfish*, *Barrel-Cod* und an den Küsten von Frankreich *Morue* oder *Molue*, frisch *Morue* oder *Cabilland frais*, der eingesalzene und getrocknete *Morue sèche*, getrocknet ohne Salz *Stockfisch* oder *Morue en breton*.

Der Magen dieses Fisches ist sehr grofs und am Anfange des Darmkanals sitzen sechs Anhängsel, welche sich in mehrere Zweige theilen; die Leber ist blafsroth und bestehet aus drey Lappen; die Milz hat eine schwärzliche Farbe und ist länglicht, und die Nieren liegen längs der Bauchhöhle am Rückgrade und endigen sich in eine längliche Harnblase.

Die nördlichen Völker belegen verschiedene Fische dieses Geschlechts mit dem Namen Torsk, woraus das deutsche Dorsch entstanden zu seyn scheinet. Die verschiedenen Gattungen desselben unterscheiden sie aber durch den Zusatz der Wörter Varre, Tarre u. s. w. Da nun die nordischen Geschichtschreiber aus Mangel der Naturkenntnis unzulängliche Beschreibungen gegeben, und die neueren Reisebeschreiber zu dieser oder jener Provinzialbenennung den Linnéischen Namen auf gerathewohl angeführet; so ist man in den mehresten Fällen noch ungewiß, welchen Fisch sie eigentlich verstanden haben. Es ist daher eine große Verwirrung entstanden, aus welcher selbst der Herr Konferenzrath *Müller*, welcher doch in der Nähe der Gegenden wohnet, wo diese Fische zu Hause gehören, sich nicht heraus zu helfen weiß a). So wird zum Beyspiel in den schwedischen Abhandlungen an einem Orte, wo von der Kabeljaufischerey die Rede ist, Gadus Callarias Linné angeführet b).

Der Zweifel des *Dühamel*, ob der Dorsch in der Ostsee mit dem Kabeljau des Nordmeeres einerley Fisch sey c), lässet sich hieraus heben. Ob unter dem Βάκχος der Griechen, wie *Schoneveld* behauptet d), aber unser Kabeljau zu verstehen sey, daran zweifele ich um so mehr, da dieser Nation die Fische der nördlichen Gewässer unbekannt geblieben sind.

Ob der Kabeljau, wider die Gewohnheit anderer Seeräuber, die Fische auch beym Schwanze ergreife, und in dieser Absicht mit zween besonderen Knochen versehen seyn solle, wie Herr *Dühamel* dem *Rondelet* nacherzählet e), will ich andern zu beurtheilen überlassen. Ich habe wenigstens an denen, welche ich untersuchet, keine dergleichen Knochen bemerken können.

---

a) Man sehe dessen *Prodromus* Zool. Danic. n. 341. 348. 349.
b) 32. Band S. 296.
c) Traité des pêches. t. II. p. 118.
d) Ichth. p. 18. n. 3.
e) I. a. B. p. 42.

DER WITTLING.

LXVste Taf.

Der Körper silberfarbig, der Oberkiefer hervorstehend, der Unterkiefer ohne Bartfaser. K. 7. Br. 20. B. 6. A. 30. 20. S. 31. R. 16. 18. 19.

4. Der Wittling.

Gadus corpore albo, ore imberbi, maxilla superiore longiore. B. VII. P. XX. V. VI. A. XXX. XX. C. XXXI. D. XVI. XVIII. XIX.

Gadus Merlangus, G. tripterygius, imberbis albus, maxilla superiore longiore. *Linn.* S. N. p. 438. n. 8.
— — *Müll.* Prodr. p. 43. n. 354.
— dorso tripterygio, ore imberbi, corpore albo, maxilla superiore longiore. *Art.* gen. p. 19. n. 1. Syn. p. 34. n. 1. Spec. p. 62.
Callarias imberbis, argentei splendoris, dorso canescente, ad pinnarum lateralium radius macula nigra, ejusmodi maculas et ad pinnas post anum irroratas habet, lineamque lateralem curvatam. *Klein.* Miss. Pisc. V. p. 8. n. 3. t. 3. f. 2.
Merlangus. *Gesn.* Aquat. p. 85. Icon. Anim. p. 85. Thierb. S. 40.
Secunda species asellorum. *Rondel.* de Pisc. P. I. p. 276.

Asellus minor alter. *Aldrov.* de Pisc. p. 287.
— — et mollis. *Charlet.* Onom p.121. n.2.
— mollis. *Jonst.* t. 2. f. 3.
— major seu albus. *Willughb.* Ichth. p. 170. t. L. m. 1. n. 5.
— — — — *Ray.* Synops. Pisc. p. 55. n. 8.
— candidus primus. *Schonev.* Ichth. p. 17.
Huitling. *Linn.* Westgothl. Reis. S. 176.
Molenaar. *Gron.* Mus. I. p. 20. n. 55. Zooph. p. 98. n. 316.
The Whiting. *Penn.* Britt. Zool. III. p. 190. n. 80.
Le Merlan. *Duhamel.* Traités des pêches. t. II. p. 128. Pl. 22. f. 1.
— — Cours d'Hist. Nat. t. V. p. 145.
Der Wittling. *Müll.* S. 4. Th. S. 91.

Die Silberfarbe, womit der ganze Körper dieses Fisches bis auf den Rücken glänzet, der hervorstehende Oberkiefer und der Mangel der Bartfaser, unterscheiden diesen Fisch hinlänglich von den übrigen. In der Kiemenhaut sind sieben, in der Brustflosse zwanzig, in der Bauchflosse sechs, in der ersten Afterflosse dreyssig, in der zwoten zwanzig, in der Schwanzflosse ein und dreyssig, in der ersten Rückenflosse sechszehn, in der zwoten achtzehn und in der dritten neunzehn Strahlen befindlich.

Der Wittling hat einen gestreckten mit kleinen, runden, dünnen und silberfarbigen Schuppen bedeckten Körper; der Kopf läuft in eine Spitze aus, und die Augen, in deren

X

Nähe sich die doppelten Nasenlöcher befinden, sind rund und haben einen grofsen schwarzen Stern und einen silberfarbigen Ring. Die obere Kinnlade ist mit mehreren Reihen Zähnen besetzt, davon die vordern die längsten sind und die untere nur mit einer Reihe versehen. Im Gaumen befinden sich vorn auf jeder Seite ein dreyeckigter, im Schlunde oben zwey runde und unten zwey länglichte rauhe Knochen. An der untern Kinnlade nimmt man auf jeder Seite neun bis zehn vertiefte Punkte wahr. Der olivenfarbige Rücken, ist wie der Bauch rund; die Seiten sind ein wenig zusammengedrückt und der After dem Kopfe näher als dem Schwanze. Die Seitenlinie hat eine gerade Richtung und beym Anfange der Brustflossen bemerkt man einen schwarzen Fleck. Sämtliche Flossen sind weifs, die Brust- und Schwanzflosse ausgenommen, welche eine schwärzlichte Farbe haben.

Dieser Fisch ist ein Bewohner der Ost- und Nordsee, jedoch kömmt er in jener nur sparsam vor; desto häufiger erscheinet er an den holländischen, französischen und englischen Küsten. Ich habe den, davon ich hier eine Zeichnung liefere, dem um die Naturgeschichte so verdienten Herrn Doktor *Walbaum* in Lübeck zu verdanken. Gewöhnlich ist er einen Fufs lang: nur wenige erhält man von anderthalb Fufs und nur selten einen von zwey Fufs Länge; jedoch findet man auf der Doggersbank welche, die vier bis acht Pfund schwer sind.

Er hält sich im Grunde des Meeres auf und lebt von kleinen Krebsen, Würmern und jungen Fischen und trifft man besonders in seinem Magen öfters den Breitling und junge Heringe an. Diese gebrauchen auch die Fischer zum Köder für die Angel und in Ermangelung kleiner Fische die Stücke von frischem oder ausgewässertem Hering, wovon ein einziger zu acht bis zehn Angeln hinreichend ist. Da sich dieser Fisch vorzüglich auf dem Grunde aufhält, so ist auch die Grundschnur das vornehmste Werkzeug zu seinem Fange und sie ist gewöhnlich vier und sechszig Klafter lang und mit hundert bis zwey hundert Angeln versehen. Ein Schiff, welches auf den Fang ausgehet, wirft zwanzig dergleichen Schnüre aus, woran vier tausend Angeln sitzen und sie werden auf zwey bis drey Stunden eingesenket. Der stärkste Fang geschiehet an den französischen Küsten vom December bis in Februar, an den holländischen aber in den Sommermonaten und an den britischen Küsten erscheint er in ganzen Schaaren, die drey englische Meilen lang und ein und eine halbe breit sind; da er nun daselbst zu Zeiten in einer solchen Menge gefangen wird, dafs er nicht aufgezehret werden kann, fo trocknet man ihn: weil er dadurch aber von feinem zarten Geschmack verlieret, fo wird er zur Schiffskoft verbraucht und alsdenn Wegedorn a) genannt. Auſserdem erhält man ihn auch das ganze Jahr hindurch, und da er den Heringen nachzugehen pfleget, fo geräth er bey dem Fange diefer Fifche öfters mit ins Netz; um diefe Zeit nun ift er, weil er fich von den jungen Heringen mäftet, am beften und fetteften. Im Oktober fangen die Eyer und der Milch an zu wachfen und er giebt jene am Ende des Decembers bis zum Anfange des Februars von fich. Um diefe Zeit wird fein fonft zartes, weiſses und wohlſchmeckendes Fleiſch weich, unfchmackhaft und, fo wie er felbft, mager. Das Fleifch diefes Fifches, welches man dem von den übrigen diefes Gefchlechts, welche in der Nordfee angetroffen werden, vorzieht, giebt felbft fchwächlichen und kränklichen Perfonen eine gefunde Nahrung.

Man genieſset diefen Fifch aus dem Salzwaſser gekocht, entweder wie den Schellfifch, oder mit einer fogenannten weiſsen Brühe, welche aus Sahne, frifcher Butter, etwas Mehl und Muskatenblumen zurechte gemacht wird: von vielen wird er jedoch feines weichlichen Fleifches wegen, lieber gebraten gegeſsen.

Seine Feinde find alle übrige fleifchfreſsende Waſserbewohner, welche fich feiner bemächtigen können und er vermehret fich fehr ſtark.

Die Leber ift weiſslicht, bey den fetten Fifchen groſs, bey den magern aber klein; fie beftehet aus zween Lappen, davon der eine klein, der andere aber fo lang als die Bauchhöhle ift. Der Darmkanal hat vier Beugungen und am Anfange mehrere Anhängfel. Die Milz ift dreyeckigt und liegt unter dem Magen. Der Eyerftock und der Milch find in doppelten Säcken eingefchloſsen und im Rückgrad vier und funfzig Wirbelbeine befindlich. Auch foll es unter diefen Fifchen welche geben, bey denen man Milch und Rogen zugleich findet b).

---

a) Buckthorn.

b) Mein gelehrter Freund, der Herr Geheimeſekretär *Otto*, verfichert mich, erſt kürzlich einen Karpfen gefehen zu haben, welcher ebenfalls ein Hermaphrodite geweſen.

In Deutschland heiſt Fiſch *Wittling* und wenn er noch klein iſt nennen ihn die Heiligeländer *Gadden*; in Dännemark wird derſelbe *Huidling*; in Norwegen *Bleye*, *Vitting*, *Bleiker*, *Hvitling*; in Schweden *Hwitling*; in Holland und in England *Whiting*, die getrockneten *Buckthorn* und in Frankreich *Merlan* genannt.

Des *Artedi* a) und *Klein* b) Frage: ob unter dem Merlan des *Rondelet*, ſo wie auch des *Ray* Frage c): ob unter dem Merlan des *Gesner* unſer Fiſch zu verſtehen ſey? getraue ich mir zu bejahen; da nicht nur die Benennung Merlan, unter welcher dieſer Fiſch in Frankreich bekannt iſt, ſondern auch ihre Beſchreibungen mit unſerm Fiſche übereinſtimmen. Ohnſtreitig hat die einzige Afterfloſſe, welche *Rondelet* d), der uns die erſte Zeichnung geliefert, ſeinem Fiſch gegeben, dieſe Schriftſteller irre gemacht. *Grouov* führt den Zwergdorſch des *Ray* e) unrichtig zu unſerm Fiſch an.

DER KÖHLER.
LXVIIſte Taf.

5. Der Köhler.

Der Mund ſchwarz, die Seitenlinie gerade und weiſs. K. 7. Br. 21. B. 6. A. 25. 20. S. 26. R. 14. 19. 20.

Gadus ore nigro, linea laterali alba rectaque. Br. VII. P. XXI. V. VI. A. XXV. XX. C. XXVI. D. XIV. XIX. XX.

Gadus tripterygius imberbis, maxilla inferiore longiore, linea laterali recta. *Art.* gen. p. 20. n. 9. Syn. p. 34. n. 2.	Colfiſh Anglorum. *Bell.* Aquat. p. 133.
	— — *Gesn.* Aquat. p. 89. Icon. Anim. p. 79. Thierb. S. 41.
Gadus Carbonarius. *Linn.* S. N. p. 438. n. 9.	Aſellus niger ſive mollis nigricans. *Charl.* Onom. p. 121.
Callarias imberbis, capite et dorſo carbonis ad inſtar nigricantibus, ventre leviter albeſcente, pinnis colore ad caeruleum vergente infectis. *Klein.* Miſſ. Piſc. V. p. 8. n. 2.	— — *Aldrov.* de Piſc. p. 289.
	— — *Willughb.* p. 168. t. L. men.br. 1. n. 3.
	— — *Ray.* Synopſ. Piſc. p. 54. n. 3.

a) Syn. p. 34. n. 1.
b) Miſſ. Piſc. V. p. 8. n. 3.
c) Synopſ. p. 55. n. 8.
d) De Piſc. P. I. p. 276.
e) Zooph. p. 98. n. 316.

Kollemiſſe, Kollemoder. *Müller.* Prodr. p. 43. n. 355.
Sey, Graaſey, Stiſiſk, Oſs. *Anderſon.* Nachr. von Iſl. S. 100.
Kuhmund, Kule - Mule, Guld - Lax. *Pontopp.* Norw. 2. Th. S. 244.

Le Colin. *Duhamel.* Traités des pêches. t. II. p. 125. Pl. 21. f. 1.
The Coal - Fiſh. *Penn.* Britt. Zool. III. p. 186. n. 78. Pl. 31.
Kohlfiſch, Koeler. *Schonev.* Ichth. p. 19. n. 5.
Kohlmund. *Müll.* L. S. 4. Th. S. 93. t. 3. f. 3.

Der ſchwarze Mund und die gerade, ſchmale und weiſſe Seitenlinie unterſcheiden dieſen Fiſch von den übrigen Gattungen dieſes Geſchlechts. In der Kiemenhaut ſind ſieben, in der Bruſtfloſſe ein und zwanzig, in der Bauchfloſſe ſechs, in der erſten Afterfloſſe fünf und zwanzig, in der zwoten zwanzig, in der Schwanzfloſſe ſechs und zwanzig, in der erſten Rückenfloſſe vierzehn, in der zwoten neunzehn und in der dritten zwanzig Strahlen befindlich.

Der Kopf iſt ſchmal, am Kiemendeckel, ſo wie auch am Bauche, ſcheint das Silber unter der ſchwarzen Farbe hervor, und iſt letzterer wie mit einem Netze von ſchwarzen Punkten umgeben. Der übrige Theil des Körpers und Kopfes iſt glänzendſchwarz, welcher Farbe er auch ſeinen Namen zu verdanken hat: jedoch gilt dieſes nur von den alten, denn die jungen ſind olivenfarbig oder auch bräunlich, welche Farben erſt mit dem zunehmenden Alter in die ſchwarze übergehen, die dann, je älter er wird, deſto dunkler ausfällt. Vermuthlich iſt auch der Mangel der ſchwarzen Farbe bey den Jungen die Urſache der beſondern Benennungen, welche ſie in England nach ihren verſchiedenen Altern erhalten haben: ſo heiſſen die kleinſten *Parrs* und die jährlinge *Billets*. Die Mundöfnung iſt klein und beyde mit Zähnen beſetzte Kinnladen laufen in eine Spitze aus, wovon die unterſte die längſte iſt. Die Zunge hat einen Silberglanz, der Augenring iſt weiß und auf jeder Seite ein ſchwarzer Fleck befindlich. Der Rumpf iſt mit dünnen, länglichtrunden Schuppen bedeckt; die Seitenlinie iſt gerade ſchmal und weiß, unter den Bruſtfloſſen ein kohlſchwarzer Fleck befindlich und der After dem Kopfe am nächſten. Von den Floſſen ſind die am After, Schwanz und Rücken ſchwarz, ausgenommen die beyden erſten Rückenfloſſen, welche ſo wie die Bruſtfloſſen am Grunde eine Olivenfarbe haben; die Bauchfloſſen ſind klein und die Schwanzfloſſe iſt ſtark gabelförmig.

Dieſer Fiſch iſt eben ſo wie der vorhergehende ein Bewohner der Nord- und Oſtſee, und habe ich den, welchen ich hier beſchreibe, der Güte des Herrn Doktors *Walbaum* zu verdanken; er kommt ſowol in der Oſtſee um Lübeck, als auch in der Nordſee bey Heiligeland und an den franzöſiſchen Küſten nur ſelten vor: deſto häufiger aber um dem nördlichen Theil von Grosbrittannien und den orkadiſchen Inſeln, wo er ſich in den Tiefen und an den felſigten Küſten aufhält.

Dieſer Fiſch erreichet die Gröſse von zwey und einem halben Fuſs, die Breite von vier bis fünf Zoll und ein Gewicht von dreyſsig Pfunden und auch wohl etwas drüber.

Seine Laichzeit fällt im Jänner und Februar; denn denjenigen, wovon die Zeichnung gemacht iſt, erhielt ich am Ende des erſtgedachten Monaths. Seine Eyer, welche die Gröſse und Farbe des Hirſeſaamens hatten, lagen ſo loſe, daſs ſie beym geringſten Berühren des Bauches von ſelbſt zum Nabelloch hervorkamen. Die Bruth erſcheinet im Anfang des Jul an den engliſchen Küſten ſchaarenweiſe und hat alsdann die Länge von ein und einem halben Zoll: im Auguſt aber von drey Zoll und drüber. Sie werden um dieſe Zeit mit der Angelruthe, und wenn ſie an flache Stellen gerathen, auch mit einem feinen Netze in groſser Menge gefangen. Man verſpeiſet ſie in dieſer Gröſse als einen Leckerbiſſen: wenn ſie aber ein Jahr und drüber alt ſind, ſo werden ſie, wegen ihres alsdann zähen und magern Fleiſches nur eine Speiſe des gemeinen Mannes. Dieſe lezteren werden, weil ſie friſch nicht geſucht werden, wie der Kabeljau zu Stockfiſch und Laberdan zubereitet und ſtatt deſſelben verkauft, aber wenn der Beſchauer oder ſonſt ein Kenner ihn zu ſehen bekommt, unter den Ausſchuſs geworfen und um geringern Preis verkaufet. Die Isländer verachten ihn beym Ueberfluſs an beſſeren Fiſchen gänzlich a) und in Norwegen iſt er nur die Speiſe der ärmſten Leute: die Leber aber wird zum Trahnbrennen aufbewahrt.

Dieſer Fiſch wird das ganze Jahr hindurch, am häufigſten aber im Sommer, zu der Zeit gefangen, wenn er den Breitling verfolgt, daher er auch mit dieſem am leichteſten angelocket wird: ſonſt bedienet man ſich auch der Haut vom Aal, welche in vier bis fünf Querfinger lange Streifen geſchnitten wird b) zur Lockſpeiſe an die Angel. Auch beym Nord-

---

a) *Anderſ.* Nachrichten von Isl. p. 100.   b) *Duhamel* Traités des pêches. t. II. p. 126.

cap wird er fehr häufig gefangen, allwo er vom Wallfisch verfolget, ganz dichte ans Land kömmt.

Dieser Fisch wird, wenn er noch jung ist, wie der vorhergehende verspeiset, getrocknet und gesalzen aber wie der Kabeljau, und sind seine inneren Theile mit denen vom vorhergehenden von gleicher Beschaffenheit.

In Deutschland heißt dieser Fisch *Köhler* und *Kohlmund*; in Dännemark *Kollemisse*, *Kollemoder*; in Norwegen *Kulmund*, *Kule-Mule*; in Island *Sey*, *Graasey*, *Stisik*, *Osi*; in England *Coal-Fish*, *Raw Pollack*, die kleinen *Parrs*, die jährlinge *Billets* und in Frankreich *Colin* und *Morue noir*.

DER ZWERGDORSCH.

LXVIIste Taf. Fig. 1.

Der Bauch inwendig schwarz. K. 7. Br. 14. B. 6. A. 27. 17. S. 18. R. 12. 19. 17.

Gadus abdomine intus nigro. Br. VII. P. XIV. V. VI. A. XXVII. XVII. C. XVIII. D. XII. XIX. XVII.

6. Der Zwergdorsch.

Gadus minutus, G. tripterygius cirratus, ano in medio corporis. *Linn.* S. N. p. 438. n. 6.

— — *Müller.* Prodr. p. 42. n. 351.

— — *Brün.* Pisc. Mass. p. 21. n. 32.

— dorso tripterygio, ore cirrato, corpore sesquiunciali ano in medio corporis. *Art.* gen. p. 21. n. 7. Syn. p. 36. n. 8.

Callarias barbatus, corpore contracto, cauda sinuata. *Klein.* Miss. Pisc. V. p. 7. n. 9. & Callarias barbatus, omnium minimus, ventre, prae reliquis. carinato; branchiarum operculis et maxillis punctis is; dorso dilute fusco, ventre sordide alba. n. 10.

Callaris. *Plin.* Nat. Hist. l. 9. c. 17.

Merlangus. *Bell.* Aquat. p. 124.

Anthiae secunda species. *Rond.* P. I. p. 191.

— — *Gesn.* Aquat. p. 56. Icon. Anim. p. 24. Thierb. S. 13.

Asellus mollis minor. *Willughb.* Ichth. p. 171. t. L. membr. I. n. 1.

— — — *Ray.* Synops. Pisc. p. 56. n. 10. et Poor vel Power. p. 163. n. 6. f. 6.

Le Capelan. Cours d'Hist. Nat. t. V. p. 350.

— — *Duhamel.* Traités des pêches. t. II. p. 139. il Munkara. *Forsköll.* Desc. Anim. p. XIX.

Poor. *Penn.* Britt. Zool. III. p. 183. n. 77. Pl. 30. Zwergdorsch, Krumstert, Leidfisch. *Schonev.* Ichth. p. 20. n. 7.

Der Zwerghabeljau. *Müller.* L. S. 4. Th. S. 90.

Diefer Fifch, der nicht über fechs bis fieben Zoll lang wird, weicht von den übrigen diefes Gefchlechts darinn ab, dafs fein Bauch inwendig fchwarz ift. In der Kiemenhaut befinden fich fieben, in der Bruftfloffe vierzehn, in der Bauchfloffe fechs, in der erften Afterfloffe fieben und zwanzig, in der zwoten fiebenzehn, in der Schwanzfloffe achtzehn, in der erften Rückenfloffe zwölf, in der zwoten neunzehn und in der dritten fiebenzehn Strahlen.

Der Körper des Zwergdorfches ift geftreckt, fein Kopf keilförmig und von beyden Kinnladen die obere am längften und mit mehr Reihen fpitziger Zähne als die unterfte befetzt; an welcher leztern aber eine Bartfafer und verfchiedene vertiefte Punkte fichtbar find. Die runde Augen haben einen fchwarzen Stern, der in einem filberfarbenen Ringe ftehet und find mit einer Nickhaut verfehen. Die Backen, Seiten und der Bauch find filberfarbig und mit fchwarzen Punkten befprengt. Der Rücken ift gelbbräunlich, die Seitenlinie fchmal und gerade und der After fteht am Körper in der Mitte. Die Schuppen find dünn, fehr klein, fallen leicht ab und habe ich einige davon fowol in ihrer natürlichen Geftalt, als auch eine vergröfserte vorftellen laffen; fämtliche Floffen find grauweifs und die Schwanzfloffe etwas gabelförmig.

Wir treffen diefen Fifch in der Nord- und Oftfee, vorzüglich häufig aber im mittelländifchen Meere an, und diefe ift die einzige mit drey Floffen verfehene Schellfifchgattung, welche diefes grofse Meer aufzuweifen hat a). Hier erfcheinet er zu Zeiten in fo grofsen Schaaren, dafs das Meer an der Küfte damit bedeckt zu feyn fcheint; fo erzählt *Rondelet*, dafs im Jahr 1514 die dafigen Fifcher innerhalb zween Monathen ihre Netze beynahe mit keinen anderen, als mit diefen angefüllet hätten: da man zu diefer Zeit noch nicht die Kunft verftanden, die Fifche durch Einfalzen und Trocknen aufzubewahren; fo fahe man fich genöthiget, ihn wegen feiner Menge in die Erde zu verfcharren b).

In der Oft- und Nordfee kömmt diefer Fifch nicht häufig vor, wenn er fich aber fehen läfst; fo erregt fein Anblick bey den Fifchern Freude, weil er ihnen einen reichen Fang an Kabeljauen, Dorfchen oder Schellfifchen verkündigt; daher fie ihn den Leitfifch

---

a) *Willughb.* Ichth. p. 172.　　　　b) De Pifc. P. I. p. 163.

nennen; denn da er nur klein ist und truppweise ziehet, so folgen ihm jene Räuber auf dem Fuſs nach und werden selbst eine Beute der ihnen auflauernden Menschen.

Der Zwergdorsch lebt in der Tiefe von der Brut der Muscheln, Schnecken, der Krebse und Seewürmer; er kömmt zur Laichzeit an flache Stellen, wo er seine Eyer zwischen den Kieseln oder den Seekräutern absetzt.

Da dieser Fisch nur klein ist, so hat er viele furchtbare Feinde, daher man auch bey ihm wenigstens in unserer Gegend keine sonderliche Vermehrung gewahr wird. Er hat ein weiſses, wohlschmeckendes Fleisch, welches wie das von dem vorhergehenden zurechte gemacht wird. Den, welchen ich hier in einer Abbildung liefere, habe ich ebenfalls von meinem lübeckschen Freunde erhalten.

Man fängt ihn wie die übrigen dieses Geschlechts mit der Grundschnur und dem Netze.

Das Darmfell des Zwergdorsches ist schwarz und das untere Ende des Magens mit mehreren Anhängseln versehen; die übrigen Eingeweide sind eben so wie bey den vorhergehenden gebildet.

In Deutschland heiſst dieser Fisch *Zwergdorsch*, *Krumsteet*; in Schleswig besonders *Leitfisch* und in Danzig *Jägerchen*; in Norwegen *Ulfs-Skreppe*; in England *Poor*; in Frankreich *Capelan* und auf der Insel Malta *il Mnukana*.

Rondelet a) und *Gesner* sprechen unserm Fisch ohne Grund die Schuppen ab und um so viel unrichtiger ist die Folgerung, die lezterer daraus ziehet, daſs er wegen der Aehnlichkeit, die er in diesem Betracht mit dem glattgeschornen Kopfe eines katholischen Ordensgeistlichen habe, in Frankreich Capelan genannt werde b); auch ist es falsch, wenn dieser Schriftsteller diesen und den Kabeljau für einerley Fisch hält c). Daſs *Klein* ihn als zwo Gattungen beschreibt d), habe ich bereits oben angemerket. *Ray* ist ungewiſs, ob unser Fisch von dem Whiting Pout der Engländer oder unserm Bartdorsch e) verschieden sey f): dieser Zweifel läſset sich aber dadurch heben, weil lezterer viel gröſser und breiter ist

---

a) De Pisc. P. I. p. 191.
b) Aquat. p. 56.
c) Icon. Anim. p. 24. Thierb. S. 13.
d) Miss. Pisc. V. p. 7. n. 9. 10.
e) Gadus barbatus. L.
f) Synops. Pisc. p. 56.

und eine gekrümmte Seitenlinie hat. Des *Willughby* Frage: ob unter dem Merlangus des *Bellon* unser Fisch zu verstehen sey a)? glaube ich bejahen zu können; denn da *Bellon* ihm drey Rückenflossen giebt und von ihm sagt, dass er in Italien, mithin im mittelländischen Meere, gemein sey b); so trage ich kein Bedenken, ihn für denselben zu halten. Diesem leztern Schriftsteller haben wir übrigens die erste Zeichnung zu verdanken.

DER KRÖTENFISCH.

LXVIIste Taf. Fig. 2. 3. c).

7. Der Krötenfisch.

Der Unterkiefer mit vielen Bartfasern versehen. K. 6. Br. 20. B. ⅙. A. 15. S. 12. R. 3. 20.

Gadus cirris plurimis. Br. VI. P. XX. V ⅙ A. XV. C. XII. D. III. XX.

Gadus Tau, G. dipterygius cirratus operculis triacanthis, pinna dorsali priore triradiata. *Linn.* S. N. p. 439. n. 13. Der Krötenfisch, *Müller.* L. S. 4. Th. S. 96.

Die vielen kurzen Bartfasern, womit der Unterkiefer besetzt ist, dienen zum charakteristischen Kennzeichen dieses Fisches. In der Kiemenhaut sind sechs, in der Brustflosse zwanzig, in der Bauchflosse sechs, in der Afterflosse funfzehn in der Schwanzflosse zwölf, in der ersten Rückenflosse drey und in der zwoten dreyssig Strahlen.

Der Kopf dieses Fisches ist gross, breit und von oben nach unten zusammengedrückt; der Unterkiefer stehet vor dem obern hervor und die Bartfasern an denselben stehen in Form eines halben Kreises; beyde Kinnladen sind mit spitzigen Zähnen von verschiedener Länge bewaffnet, und zwar stehen sie in der untern in zwo und in der obern in mehreren Reihen: auch im Gaumen nimmt man auf jeder Seite zwo Reihen wahr. Die Zunge ist kurz, läuft in eine Spitze aus und besteht aus einem rauhen Knorpel. Die Augen sind gross, ragen am Scheitel hervor und sind bis zur Hälfte mit einer braunen Nickhaut ver-

---

a) Ichth. p. 171.
b) Aquat. p. 124.
c) Den ledigen Raum auf dieser Tafel glaube ich nicht besser ausfüllen zu können, als mit der Zeichnung eines Fremdlings, von welchem wir noch keine Abbildung aufzuweisen haben.

ſehen. Ihr ſchwarzer Stern ſteht in einem goldenen Ringe. Zwiſchen den Augen nimmt man am Genick eine Vertiefung und einen gelben Querſtreif wahr. An den beiden Seiten der Augen bemerkt man zwo Reihen kleiner Warzen, welche nach dem Kinn zu gerichtet ſind. Der Kiemendeckel beſtehet aus zwey Blättchen, die ſich in drey Spitzen endigen. Die Kiemenhaut liegt frey, iſt groſs und wird von ſechs Strahlen unterſtützet. Der Kopf iſt braun, der Rumpf und die Floſſen braun und weiſs gefleckt und der Bauch hat eine ſchmutzigweiſse Farbe. Der After ſteht der Mundöfnung ein wenig näher, als dem Ende der Schwanzfloſſe. Der mit Schleim überzogene Rumpf iſt glatt und die Schuppen ſind weich, dünn und ſo klein, daſs man ſie mit bloſsen Augen nicht erkennen kann; ſie ſind rund, braun und weiſs eingefaſst. Die Bruſtfloſſen endigen ſich eben ſo wie die Bauchfloſſen in eine Spitze, leztere ſitzen unterwärts an der Kehle, und iſt der erſte Strahl ſtark, ſteif und zugleich der längſte. Die erſte Rückenfloſſe iſt kurz und beſtehet aus drey flachlichten Strahlen; die zwote Rückenfloſſe hat, ſo wie die einzige Afterfloſſe, einfache und weit hervorſtehende, die runde Schwanzfloſſe aber, wie die Bruſtfloſſe, gabelförmige Strahlen.

Dieſer Fiſch iſt in Carolina zu Hauſe und wird daſelbſt, wie der Doktor *Garden* erzählet, Toaldfiſch a) genannt. Welche Gröſse dieſer Fiſch erreiche, kann ich, da uns dieſer Gelehrte keine Nachricht giebt, nicht ſagen; der welchen ich beſitze, iſt nicht gröſser, als die hier mitgetheilte Zeichnung, wo man ihn unter Fig. 2. von der Seite, unter Fig. 3. aber von oben ſiehet. Ohnſtreitig gehöret er unter die Klaſſe der Raubfiſche, weil er einen groſsen und ſtark bewafneten Mund hat.

DER POLLACK.
LXVIIIſte Taf.

Der Unterkiefer hervorſtehend, am Rücken drey Floſſen, die Seitenlinie gebogen. K. 7. Br. 19. B. 6. A. 28. 19. S. 42. R. 13. 18. 19.

8. Der Pollack.

Gadus dorſo tripterygio, linea laterali curva, maxilla inferiore longiore. Br. VII. P. XIX. V. VI. A. XXVIII. XIX. C. XLII. D. XIII. XVIII. XIX.

---

a) *Linn.* S. N. p. 44.

Gadus dorso tripterygio, ore imberbi, maxilla inferiore longiore, linea laterali curva.
Art. gen. p. 20. n. 3. Syn. p. 35. n. 3.
— Pollachius. *Linn.* S. N. p. 439. n. 10.
— — *Müller.* Prodr. p. 42. n. 353.
Afellus Huitingo-Pollachius. *Willughb.* Ichth. p. 167. et Afellus flavefcens *Schoneveldii.* p. 173.
Afellus Huitingo-Pollachius. *Ray.* Synopf. Pifc. p. 53. n. 2. et Afellus flavefc. *Schon.* p. 54. n. 6.

Lyr, Lyffe. *Pontopp.* Norw. 2. Th. S. 255.
— — *Afcan.* Icon. t. 21. 22.
Lyrblek, Zai. Faun. Suec. p. 112. n. 3. 12.
The Pollack. *Penn.* Britt. Zool. III. p. 288.
Le Lieu. *Duhamel.* Traités des pêches. t. II. p. 121. Pl. 20. f. 1.
Der Pollack. *Müller* L. S. 4. Th. S. 93.
Blancker oder gelber Kohlmuhlen. *Schonev.* Ichth. p. 20. n. 9.

Der hervorstehende Unterkiefer, die drey Flossen am Rücken und die gebogene Seitenlinie unterscheiden diesen Fisch von den übrigen seines Geschlechts. In der Kiemenhaut sind sieben, in der Brustflosse neunzehn, in der Bauchflosse sechs, in der ersten Afterflosse achtzehn, in der zwoten neunzehn, in der Schwanzflosse zwey und vierzig, in der ersten Rückenflosse dreyzehn, in der zwoten achtzehn und in der dritten neunzehn Strahlen befindlich.

Auch bey diesem Fisch läuft der Kopf in eine Spitze aus, und ist wie der Rücken von einer schwarzbraunen Farbe; von den Kinnladen ist die untere am längsten und beyde sind wie die vorhergehende bewaffnet. Die Zunge ist kurz, spitzig und nach hinten zu rauh. An den grossen Augen ist der Stern schwarz und der Ring gelb, mit schwarzen Punkten besprengt. Der Rumpf ist mit kleinen, länglichtrunden und gelb eingefasten dünnen Schuppen bedeckt. Die dunkele Farbe am Rücken verlieret sich an den Seiten nach und nach in einer weissen und sind so wie der silberfarbige Bauch mit braunen Punkten besprengt. Von den Flossen sind die an der Brust gelblicht und wie die orangefarbige Bauchflosse klein; die Afterflossen sind olivenfarbig und schwarz punktirt.

Diesen Fisch treffen wir gleichfalls in der Ostsee und im nordlichen Ocean an, wo er sich im Felsengrunde, an den Stellen aufhält, wo die See in der stärksten Bewegung ist. Er erscheint in der Ostsee bey Lübeck und in der Nordsee bey Heiligeland einzeln, auch in Norwegen nicht sehr häufig; in England hingegen kommt er in grossen Zügen zur Sommerszeit an. Diese Fische halten sich an der Oberfläche des Wassers und springen öfters über derselben hervor, wobey sie verschiedene Gestalten annehmen und nach allem haschen, was auf den Wellen schwimmt; und belauert man sie zu der Zeit mit den auf der Angel gesteckten Gänsefedern. Er erreicht gewöhnlich die Größe von ein und einem halben Fuss und wäget alsdenn zwey bis drey Pfund: man findet aber auch welche von drey bis vier Fuss Länge und acht bis zehn Zoll Breite a). Er hat ein weisses, derbes Fleisch, welches besser ist, als das vom Köhler, aber schlechter als das vom Dorsch und Wittling. Kleine Fische sind seine Nahrung, besonders der Sandaal, welchen man gewöhnlich in seinem Magen antrifft.

Man fängt den Pollack mit Angelschnüren und in Norwegen auch mit Netzen. Er wird wie der Schellfisch zur Speise zubereitet.

Die Leber ist blassroth und bestehet aus drey Lappen, davon der eine nur klein, die Milz aber blauschwarz und länglicht ist. Die übrigen Eingeweide sind wie bey den vorhergehenden beschaffen.

In Deutschland heisst dieser Fisch *Pollack* und weisser oder gelber *Kohlmaul*; in Norwegen *Lyr*, *Lysse*; in Schweden *Lyrblek*, *Zai*; in England *Pollack* und in Frankreich *Lieu*.

In Absicht dieses Fisches, des Köhlers und des grünen Schellfisches herrscht bey den Schriftstellern eine nicht geringe Verwirrung.

Schoneveld beschrieb sie als drey besondere Gattungen b), dem auch *Willughby* c) und *Ray* d) folgten; sie versahen es aber darinn, dass sie den Pollack als zwo besondere Gattungen, einmal als Hoitling-Pollack und das zweytemal als das gelbe Kohlmaul des *Schoneveld* aufführten e). *Artedi*, welcher nur den Köhler und den Pollack beschreibt, vermuthet, dass der grüne Schellfisch des *Schoneveld* mit leztern nur eine Gattung sey f); *Klein* g), Herr *Duhamel* h) und Herr *Pennant* i) betrachten den Pollack und den grünen Schellfisch nur als einen einzigen. *Gronov* k) und *Gunner* l) halten leztern und den Köhler nur für

---

a) *Duhamel*. Traités des pêches. II. p. 122.
b) Ichth. p. 19. n. 5. 8. 9.
c) — p. 167. 168. 173.
d) Synops. p. 53. n. 2. 3. 6.
e) A. a. O.
f) Syn. p. 34. n. 3.
g) Miss. Pisc. V. p. 8. n. 10.
h) I. a. B. S. 121.
i) Britt. Zool. III. p. 188.
k) Zooph. p. 98. n. 317.
l) Laem. Lappl. S. 167.

eine Gattung; erfterer widerfpricht fich bey der Befchreibung des Pollacks: einmal fagt er, der Unterkiefer ftehe hervor a) und das anderemal giebt er ihm gleichlange Kinnladen b). *Linné* c) nimmt fie mit *Schoneveld* als drey Gattungen auf, ohne jedoch fie fo zu charakterifiren, dafs der Unterfchied deutlich in die Augen fiele. Bey diefer Ungewifsheit kann nur derjenige einen entfcheidenden Richter abgeben, der Gelegenheit hat, diefe drey Fifche fämtlich zu fehen und zu unterfuchen. Ich meines Theils halte in Anfehung des grünen Schellfifches mein Urtheil zurück, da mir nur die zwey, wovon ich hier die Zeichnungen mittheile, zu Geficht gekommen find. Sollte man fich auf die Zeichnung des Herrn *Afcanius* verlaffen können d); fo würden fie alle drey leicht zu unterfcheiden feyn, indem der Köhler eine gerade, der Pollack eine gebogene Seitenlinie und beyde einen längern **Unterkiefer** haben, als der grüne Schellfifch.

Die Fragen des *Willughby* e) und *Artedi* f): ob der grüne Schellfifch des *Schoneveld* mit ihrem Pollack; imgleichen des *Pennants* g): ob der Sey der Norweger und der Grafick der Schweden mit unferm Fifch einerley fey? find zu verneinen.

DER LENG.

LXIXfte Taf.

9. Der Leng. Zwo Floffen am Rücken, der Oberkiefer hervorftehend. K. 7. Br. 19. B. 6. A. 59. S. 38. R. 15. 63.

Gadus dorfo dipterygio, maxilla fuperiore longiore. Br. VII. P. XIX. V. VI. A. LIX. C. XXXVIII. D. XV LXIII.

Gadus Molva, G. dipterygius cirratus, maxilla fuperiore longiore. *Linn.* S. N. p. 439. n. 12.	Gadus dorfo dipterygio, ore cirrato, maxilla fuperiore longiore. *Art.* gen. p. 22. n. 9. Syn. p. 36. n. 9.
— — *Müller.* Prodr. p. 41. n. 343.	Enchelyopus. *Klein.* Miff. Pifc. IV. p. 58. n. 16.

a) Muf. I. p. 20. n. 57.
b) Zooph. p. 98. n 318.
c) S. N. p. 438. n. 7. 9. 10.
d) Icon. t. 23.

e) Ichth. p. 173.
f) Syn. p. 35. n. 3.
g) Britt. Zool. III. p. 188.

Lyng, Lingfisch. *Bell.* Aquat. p. 135.
— *Gesn.* Aquat. p. 95. Icon. Anim. p. 78.
Asellus longus. *Willughb.* Ichth. p. 175. t. L. m. 2.
n. 2.
— — *Ray.* Synof. Pifc. p. 56.
Molva major. *Charlet.* Onom. p. 121. n. 6.
Ivirkfoak. *O. Fabric.* Faun. Grönl. p. 148. n. 106.

Le Lingue. *Duhamel.* Traités des pêches. T. II. p. 145. Pl. 25. f. 1.
The Ling. *Penn.* B. Z. III. p. 197. n. 85.
Der Leng. *Müller.* L. S. 4. Th. S. 95. t. 3. f. 4.
Die Lenge. *Schonev.* Ichth. S. 18.
— Länge. *Anderf.* Isl. S. 95.
Lange, Länge. *Pontopp.* Norw. 2. Th. S. 247. f. 1.

Der hervorstehende Oberkiefer und die zwo Flossen am Rücken dienen dem Leng zum Unterscheidungszeichen. In der Kiehmenhaut sind sieben, in der Brustflosse neunzehn, in der Bauchflosse sechs, in der Afterflosse neun und funfzig, in der Schwanzflosse acht und dreyßig, in der ersten Rückenflosse funfzehn und in der zwoten drey und sechzig Strahlen befindlich.

Der Leng ist der schmäleste und längste Fisch aus diesem Geschlechte, welcher Gestalt er auch ohnstreitig seinen Namen zu verdanken hat. Der Kopf ist grofs, von oben nach unten zusammengedruckt, endigt sich in eine stumpfe Spitze und hat, wie der Rücken, eine braune Farbe. Die länglichen Augen haben einen schwarzen Stern in einem weifsen Ringe, in welchem ein gelbgrüner Fleck sichtbar ist. Die Mundöfnung ist weit, die Zunge weifs, dünn und endigt sich in eine Spitze. Der Rumpf ist schmal, lang und rund, an den Seiten gelblicht und am Bauche schmutzigweifs; die Seitenlinie hat eine gerade Richtung. Der After stehet dem Kopfe etwas näher und die länglichrunden und dünnen Schuppen sitzen in der Haut feste. Die Brustflossen sind so wie die am Rücken graufschwarz, leztere haben gegen das Ende einen schwarzen Fleck, welchen man auch an der grauen Afterflosse wahrnimmt; alle drey sind wie die schwarze Schwanzflosse weifs eingefafst.

Der Leng ist ein Bewohner des nördlichen Oceans und besonders der Nordsee. Denjenigen, davon ich hier eine Zeichnung liefere, erhielt ich aus Hamburg, wohin ihn die Fischer aus Heiligeland, wo er an der Mündung der Elbe nicht selten gefangen wird, bringen. Er war vier Fufs lang, sieben und einen halben Zoll breit, fünf und einen halben Zoll dick und wog achtzehn Pfund. Man findet aber auch welche von sechs bis sieben Fufs Länge a). Er hält sich in der Tiefe auf, lebt von Krebsen, Hummern und andern Fi-

---

a) *Penn.* Britt. Zool. III. p. 198.

schen; denn ich habe nicht nur den rothen Knurrhahn, sondern auch drey halbverdauete Schollen in seinem Magen gefunden.

Die Laichzeit diefes Fifches fällt im Jun und er leget feine Eyer im Modergrund an den Kräutern ab. Er hat ein fehr wohlfchmeckendes Fleifch, befonders vom Februar bis im May und wird es alsdann dem vom Kabeljau vorgezogen. Seine Leber ift zu diefer Zeit weifs und von einem wohlfchmeckenden Oehl durchdrungen, welches bey gelindem Feuer in Menge ausgezogen wird. Hiernächft aber verwandelt fich diefe Farbe in eine rothe, ift alsdann kleiner und enthält wenig Oehl: ein Unterfchied, welchen man auch bey den übrigen Fifcharten antrifft, jedoch nicht fo auffallend, wie bey diefem.

Nach dem Hering und Kabeljau ift diefer Fifch wegen feiner grofsen Menge für die Handlung mehrerer Nationen am wichtigften. In England wird er häufig eingefalzen und fowol im Lande verzehret, als auch in Menge auswärts verfendet. Derjenige, welcher fechs und zwanzig Zoll lang ift, gehört zum *Kauffifch*, der unter diefer Gröfse zum *Auffchufs* und hat einen geringern Werth a). Aus Bergen in Norwegen werden jährlich 45,000 Liespfund b), welche zu zwanzig Pfund gerechnet, 900,000 gemeine Pfunde ausmachen, verführet. Er wird dafelbft, imgleichen in England, wie der Kabeljau zu Laberdan und Klippfifch bereitet und ift auf weiten Seereifen dauerhafter, als der vom Kabeljau. Aus den Lebern wird ebenfalls Trahn gemacht und aus der Schwimmblafe ein Leim.

Die eigentliche Fangzeit, in diefer Gegend, ift das Frühjahr und die ergiebigften Stellen find die Sandbänke auf *Storreggen*. Den Ort ihres Aufenthalts im Grunde verrathen auffteigende Luftblafen. Nächft diefen wird er auch bey Spitzbergen und Terreneuve, jedoch von fchlechter Befchaffenheit; auch bey Grönland und Lappland gefangen. Der isländifche ift fo fchlecht, dafs ihn die Infulaner, weil fie ihn an Fremde nicht abfetzen können, felbft verzehren müffen c). Der befte wird bey Hittland im Auguft in grofser Menge gefangen und zu Klippfifch bereitet.

Zu dem Fang diefer Fifche bedient man fich fechszig Klafter lange Grundfchnüre, deren Haken man mit Heringen oder andern Fifchen verfiehet.

---

a) *Penn.* B. Z. III. p. 198.
b) *Pontopp.* Norw. 2. Th. S. 247.
c) *Anderf.* Isl. S. 95.

Man genießt den Leng ſowol friſch, als getrocknet und eingeſalzen, auf eben die mannigfaltige Art, die ich beym Kabeljau angeführet habe.

Der Schlund war weit und mit ſtarken nach der Länge laufenden Falten verſehen; der Magen dünn und ſackförmig, an deſſen obern Theil entſprang der Darmkanal, der viermal gebogen und vier und einen halben Fuſs lang war; an deſſen Anfang waren vier und dreyſsig, zwey und einen halben Zoll lange Anhängſel befindlich; die Haut der Schwimmblaſe war ſo dick wie Rehleder, die Leber rundlicht, die Galle dunkelgrün, die länglichte Milz braun und auf jeder Seite zählte ich zwanzig Ribben.

In Deutſchland, Dännemark, Norwegen und Island wird dieſer Fiſch *Länge, Leng*; in Schweden *Länga*; in Grönland *Juirkſoak*; in England *Ling* und in Frankreich *Lingue* genannt.

Artedi ſcheint dem *Charleton* die erſte Bekanntmachung unſers Fiſches zuzuſchreiben a); allein *Bellon* b) und *Gesner* c) haben lange vorher ſeiner gedacht. Dem *Willughby* haben wir die erſte Zeichnung zu verdanken d) und ohngeachtet ihr die Schuppen fehlen; ſo iſt ſie doch beſſer, als die, welche uns ohnlängſt Herr *Duhamel* gegeben, weil bey dieſer ebenfalls die Schuppen weggelaſſen ſind und die erſte Rückenfloſſe unrichtig wie ein halber Zirkel vorgeſtellt iſt e).

DIE QUAPPE.

LXXſte Taf.

Die Kinnladen gleich lang, zwo Floſſen am Rücken. K. 7. Br. 20. B. 6. A. 67. S. 36. R. 14. 68.

10. Die Quappe.

Gadus dipterygius, maxillis aequalibus. Br. VII. P. XX. V. VI. A. LXVII. C. XXXVI. D. XIV. LXVIII.

---

a) Syn. p. 36. n. 9.
b) Aquat. p. 135.
c) — p. 95. Icon. Anim. p. 78.
d) Tab. L. membr. 2. n. 2.
e) Traités des pêches. t. II. Pl. 25. f. 1.

Gadus Lota, G. dipterygius cirratus, maxillis aequalibus. *Linn.* S. N. p. 440. n. 14.
— — *Müller.* Prodr. p. 41. n. 344.
— dorso dipterygio, ore cirrato, maxillis aequalibus. *Art.* gen. p. 22. n. 10. Syn. p. 38. n. 13. et filurus cirro unico in mente. p. 111. Spec. p. 107.
— *Gron.* Zooph. p. 97. n. 313. Muſ. I. p. 21. n. 61.
Enchelyopus ſubcinereus ex fuſco maculoſus; barbula ſatis longa e mento; pectoralibus pinnis donatis; pinna dorſali ad principium interrupta cum ventrali poſt anum caudam usque flabellatum excurrente. *Klein.* MiſſPiſc.IV. p. 57. n. 13. t. 15. f. 2.

Strinſias ſive Botariſſas. *Bell.* Aquat. p. 302. et Claria fluviatilis. p. 304.
Bottatriae, Triſeus. *Salvian.* Aquat. p. 213.
Lota et Muſtela fluviatilis. Auct.
— *Rondel.* de Piſc. P. II. p. 164. et Barbota. p. 165.
Lacke. *Leem.* Nachricht von den Lapp. S. 175.
La Lote, Loche. Cours d'Hiſt. Nat. t. V. p. 266.
The Burbot. *Penn.* Britt. Zool. III. p. 199. n. 86.
Aalrutte, Rutte. *Kramer.* Elenchus. S. 388.
Rutten, Menyhal. *Marſigl.* Danub. IV. p. 71. t. 24.
Aalquappe, Aalraupe. *Fiſcher.* Liefland. S. 115.
Quappe. *Wulf.* Ichth. p. 23. n. 28.
Truſche. *Mall.* L. S. 4. Th. S. 96. t. 3. f. 5.

Die beyden gleichlangen Kinnladen und die zwo Floſſen am Rücken, unterſcheiden die Quappe von den übrigen hinlänglich. In der Kiemenhaut ſind ſieben, in der Bruſtfloſſe zwanzig, in der Bauchfloſſe ſechs, in der Afterfloſſe ſieben und ſechzig, in der Schwanzfloſſe ſechs und dreyſsig, in der erſten Rückenfloſſe vierzehn und in der zwoten acht und ſechszig Strahlen befindlich.

Der Kopf iſt groſs, breit und von oben nach unten zuſammengedrückt. Die Mundöffnung iſt groſs und beyde Kinnladen ſind mit ſieben Reihen kleiner ſpitziger Zähne, und die untere mit einer Bartfaſer beſetzt: jedoch bemerkt man zu Zeiten neben der groſsen noch eine kleinere, wie mir denn auch noch kürzlich mein gelehrter Freund, der Herr Profeſſor *Schneider* zu Frankfurt, eine dergleichen geſehen zu haben meldet. Die Zunge iſt breit und im Gaumen ſitzen verſchiedene rauhe Knochen; die Naſenlöcher ſind doppelt und werden die vordern durch eine Zwiſchenhaut bedeckt; die Augen ſtehen auf der Seite, ſind klein und haben einen bläulichten Stern in einem gelben Ringe; die Kiemenhaut liegt unterwärts und iſt breit. Der Rumpf iſt von beyden Seiten zuſammengedrückt, ſchwarz und gelb marmorirt; manchmal auch braun, mit blaſsgelben Flecken, nach der Beſchaffenheit des Waſſers worin er geſtanden hat, mit einem Schleim überzogen und mit kleinen weichen

Zweeter Abschnitt. Von den Schellfischen insbesondere.

und dünnen Schuppen bedeckt; wovon ich eine, weil sie von mehreren Schriftstellern sind übersehen worden, habe vergröſsert abzeichnen laſſen. Da der Kopf mit dem vom Frosch und der Rumpf mit dem vom Aale sehr übereinkommt; so haben ihm die Holländer mit eben so viel Recht, den Namen Padael, als die Engländer Eelpout beygelegt. Die Seitenlinie ist gerade, der Bauch weiſs und die Schwanzfloſſe rund, der After dem Kopfe am nächsten; die After- und Rückenfloſſen sind niedrig, lang und eben so wie der übrige Körper, marmorirt.

Die Quappe ist aus diesem weitläuftigen Geschlecht der einzige Fisch, welcher im süſſen Waſſer lebt und zwar sowol in Flüſsen als Landseen, und ist nicht nur in Deutschland und in den übrigen Ländern von Europa, sondern auch in Oſtindien a) zu Hauſe. Dieser Fisch liebt vorzüglich ein reines Waſſer und versteckt sich in den tiefen Stellen unter die Höhlungen der Steine, oder in Gruben und lauert auf die vorbeyeilende Fische; sonst dienen ihm auch Würmer und Waſſerinsekten zum Unterhalt. Bey Mangel an Nahrung verzehren die Quappen sich auch unter einander und haschen sogar nach den Stichling, worüber sie aber selbsten ihr Leben einbüſsen; denn indem der Stichling sich sträubt, so drückt er seine Stacheln in den Gaumen der Quappe ein, wie ich denn eine dergleichen gesehen, aus deren Kopfe ein solcher Stachel hervorragte. Ihre Feinde sind der Hecht und Wels, denen sie oft zur Beute wird. Bey guter Nahrung wächst sie schnell und erreicht die Gröſse von zween bis drey Fuſs, und ein Gewicht von zehn bis zwölf Pfunden. Sie hat ein hartes Leben und kann man sie in Fischbehältern mit zerstücktem Ochsenherz eine geraume Zeit beym Leben erhalten.

Die Laichzeit dieſes Fiſches fällt gegen das Ende des Decembers und im Jenner; zu welcher Zeit sie aus den tiefen Stellen der Seen an die flachen Oerter in den Flüſsen sich begiebt. Sie vermehrt sich stark, hat ein weiſses, nicht grätiges, wohlschmeckendes Fleisch, welches, da es nicht fett ist, auch schwächlichen Personen eine gute Nahrung giebt. Besonders hält man die Leber für einen vorzüglichen Leckerbiſſen und find jene Gräfin von Beuchlingen,

---

a) *Jacobi Bontii* Hist. Ind. Orient. a Piſone edit. p. 81.

im Thüringischen, einen so grossen Wohlgefallen an diesem Gerichte, dass sie den grösten Theil ihrer Einkünfte daran verwendete a).

Die Leber in ein Glas gehangen und auf den warmen Ofen oder in die Sonne gestellt, giebt ein Oehl, welches *Aldrovand* als ein würksames Mittel wieder die Flecken auf der Hornhaut hält b), das auch *Horn* c) und mehrere bestätigen d).

Man geniesst diesen Fisch entweder mit einer Butter- oder Weinbrühe, oder aus dem Salzwasser gekocht, mit Essig oder Citronensäure und klein gehackter Petersilie: auch in Butter gebraten und mit einem Salat giebt er eine gute Speise ab.

Man fängt ihn mit dem Garn, der Kabbe, Aalflösse und Grundschnur. Vormals war der Fang im Oderbruch so ergiebig, dass die Fischer, da sie selbige nicht alle versilbern konnten, die fettesten davon in schmale Stücke schnitten, sie trockneten und statt des Kiehn zum brennen brauchten e).

Der Schlund und Magen ist weit und wie beym Hechte stark gefaltet. An dem mit zwo Beugungen versehenen Darmkanal sitzen dreyssig Anhängsel von verschiedener Länge, in welchen *Richter* Bandwürmer gefunden hat f). Die Leber ist gross, blassroth; der Milch so wie der Rogen in zween Säcken eingeschlossen, und in lezterem waren 128,000 kleine weiss gelbliche Eyer vorhanden; ersterer wird für einen besondern Leckerbissen g) und lezterer für giftig ausgegeben h). Im Rückgrad befanden sich acht und funfzig Wirbelbeine und auf jeder Seite achtzehn Ribben.

In Pommern, Preussen und in der Churmark wird dieser Fisch die *Quappe*; in Liefland, Schlesien und Sachsen *Aalquappe*, *Aalraupe*; im Oesterreichischen *Rutte* und *Aalrutte*; im Reich *Trusche*; in der Gegend vom Oberrhein *Russolck*; in Ungarn *Kuzsch*, *Rutten* und *Menyhal*; in Böhmen *Miniuck*; in Pohlen *Mient*; in Sklavonien *Pegorella*; in Frank-

---

a) *Jonst.* de Pisc. p. 152.
b) De Pisc. p. 579.
c) Pat. Med. P. X. p. 293.
d) Stralf. Mag. 1. B. S. 460.
e) *Brekmann*. Churm. 1. Th. S. 563.
f) Icht. S. 314.
g) Müll. Aqual. p. 213. b.
h) Dict. des Animaux. t. II. p. 706.

reich *Lote*, *Loche*; in Italien *Strinzo* und in Mayland befonders *Botta*; in Holland *Putael* und in England *Burbot* und *Eelpüt* genannt.

Ohngeachtet diefer Fifch beynahe in allen füfsen Waffern anzutreffen ift; fo herfchet doch in Anfehung feiner eine grofse Verwirrung bey den Schriftftellern: denn fo haben ihn *Bellon* a), *Rondelet* b) und *Willughby* c) als zwo, *Ray* aber als drey d) verfchiedene Gattungen aufgeführt. *Gesner* befchreibt, nachdem er die zwo vom *Bellon* und *Rondelet* aufgenommen, vier Arten e), die aber insgefamt nur eine ausmachen und allein durch die Farbe, Ort und Gröfse unterfchieden find; dies haben ihm *Aldrovand* f), *Jonston* g) und *Ruysch* getreulich nachgefprochen. Auch *Artedi* betrachtet ihn einmal als eine Schellfifch- und das anderemal als eine Welsgattung h). *Willughby* und *Ray* i) haben unrecht, wenn fie die lange Zwifchenhaut der Nafenlöcher für Bartfafern und *Klein* beyde Rückenfloffen nur als eine k) wollen angefehen wiffen. Lezterer führt auch den *Gesner*, *Bellon* und *Artedi*, eben fo wie *Gronov* die vierzehnte Gattung des *Klein*, oder die Meerquappe l) unrichtig zu unferm Fifch an. Diefen feine Frage m): ob unter der Lota des *Ray* und des Herrn *Pennant* feine n): ob unter *Schonevelds* Elfquappe unfere Quappe zu verftehen fey? find zu bejahen. *Salvian* o), *Gesner* p), *Schoneveld* q) und *Marfigli* r) fprechen derfelben ohne Grund die Schuppen ab.

Z. 3

---

a) Aquat. p. 302. 304.
b) De Pifc. P. II. p. 164. 165.
c) Ichth. p. 125. 126.
d) Synopf. Pifc. p. 67. n. 2. 3. 4.
e) Aquat. p. 599. Thierb. S. 171. b.
f) De Pifc. p. 577. 648.
g) — — p. 146. t. 28. f. 6. p. 168. t. 29. f. 10.
h) Syn. p. 38. 111.
i) A. a. O.

k) Miff. Pifc. IV. p. 57.
l) Gadus Muftela. L.
m) Zooph. p. 97.
n) B. Z. III. p. 199.
o) Aquat. p. 213. b.
p) A. a. O.
q) Ichth. p. 49.
r) Danub. IV. p. 71.

XVII. GESCHLECHT.
Die Schleimfifche.

ERSTER ABSCHNITT.
Von den Schleimfifchen überhaupt.

Die Bauchfloffen zweyftrahlicht.   *Blennius pinnis ventralibus didactylis.*

Blennius. *Linn.* S. N. gen. 155. p. 441.
— *Art.* gen. 22. p. 26. Phycis. p. 84. Pholis. Syn. p. 116.
— *Gron.* Zooph. p. 75. Enchelyopus. p. 77. Pholis. p. 78. Muf. I. p. 32. 65. Muf. II. p. 20.

Blennus. *Klein.* Miff. Pifc. V. p. 31. Enchelyopus. p. 57.
Le Perce - pierre ou Coquillade. *Gouan.* Hift. des Poiffons. gen. 7. p. 102. 123.
Blenny. *Penn.* Britt. Zool. III. p. 206. g. 20.
Rotzfifche. *Müll.* L. S. 4. Th. S. 100.

Die zwo einfachen Strahlen in der Bauchfloffe geben ein ficheres Merkmal ab, die Fifche diefes Gefchlechts zu erkennen.

Der Kopf ift bey diefen Fifchen klein, glatt, von beyden Seiten zufammengedruckt und bey verfchiedenen mit kammartigen Hervorragungen befezt. Die Mundöfnung ift klein und die Kehle dick; die Augen ftehen am Scheitel, fie find klein, ragen hervor und find mit einer Nickhaut verfehen; die Kiemendeckel find dick und beftehen aus zwey Blättchen; die Kiemenhaut liegt frey und wird von vier bis fieben Strahlen unterftüzt. Der Rumpf ift mit fieben Floffen befezt, auf beyden Seiten zufammengedrückt und die Linie bey den mehreften gekrümmt; der Rücken gerade und nur mit einer langen Floffe befezt; die

Erster Abschnitt. Von den Schleimfischen überhaupt.

Brustfloßen sind rundlicht, der After stelt beynahe in der Mitte des Körpers; die Floße am After ist niedrig und lang und die am Schwanze rundlicht.

Die Fische dieses Geschlechts sind, bis auf einige wenige, Bewohner der Meere; sie erreichen keine sonderliche Größe und leben von der Bruth anderer Fische, von Wasserinsekten und Würmern.

Die Griechen und Römer scheinen nur den Schmetterlingsfisch a) den Glattkopf b) und die Meerlerche c) aus diesem Geschlechte gekannt zu haben. *Rondelet* beschreibt die Seelerche d) und den Dickhals e); *Schoneveld* die Aalmutter f) und *Willughby* den Butterfisch g) und den Lump h), welche zusammen acht Gattungen ausmachen, die bey den älteren Ichthyologen, unter verschiedenen Benennungen i), zerstreut abgehandelt werden. *Artedi* brachte sie in ein Geschlecht, unter dem Namen Blennius, und den Glattkopf beschreibt er besonders unter Phycis. *Piso* machte uns mit der Kammlerche k), *Linné* mit drey indianischen: der Hornlerche l), dem Augenwimper m), dem Lampretenfisch n), und mit einem schwedischen, dem Froschfische o); und *Brünniche* mit einem aus dem mittelländischen Meere p), *Ström* q) und *Otto Fabricius* r) aber ein jeder mit einem norwegischen bekannt. Auch die Musea des *Gronov* s) und *Seba* t) scheinen einige unbekannte Arten zu enthalten, die aber *Linné* wol nicht muß dafür erkannt haben, da man sie nicht bey ihm findet. Diese machen zusammen vierzehn Arten aus; von welchen allen mir drey als Bewohner der Nord- und Ostsee zu Händen gekommen sind, die ich hier beschreiben werde.

---

a) Blennius Ocellaris. L.
b) — Phycis. L.
c) — Pholis. L.
d) — Galerita. L.
e) — Gattorugine. L.
f) — Viviparus. L.
g) — Gunellus. L.
h) — Lumpenus. L.
i) Als Blennius, Mustela, Alauda, Galerita, Phycis, Pholis und Gattorugine.
k) Punati Ind.utriusq. p.66.Blennius Cristatus.L.

l) Blennius Cornutus.
m) — Superciliosus.
n) — Mustelaris.
o) — Raninus.
p) — Tentacularis. Pisc. Mass. p. 26.
q) — Fuscus. Suntm. p. 322.
r) — Punctatus. O. Fabr. Faun. Grönl. p. 153. n. 110.
s) I. p. 32. II. p. 21.
t) Thesaur. III. t. 30.

ZWEETER ABSCHNITT.

Von den Schleimfischen insbesondere.

DIE MEERLERCHE.

LXXIste Taf. Fig. 2.

1. Die Meerlerche.

Die Nasenlöcher röhrenförmig und gezackt. K. 7. Br. 14. B. 2. A. 19. S. 10. R. 28.
Blennius naribus tubulosis vimbriatisque. B. VII. P. XIV. V. II. A. XIX. C. X.
D. XXVIII.

Blennius Pholis. B. capite laevi, linea laterali curva subifida. *Linn.* S. N. p. 442. n. 5.
— capite summo acuminato, maxilla superiore longiore. *Art.* gen. p. 27. n. 3. Syn. p. 45. n. 4. et Pholis. Syn. p. 116.
— *Gron.* Zooph. p. 76. n. 259. Mus. II. p. 22. n. 175.

Ἡ Φωλις. *Arist.* Hist. Anim. l. 9. c. 37.

Pholis et Alauda non Cristata auctorum. Mulgranoc, Bulcard. *Willughb.* Ichth. p. 133. t. h. 6. f. 2. 4.
— — *Ray.* Synopf. Pisc. p. 73. n. 17. et Smooth-Skan. p. 164. n. 10. f. 10.
La perce Pierre. *Rondel.* de Pisc. P. I. p. 205.
The Shmooth, Bienny. *Penn.* B. Z. III. p. 208. n. 92. Pl. 37.

Der Spitzkopf. *Müller.* L. S. 4. Th. S. 105.

Die hinteren, röhrenförmigen und gezackten Nasenlöcher unterscheiden die Meerlerche von den übrigen dieses Geschlechts. In der Kiemenhaut sind sieben, in der Brustflosse zwo, in der Afterflosse neunzehn, in der Schwanzflosse zehn und in der Rückenflosse acht und zwanzig Strahlen.

Der Kopf ist dick, vorn abschüssig, die Mundöfnung weit und von beyden mit einer Reihe Zähne besetzten Kinnladen raget die obere hervor. Die Lippen sind stark, die Nasenlöcher rund, die hinteren röhrigten haben vier Fasern, wie solche bey Fig. 3. vergrössert vorgestellt sind. Die Zunge ist glatt, der Gaumen rauh und die grosen Augen haben einen schwarzen Stern in einem weislichrothen Ringe. Der Rumpf ist glatt, mit einem zähen Schleim überzogen, olivenfarbig, mit dunkeln und weisen Flecken marmorirt; bey einigen bemerket man verschiedene blaue Linien. Die Seitenlinie macht hinter den Brustflossen eine Beugung und der After ist dem Kopfe am nächsten. Die lange Rückenflosse ist in der Mitte gleichsam getheilt. Sämtliche Strahlen sind bey diesem Fische ungewöhnlich dick und stark.

Die Meerlerche, welche bereits dem *Aristoteles* bekannt gewesen ist, gehört zu den Bewohnern der Nordsee und des mittelländischen Meeres, wo sie sich am Ufer und in den Mündungen der Flüsse, zwischen den Steinen und dem Seegrase, aufhält. Diejenige, die ich beschreibe, habe ich aus Hamburg, unter dem Namen Seegrundel erhalten, wo sie jedoch nur selten, ohnweit Heiligeland, zum Vorschein kömmt. Sie erreicht die Größe von sechs bis sieben Zoll, lebt von den Eyern und der Bruth der Krebse und Fische, bewegt sich lebhaft und hat ein sehr zähes Leben; denn wie *Ray* versichert, kann man diesen Fisch vier und zwanzig Stunden ohne Wasser erhalten a). Man fängt ihn mit dem Netze und der Angel; sein Fleisch wird, da es zähe und trocken ist, nicht geachtet, und bedient man sich desselben zum Köder für andere Fische.

Die Leber ist groß, gelb, bestehet aus zween Lappen, davon der eine so lang als die Bauchhöhle ist. Die Milz ist röthlicht, die Galle wäsricht, der Magen länglichrund, der Darmkanal kurz und zweymal gebogen; die Nieren sind gelb, klein und nur durch eine Haut am Rückgrade befestigt.

Dieser Fisch wird in Deutschland *Seegrundel* und *Meerlerche*; in England *Bulcard*, *Mulgranoe-Bulcard* und *Smoth-Skan*; in Frankreich *Perce-Pierre* genannt.

Rondelet machte aus seiner glatten Seelerche b) und der Meergrundel c), die er beyde zuerst mit einer Zeichnung begleitete, zwo verschiedene Gattungen, worin ihm *Gesner* d), *Jonston* e), *Aldrovand* f) und *Artedi* g) folgten. *Willughby* h) und

---

a) Synops. Pisc. p. 165.
b) Alauda non cristata. de Pisc. P. II. p. 205.
c) Pholis. p. 206.
d) Aquat. p. 18. 714.
e) De Pisc. p. 60. t. 17. f. 4. t. 18. f. 2.
f) — — p. 114. 116.
g) Syn. p. 45. n. 4. p. 116.
h) Ichth. p. 133. 135.

186   *Zweeter Abschnitt. Von den Schleimfischen insbesondere.*

Ray a) aber zweifeln, daß beyde verschieden sind; *Charleton* b), *Linné* c), *Gronov* d) und *Pennant* e) hingegen halten sie nur für eine Gattung. Da ich mehrmal wahrgenommen habe, daß *Rondelet* die Arten ohne Noth vervielfältiget; so trete ich so lange der Meynung der leztern bey, bis ein neuer französischer Naturkundiger uns das Gegentheil darthun wird. Ob indessen unser Fisch so viel Schleim von sich gebe, daß er sich darinn wie in einem Neste verberge, wie *Aristoteles* f), und ob er mit seinen weichen Bauchflossen die glatten Steine hinaufklettern könne, wie *Ray* g) erzählt und ihm Herr *Pennant* h) nachsagt; will ich dahin gestellt seyn lassen. Die Schwimmblase, welche *Willughby* i) diesem Fisch giebt, habe ich eben so wenig, als die stachlichten Strahlen in der Rückenflosse, die *Linné* k) bemerkt, finden können.

DER BUTTERFISCH.
71 LXVste Taf. Fig. 1.

2. Der Butterfisch.

In der Rückenflosse mehrere runde Flecke. K. 6. Br. 10. B. 2. A. $\frac{2}{17}$. S. 18. R. 78.
Blennius ocellis plurimis in pinna dorsali. Br. VI. P. X. V. II. A. $\frac{2}{17}$. C. XVIII. D. LXXVIII.

Blennius Gunellus. B. pinna dorsali ocellis X. nigris. *Linn.* S. N. p. 442. n. 9.
— maculis circiter decem nigris limbo albicante utrinque ad pinnam dorsalem. *Act. gen.* p. 27. n. 3. Syn. p. 45. n. 5.
Pholis maculis annulatis ad pinnam dorsalem: pinnis ventralibus absoletis. *Gron.* Zooph. p. 78. n. 267. Mus. I. n. 77.
Gunellus. *Willughb.* Ichth. p. 115. t. G. 8. f. 3.

Gunellus. *Ray.* Synops. Pisc. p. 144. n. 11.
— *Seba.* Thes. III. p. 91. t. 30. f. 6.
Guulagtig, Snör-Dolk, Skeria-Steinbitr, Spret-Fisk. *Müll.* Prodr. p. 43. n. 357.
Kurksaunak. *O. Fabr.* Faun. Grönl. p. 150.
Stagofh. *Leem.* Lappl. S. 170.
The Spotted Blenny. *Penn.* B. Z. III. p. 210. n. 93. Pl. 35.
Der Butterfisch. *Müller.* L. S. 4. Th. S. 106.

Die mit mehreren schwarzen und runden Flecken besetzte Rückenflosse, deren Anzahl sich auf neun bis zwölf beläuft und die mit einem weissen Ringe umgeben sind, unterscheiden

---

a) Synops. 73. n. 17. 22. 164.
b) Onom. p. 137. n. 2.
c) S. N. p. 442. n. 3.
d) Zooph. 76. n. 239.
e) B. Z. III. p. 208.
f) H. A. l. 9. c. 37.
g) I. a. B. S. 165.
h) I. a. B. p. 209.
i) Ichth. p. 134.
k) A. a. O.

den Butterfisch von den übrigen Arten dieses Geschlechts. In der Kiemenhaut sind sechs, in der Brustflosse zehn, in der Bauchflosse zwey, in der Afterflosse ein und vierzig, davon die ersten beyden stachlicht sind, in der Schwanzflosse achtzehn und in der Rückenflosse acht und siebenzig Strahlen befindlich.

Der Kopf ist bey diesem Fische, so wie die Brust- und Bauchflosse, ungemein klein, und der ganze Körper von beyden Seiten stark zusammengedrückt. Der Mund öfnet sich oberwärts, ist klein; von beyden Kinnladen ist die untere gekrümmt und hervorstehend, und jede mit einer Reihe kleiner spitziger Zähne besetzt. An den kleinen Augen ist die Pupille schwarz, der Ring weiss und unter demselben ein schwarzer Streif befindlich. Der Rumpf, welchen kleine Schuppen decken, ist bey einigen an dem Rücken und den Seiten graugelblich, mit vielen blässeren Flecken, bey anderen braun oder olivenfarbig mit dunkeln und hellen Flecken versehen: bey allen aber hat der Bauch eine weisse Farbe. Die kaum sichtbare Seitenlinie läuft in gerader Richtung über die Mitte des Körpers weg und der After ist dem Kopfe etwas näher als der Schwanzflosse. Der Rücken ist scharf und die Strahlen in seiner schmalen und langen Flosse sind stachlicht, und da sie vor der Zwischenhaut hervorragen, so geben sie dem Fische die Gestalt einer Säge. Die After- und Brustflosse sind orangefarbig und erstere ist am Grunde braun gefleckt. Die Rücken- und Schwanzflosse sind gelb und die Bauchflossen kaum sichtbar.

Diesen Fisch treffen wir in dem Nordmeere und der Ostsee an, und habe ich ihn sowol aus Lübeck, als aus Hamburg erhalten. Er erreicht die Gröse von neun bis zehn Zoll, hält sich ohnweit den Ufern in den Seekräutern auf, wo die Bruth der Wasserinsekten und der Rogen der Fische ihm zu seinem Unterhalt dienen. Er wird öfters eine Beute des Seeskorpions, anderer Uferfische und der Wasservögel. Man fängt ihn mit andern Fischen zugleich in Netzen, er wird aber wegen seines harten Fleisches auch nicht einmal vom gemeinen Manne gegessen und nur zur Lockspeise gebraucht; jedoch geniessen ihn die Grönländer getrocknet zugleich mit ihren Nordlachsen. Er schwimmt schnell, ist so schlüpfrig wie der Aal, und, da zugleich seine Rückenflosse sehr stachlicht ist, so kann man ihn schwerlich, ohne verletzt zu werden, in der Hand halten.

Die Leber, welche aus zwey länglichten Lappen bestand, war blaſsroth, der Darmkanal dünn, weit, kurz, geschlängelt und vom Schlunde an ohne einige Veränderungen. In zwey Stück, welche ich öfnete, nahm ich weder Milcher oder Rogner, noch eine Schwimmblaſe wahr.

In Deutschland wird er *Butterfiſch*; in Norwegen *Guulagtig*, *Snör-Dolk*; in Grönland *Kurkſaunak*; in Lappland *Stagoſh*; in Island *Skeria-Steinbitr*, *Spretfisk* und in England *Gunellus* und *Butterfiſh* genannt.

Die Beſtimmung des *Linné* von zehn ſchwarzen Flecken in der Rückenfloſſe halte ich deswegen nicht für genau, weil ich bey einigen Fiſchen neun, Herr *Pennant* eilf und Herr *Otto Fabricius* zwölfe gefunden haben a).

DIE AALMUTTER.

LXXIIſte Taf.

3. Die Aalmutter.

Die Naſenlöcher röhrenförmig. K. 7. Br. 20. B. 2. A. S. und R. 148.
Blennius naribus tubuloſis. Br. VII. P. XX. V. II. A. C. et D. CXLVIII.

Blennius viviparus, B. ore tentaculis duobus. *Linn.* S. N. p. 442. n. 11.
— — *Müller.* Prodr. p. 43. n. 358. Zool. Danic. t. 57.
— capite dorſoque fuſco-flaveſcente lituris nigris, pinna ani flava. *Art.* Syn. p. 45. n. 7.
Enchelyopus corpore lituris variegato: pinna dorſi ad caudam ſinuata. *Gronov.* Zooph. p. 77. n. 265. Muſ. I. p. 65. n. 145.
— totus ex fuſco flaveſcentibus lituris fuſcillatus, maculisque varius; in pinnis et ad latera dilutioribus, parvulo cirro ad extremum mandibulae inferioris. *Klein.* Miſſ. Piſc. IV. p. 57. n. 12. t. 15. f. 1.
Ophidion cirris carens pinnis ventralibus minimis in medio Thorace. Schwed. Abhandl. 10. B. S 44. t. 11.
Muſtela vivipera. *Schonev. Willughb.* Ichth. p. 122.
— — *Ray.* Synopſ. Piſc. p. 69.
— marina vivipara. *Jonſt.* de Piſc. p. 1. t. 46. f. 8.
Pilatus visje, Magaal, Quab-aal, Magge. *Gron.* Muſ. I. p. 65. n 145.
Tünglake. Muſ *Adolph Friedr.* p. 69. t. 32. f. 3.
Alequabbe, Alekone, Alemoder, Aalfrau. *Pontopp.* Dänn. 2. Th. S. 187.
Aelquabbe, Aelpucke. *Schonev.* Ichth. S. 49.
The Viciparous Blenny. *Penn.* B. Z. III. p. 211. n. 94. Pl. 37.
Die Aalmutter. *Müller.* L. S. 4. Th. S. 166.

a) Man ſehe deren oben angeführte Schriften.

Zweeter Abschnitt. Von den Schleimfischen insbesondere.

Die kleine Röhrchen, welche man an den vordern Nasenlöchern wahrnimmt, geben ein charakteristisches Zeichen für diesen Fisch ab. In der Kiemenhaut sind sechs, in der Brustflosse zwanzig, in der Bauchflosse zwey, in der zusammengewachsenen After- Schwanz- und Rückenflosse hundert und acht und vierzig Strahlen befindlich.

Der Kopf ist klein, der ganze Körper so schlüpfrig wie beym Aal, und da dieser Fisch lebendige gebäret; so hat er daher unstreitig seinen Namen erhalten. Die Mundöfnung ist klein und von beyden mit starken Lippen und kleinen Zähnen versehenen Kinnladen ist die obere am längsten; die Zunge ist kurz und so wie der Gaumen glatt, im Schlunde sitzen zween rauhe Knochen, welche zum Festhalten der Beute dienen. Die länglichten Augen haben einen schwarzen Stern in einem silberfarbenen Ringe und sind zum Theil mit der Kopfhaut bedeckt. Die Kehle und die Afterflosse sind orangefarbig; der übrige Körper ist gelb und schwarz gefleckt. An der blasgelben Rückenflosse nimmt man zehn bis zwölf schwarze Flecke und nach dem Schwanze zu eine niedrige Stelle wahr. Der Bauch ist kurz, hervorstehend und der After weit. Den Rumpf, der in eine Spitze ausläuft, bedecken kleine, länglich weisse, schwarz eingefasste Schuppen. Sämtliche Strahlen in den Flossen sind weich und ist die gerade Seitenlinie, welche in der Mitte des Körpers läuft, kaum sichtbar.

Dieser Fisch ist ein Bewohner der Ost- und Nordsee und auch in Norwegen gemein a). Derjenige, den ich hier habe abzeichnen lassen, und welchen ich von meinem lübeckschen Freunde erhalten, war funfzehn Zoll lang, und enthielt in seinem dicken Bauch an zwey hundert Junge. Von sechsen dieser Fische, welche ich öfnete, waren nur zwey trächtig; bey keinem einzigen aber habe ich eine Spur von Milch gefunden. Ich zweifele auch, dass man jemals dergleichen wahrnehmen wird, und halte diejenigen Körper, welche *Schonereld* b) und *Giefsler* c) für solchen angesehen, nicht für Saamenbehältnisse, sondern für die Nieren, die ich weiter unten beschreiben werde. Ich fordere indessen im

---

a) *Pontopp.* Norw. 2. Th. S. 204.
b) Ichth. S. 50.
c) Schwed. Abhandl. 10. Band. S. 42.

Namen des naturhiſtoriſchen Publikums diejenigen Naturforſcher, welche in den Gegenden am Meere wohnen, wo dieſer Fiſch gefunden wird, auf, Unterſuchungen anzuſtellen und die Reſultate davon demſelben bekannt zu machen, weil dieſes in Anſehung der Fortpflanzung des Aals, des Platzbauches, Nadelfiſches u. a. m., Licht verbreiten würde. Bey dieſer Unterſuchung würde man auch ſein Augenmerk darauf zu richten haben, ob nicht etwan derſelbe zu den mehrmal lebendig gebährenden Thieren gehöre, da ihn *Schoneveld* im Sommer a), Herr *Pennant* im Winter b) gebähren laſſen und Herr *Beck* zur Herbſtzeit, die Junge in ſeinem Leibe angetroffen hat c). Die Eyer, welche im Frühjahr ſich zu entwickeln anfangen, haben, nach der Beobachtung des *Schoneveld*, um Pfingſten die Gröſse des Hanffaamens. Zur Zeit der Gebährung, welche ihm zufolge im Jun fällt, ſchwillt ihnen der Bauch ungemein ſtark auf, und wenn man alsdenn nur ein wenig daran drückt, ſo kommt ein Fiſchgen nach dem andern zum Vorſchein, welche die Freude ihres Daſeyns durch die muntere Bewegung, die ſie ſofort machen, zu erkennen geben. Man ſollte glauben, daſs die Jungen, die hier in einer gemeinſchaftlichen Mutter liegen, durch ihre wechſelſeitige Bewegung einander Schaden zufügen müſsten: allein da ein jedes in einem beſondern Ey eingeſchloſſen iſt und in einer Feuchtigkeit ſchwimmt, ſo kann dieſe Bewegung ſeinen Nachbarn nicht nachtheilig ſeyn; aber was für ein Gewühle muſs im Bauche einer ſolchen Mutter ſeyn, wo drey hundert Junge, denn ſo viel findet man zu Zeiten d), in ſteter Bemühung begriffen, ſich ihrer Hülle zu entledigen. Die Neugebohrne haben die Gröſse, unter welcher ſie auf der 72ſten Tafel vorgeſtellt ſind.

Die Aalmutter hält ſich im Meeresgrunde auf, wo ſie ſich von der Krebsbruth, die ich in ihrem Magen in Menge angetroffen habe, ernähret; ſie beiſst an die Angel und wird auch mit dem Netze gefangen. Ihr Fleiſch iſt feſt, weiſs und nicht grätig, wird wenig geachtet und nur von gemeinen Leuten gegeſſen. Ohne Zweifel trägt hier das Vorurtheil der grünen Farbe, welche die Gräten beym Kochen annehmen, eben ſo wie beym Hornhecht, zu ſeiner Verachtung vieles bey. Nach des Ritters Beobachtung ſol-

---

a) Ichth. p. 61.
b) B. Z. III. p. 211.
c) Schwed. Abh. S. 45.
d) *Penn.* A. a. O.

len diese wie das faule Holz im Finstern leuchten a). Ihre Feinde sind die fleischfressenden Wasserthiere.

Die inneren Theile weichen von denen in den übrigen Fischarten merklich ab. Der Darmkanal lag nicht nach der Länge, sondern wie bey den lebendig gebährenden in der Quer, in geschlängelter und gekrümmter Richtung. Der Magen war so wie die Gallen- und Harnblase dünnhäutig und durchsichtig: auch stieg der Zwölffingerdarm, der mitten im Magen seinen Anfang nahm, einen Zoll lang gerade herunter und so wieder in die Höhe, hatte eine weißliche Farbe, von dem darinn enthaltenen Brey (Chimus), so wie die Krebse dem Magen eine rothe und die schwarzen Exkremente dem übrigen Darmkanal eine schwarze Farbe mittheilten.

Die zween Lappen der Leber waren nicht sonderlich lang, desto länger aber war die schwarzblaue Milz, welche die Länge der Bauchhöhle hatte. Die Gallenblase, die mit einer klaren Galle angefüllt war, hing, vermittelst zweener Gänge, die sich in der Blase öfneten, an den beyden Lappen und saß mit dem Halse sowol an der Leber, als am Zwölffingerdarm feste. Die Nieren waren nur einen Zoll lang, hingen frey und nicht wie bey andern Fischen unmittelbar am Rückgrad, sondern waren durch eine sie umgebende Haut an demselben befestigt. Ich habe einige entzwey geschnitten und die Substanz so, wie sie diesen Eingeweiden eigenthümlich ist, gefunden. Der Rückgrad enthielt hundert Wirbelbeine. Ribben und Schwimmblase konnte ich nicht bemerken.

In Deutschland heißt dieser Fisch, an der Nordsee *Aalmutter* und an der Ostsee *Aalquab* und *Aalput*; in Dännemark *Alequabbe, Alekona, Alemoder, Aalsran*; in Norwegen *Brun- og, mörk-plettet, Tang-Brosme, Steen-Brosme*; in Schweden *Tänglake*; in Holland *Pilatus-Visje*; in Harderwick *Magaal, Quabaal*; in Friesland *Mage* und in England *Guffer* und *Eelpout*.

Da dieser Fisch weiche Strahlen in den Flossen hat, so tadelt *Gronov* den *Artedi* mit Recht, daß er ihn unter seinen stachlichten b) bringt, und gehöre er bey ihm ins Schellfischgeschlecht, daß nur mit einer Rückenflosse versehen ist c). *Gronov* selbst

---

a) Westgothl. Reise. S. 210.   b) Acanthopterygii.   c) Zooph. p. 77.

aber, der ihn anfänglich mit diesen Schriftstellern den Schleimfischen beyzählte a), rechnet ihn in der Folge, wie *Klein*, zu den Aalförmigen b).

Artedi erklärt an einem Orte den Lumpen des *Willughby* c) und *Ray* d) mit der Aalmutter nur für eine Art e); an einem andern aber für zwo besondere Gattungen f). *Gronov* thut das erstere g) und *Linné* das leztere h).

In dieser so ungewissen Sache giebt uns die schlechte Zeichnung des *Willughby* von jenem niederländischen Fische i) keine Aufklärung: vergleichet man aber seine Beschreibung mit unserm Fisch; so scheint er allerdings derselbe zu seyn. Vollkommene Gewißheit aber könnte uns am besten ein niederländischer Naturkündiger geben. *Gronovs* Frage: ob unter dem gelben Schlangenfisch des *Ray* k), oder dem Ophidion des *Rondelet* und *Schoneveld* unser Fisch zu verstehen sey l)? ist zu verneinen, da er nach der Beschreibung des lezteren m) eine stachlichte, dieser aber eine weiche Rückenflosse hat. *Linné* bewundert mit Recht die sonderbare Eigenschaft, Lebendige zu gebähren, an diesem Fische n); er ist indessen nicht der einzige in seiner Art, denn der Platzbauch o) und der Aal sind ebenfalls lebendig gebährende Fische.

a) Mus. I. p. 65. n. 145.
b) Zooph. p. 77. Enchelyopus.
c) Ichth. p. 120. Lumpen Antverbiae dicta.
d) Synops. Pisc. p. 40. n. 9.
e) Gen. p. 83.
f) Syn. p. 45. n. 6. 7.
g) A. a. O.
h) Syst. Nat. p. 443. n. 11. 12.
i) Ichth. t. H. 1.
k) Synops. Pisc. p. 39. n. 5.
l) Zooph. A. a. O.
m) Ichth. p. 53.
n) I. a. B. S. 444.
o) Silurus ascita. L.

Ende des zweyten Theils.

Berichtigungen. Seite 5 soll stehen statt Fig. 1. Fig. 3.; Seite 12 15 statt XXXVIII. XXXIX. und Seite 18 statt XXXIX. XLste Tafel.

www.ingramcontent.com/pod-product-compliance
Lightning Source LLC
Chambersburg PA
CBHW020928230426
43666CB00008B/1617